真面板数控仿真机床图解操作指导

杨干兰　陈红江　主　编

黄　隆　胡　亮　副主编

合肥工業大學出版社

图书在版编目(CIP)数据

真面板数控仿真机床图解操作指导/杨干兰，陈红江主编．—合肥：合肥工业大学出版社，2019.2

ISBN 978-7-5650-4426-7

Ⅰ.①真…　Ⅱ.①杨…②陈…　Ⅲ.①数控机床—面板—操作—职业教育—教材　Ⅳ.①TG659

中国版本图书馆 CIP 数据核字(2019)第 034198 号

真面板数控仿真机床图解操作指导

杨干兰　陈红江　主编　　　责任编辑　李娇娇

出　版	合肥工业大学出版社	版　次	2019 年 2 月第 1 版
地　址	合肥市屯溪路 193 号	印　次	2019 年 2 月第 1 次印刷
邮　编	230009	开　本	787 毫米×1092 毫米　1/16
电　话	艺术编辑部：0551-62903120	印　张	10.25
	市场营销部：0551-62903163	字　数	210 千字
网　址	www.hfutpress.com.cn	印　刷	安徽联众印刷有限公司
E-mail	hfutpress@163.com	发　行	全国新华书店

ISBN 978-7-5650-4426-7　　　定价：45.00 元

如果有影响阅读的印装质量问题，请与出版社市场营销部联系调换。

前 言

真面板数控仿真采用了与数控机床完全相同的操作面板，学生操作的面板与操作真实的数控机床完全一致；学生获得的操作经验和感觉可以直接用到工作的实际操作中去。本书根据学生的成长环境，按照工作中真实的操作要求，采用图片的形式，指导学生操作数控机床的每个按键、旋钮，使学生可以在相对有限的课时数内，快速、准确地掌握数控机床的操作步骤、要领和安全注意事项。

操作指导书共涉及10大类40小项，主要介绍了设备组成与连接、数控车床、数控铣床（钻铣加工中心）仿真器基本操作、程序编辑与执行、主轴正反转操作、自动执行程序、程序调用、程序编辑、定义毛坯尺寸、设置工件零点、程序传输、调节机床位置、MDI手动输入及单段程序执行、设置工件零点刀具长度补偿等内容。针对最实用的操作、程序编辑、调试技能和常见的问题，全面及有针对性地进行分解、示范、练习讲解，对于提高机械制造类、机电类及材料成型类本科、专科、中专、技校等学生的实际动手操作能力具有有效的指导作用。

操作指导结合目前各高校本科教学中常用的数控仿真软件，针对真面板数控仿真操作进行了详细的图示操作介绍、要领及步骤指导，其实用性和可操作性强。

本书适合本科、专科的机制、机电、材料成型类、加工类高年级学生使用，也适合于机电类、材料类的科研、设计、加工工作者及中专、技校的学生使用。

本书的内容及所采用的教学模式在天津职业技术师范大学和江西科技师范大学的教学培训过程中均已得到有效验证。

本书由天津职业技术师范大学胡计德教授、江西科技师范大学李文魁教授主审，杨干兰、陈红江统稿并担任主编，黄隆、胡亮担任副主编。参加编写的教师有杨干兰（第1章），陈红江（第2、3章）、黄隆（第4章）、胡亮（第5章）、罗世民（第6、7章）、杨春辉（第8、9章）、游泳忠（第10章）。

江西科技师范大学材料与机电学院的学生任艺丹、黄聪、毛罗平、曾潇宇、支亮斌、黄丽婷、张伟、肖雷、叶康、赵跃等参与了本书的书稿整理。

本书得到了江西科技师范大学资助，特此感谢。

由于编者水平有限，书中不免存在缺点和错误，恳请广大师生和使用者给予批评指正。

编 者

二〇一八年十月

目 录

第 1 章　仿真设备的组成与连接

1.1　设备组成

全套仿真设备由仿真器本体和计算机组成(图 1－1－1)。仿真器由真实的数控机床面板和相关控制装置构成。按照训练目标要求,可以选择不同型号的数控系统操作面板。本指导教材选用 FANUC 系统数控车床和铣床的操作面板(图 1－1－2、图 1－1－3)。

图 1－1－1　仿真设备组成

图 1－1－2　安装了 FANUC 系统数控车床操作面板的仿真器

1－1－3　安装了 FANUC 系统数控铣床操作面板的仿真器

1.2 设备连接

将“仿真器与电脑”按照下列方式连接，如图 1-2-1 至图 1-2-5 所示。注意每台计算机只能连接一台仿真器。

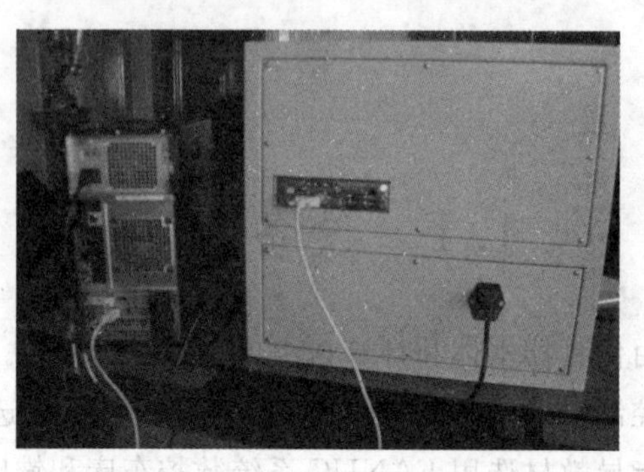

图 1-2-1 仿真器与计算机主机用白色数据线连接

图 1-2-2 安装了 FANUC 系统数控车床操作面板的仿真器

图 1-2-3 计算机主机与仿真器白色数据线接口

图 1-2-4 计算机与显示器连接的白蓝色转换接口

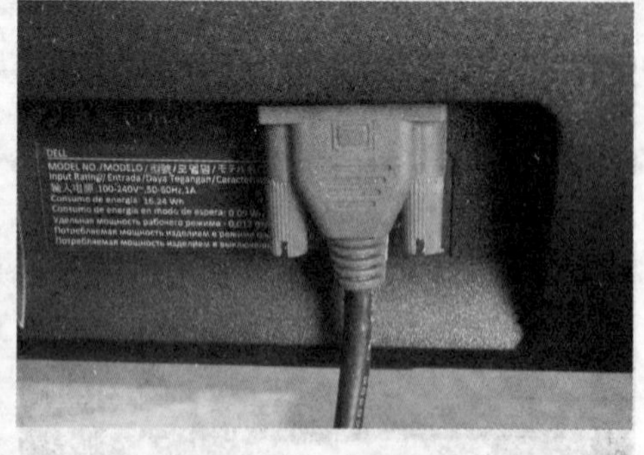

图 1-2-5 显示器连接接口

第 2 章　数控车床仿真器基本操作

2.1　数控车床仿真器面板

数控车床仿真器面板由显示屏和软键区、程序编辑和数据输入调用区、仿真车床操作区组成(图 2－1－1)。其中操作区设置了按键、旋钮和手轮。

图 2－1－1　数控车床仿真器面板

2.1.1　显示屏和软键区

显示屏下方设置了一排白色方框软键,其作用与电脑键盘上的功能键 F1,F2,…,F12 类似(图 2－1－2)。

2.1.2　程序编辑和数据输入调用区

利用此区域按键可以进行程序调用、修改、删除,数值、字母输入,工件零点坐标设置和操作界面切换等操作(图 2－1－3)。

图 2－1－2　显示屏和软键区

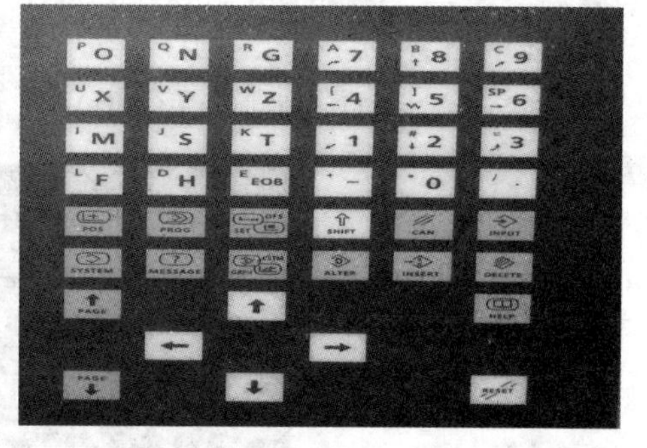

图 2－1－3　程序编辑和数据输入调用区

2.1.3　仿真车床操作区

利用此区域按键可以进行主轴启停、改变转动方向、进给速度调节、刀架移动、工作方式选择、自动循环启停等操作。倍率旋钮用于实时改变调节已经设定进给速度。手轮、移动轴和步进量选择旋钮用于微量移动刀架和精确试切(图 2-1-4)。

图 2-1-4　仿真车床操作区

2.2　开机

仿真器和计算机的开启没有先后顺序,但是打开操作软件就需注意先后顺序,以便使仿真器与计算机主机之间建立数据传输所需要的通信联系。

2.2.1　仿真器开机

按下仿真器背面电源插头下面的红色开关(图 2-2-1),电源指示灯点亮(图 2-2-2),开机画面如图 2-2-3 所示。

图 2-2-1　仿真器背面开关(红色)

图 2-2-2　按下开关,电源指示灯点亮

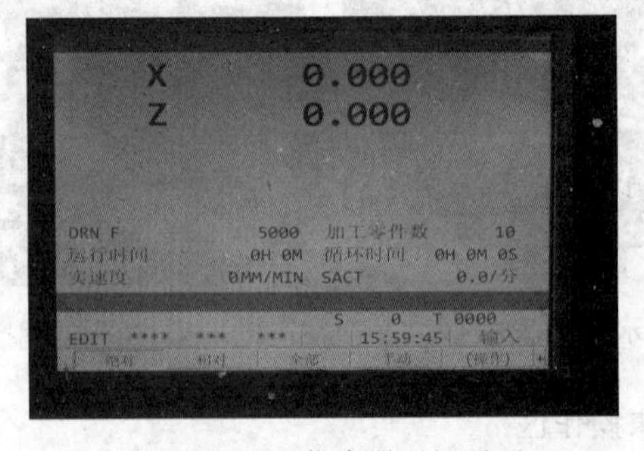

图 2-2-3　仿真器开机画面

2.2.2　计算机开机

计算机开机与普通计算机操作相同，步骤如图2-2-4至图2-2-7所示。

图2-2-4　开机按钮

图2-2-5　按下后，按钮指示灯点亮

图2-2-6　开机后的画面

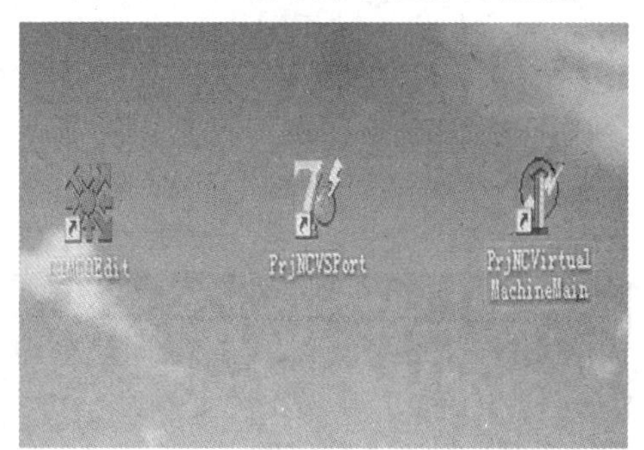

图2-2-7　选择编程、传输和虚拟机床等软件

2.3　打开软件

按照本书规定的顺序依次打开编程软件(CIMCO Edit)、传输软件(Prj NCVS Port)和虚拟机床软件(Prj NC Virtual Machine Main)。

2.3.1　打开编程软件(CIMCO Edit)

用鼠标选中编程软件(CIMCO Edit)图标，双击后即可打开(图2-3-1、图2-3-2)。

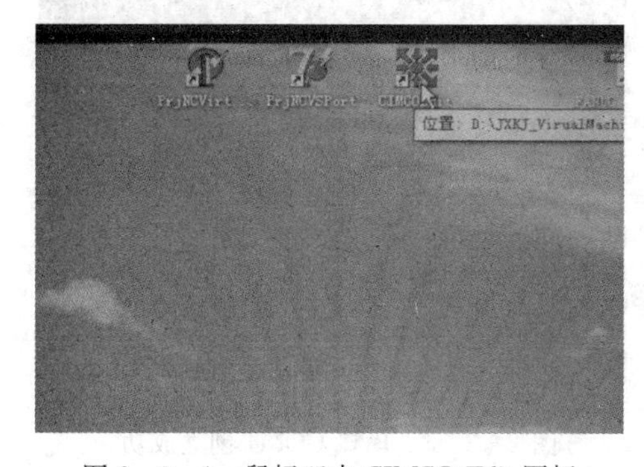

图2-3-1　鼠标双击 CIMCO Edit 图标

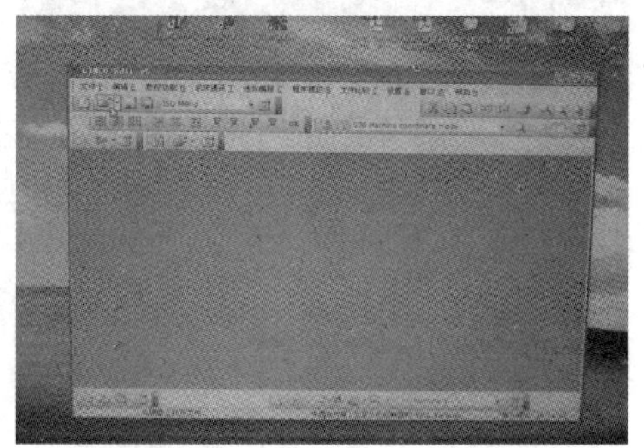

图2-3-2　软件打开后的画面

鼠标单击该软件最小化按钮后(图 2-3-3),该软件位于显示屏底部(图 2-3-4)。

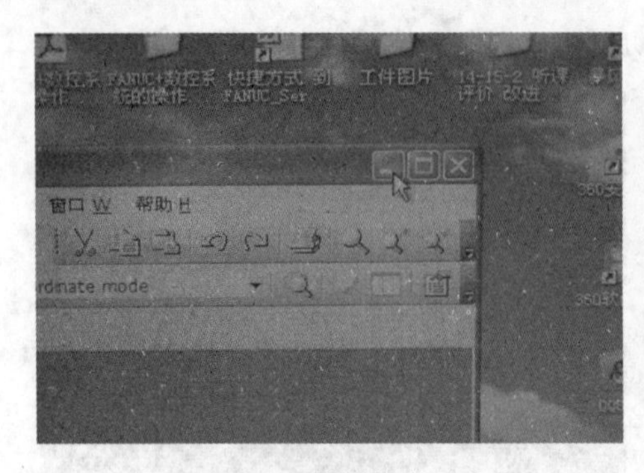

图 2-3-3　鼠标单击最小化

图 2-3-4　最小化后位于显示屏底部

2.3.2　打开传输软件(Prj NCVS Port)

用鼠标选中传输软件(Prj NCVS Port)图标(图 2-3-5),双击后即可打开(图 2-3-6)。

图 2-3-5　双击传输软件(Prj NCVS Port)图标

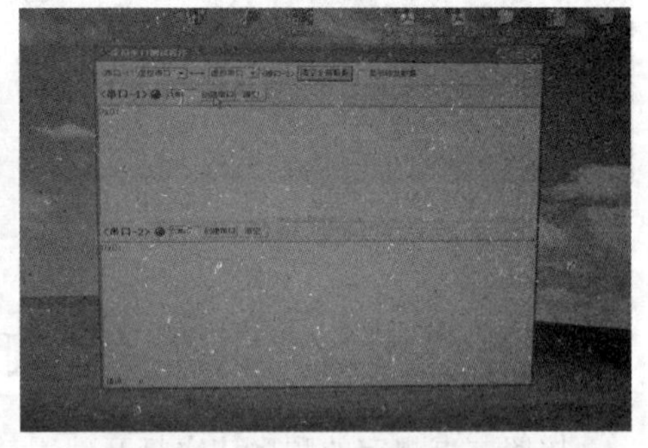

图 2-3-6　软件打开后的画面

用鼠标创建串口 COM4、COM10 的步骤如图 2-3-7 至图 2-3-10 所示。

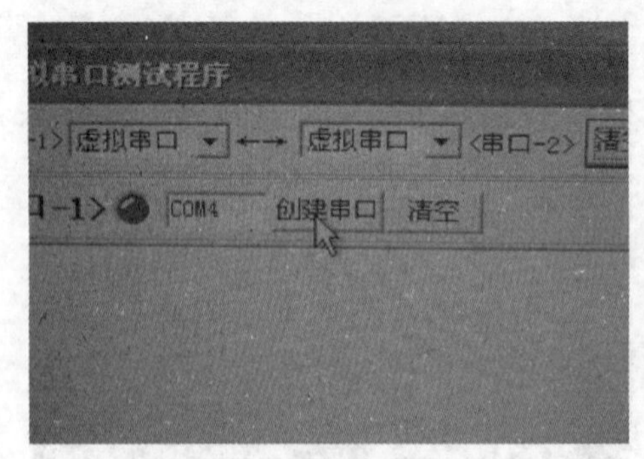

图 2-3-7　鼠标选择创建串口 COM4 并单击

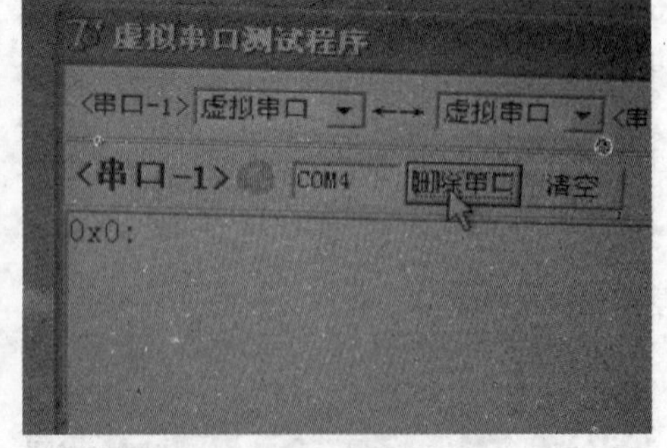

图 2-3-8　串口 COM4 创立成功,指示灯点亮

图 2-3-9　鼠标选择创建串口 COM10 并单击

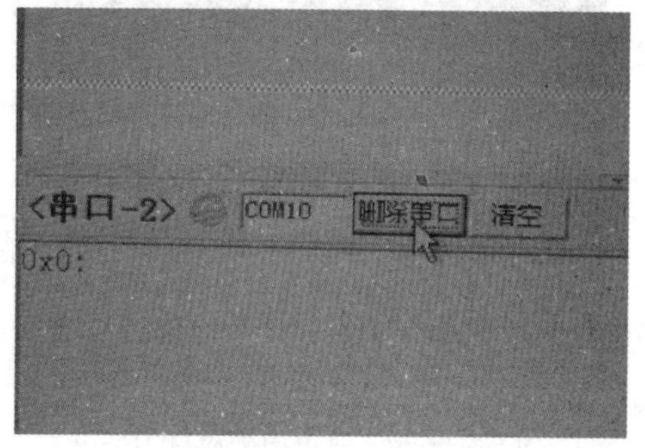

图 2-3-10　串口 COM10 创立成功，指示灯点亮

鼠标单击该软件最小化按钮后(图 2-3-11)，使其位于显示屏底部(图 2-3-12)。

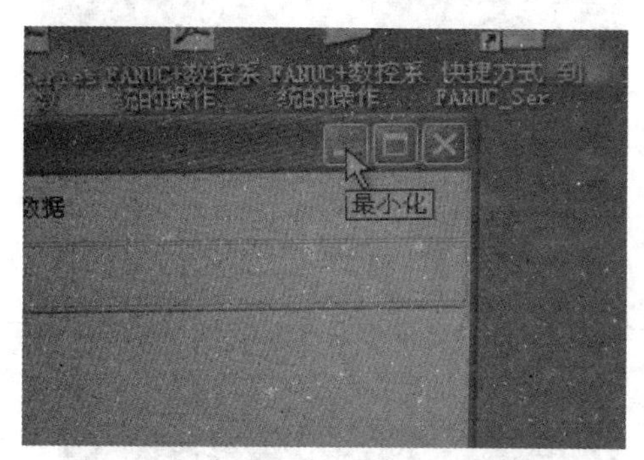

图 2-3-11　鼠标单击最小化

图 2-3-12　最小化后位于显示屏底部

2.3.3　打开虚拟车床(Prj NC Virtual Machine Main)

用鼠标选中虚拟车床(Prj NC Virtual Machine Main)图标(图 2-3-13)，双击后即可打开(图 2-3-14)。

图 2-3-13　双击 Prj NC Virtual Machine Main 图标

图 2-3-14　机床打开后的画面

显示加载的虚拟车床的步骤如图 2-3-15 至图 2-3-18 所示。

图 2-3-15　点击图示黑色小三角

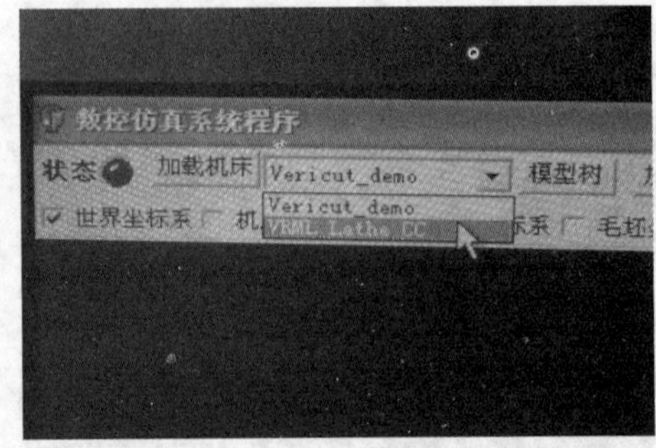

图 2-3-16　选择 VRML Lathe CC

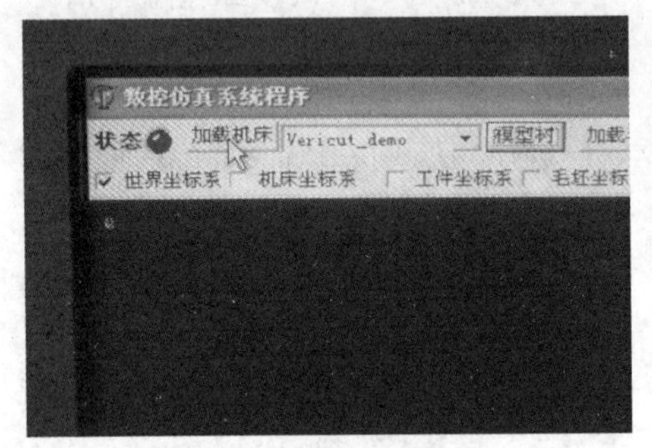

图 2-3-17　点击加载机床

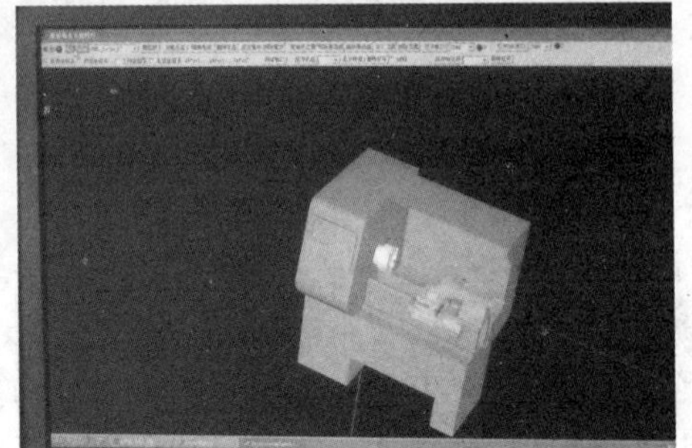

图 2-3-18　显示加载的虚拟车床

用鼠标打开串口 COM1、COM4 并将指示灯点亮，步骤如图 2-3-19 至图 2-3-22 所示。

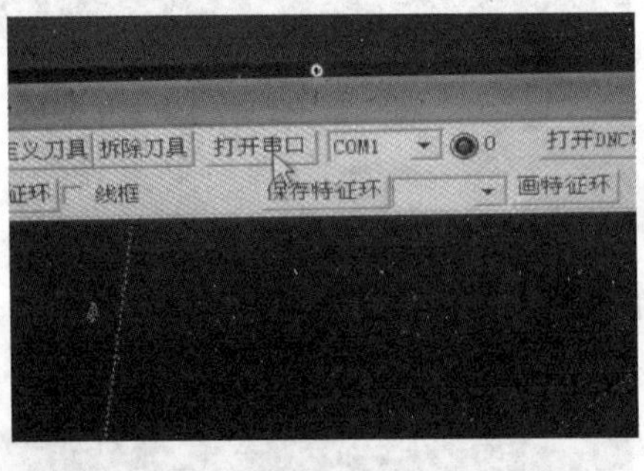

图 2-3-19　点击打开串口 COM1

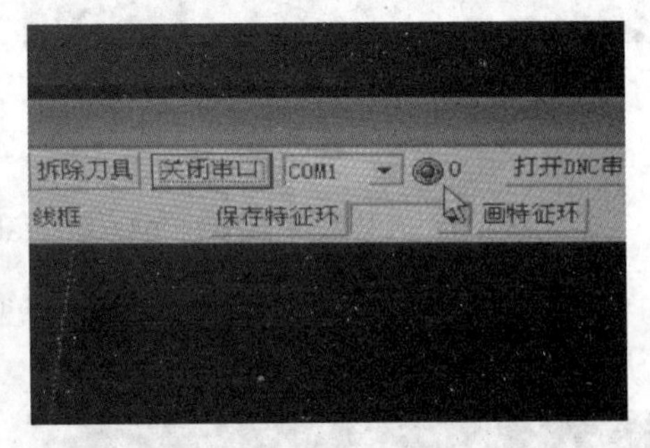

图 2-3-20　COM1 打开，指示灯点亮

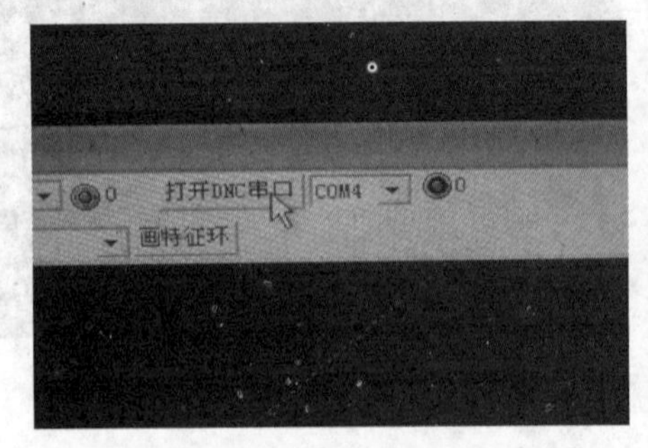

图 2-3-21　点击打开串口 COM4

图 2-3-22　COM4 打开，指示灯点亮

2.4　调节机床位置

利用鼠标上的左键、右键和滚轮可以移动、旋转和放大或缩小机床(图 2-4-1 至图 2-4-6)。

图 2-4-1　按住鼠标右键平行移动机床

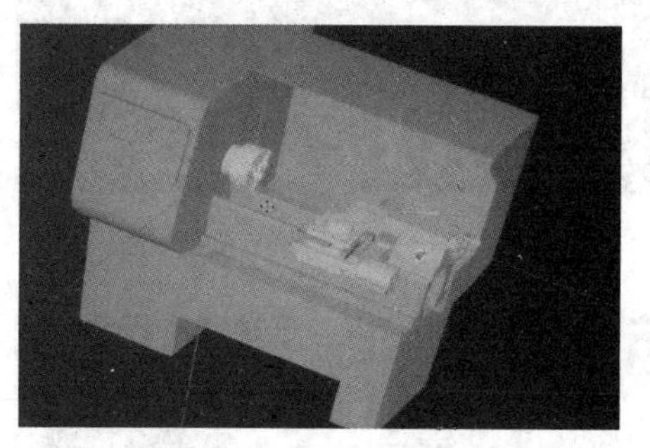

图 2-4-2　机床移动到了显示屏上便于观察的位置

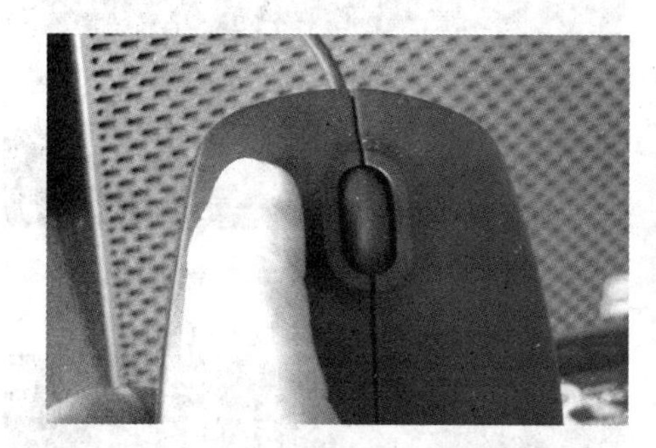

图 2-4-3　按住鼠标左键旋转机床

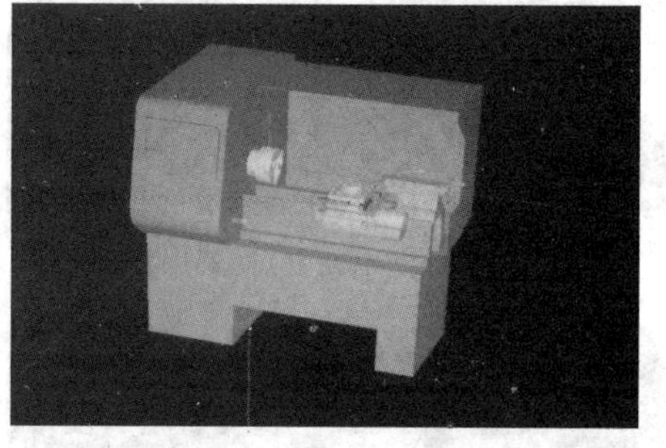

图 2-4-4　机床旋转到了便于观察的角度

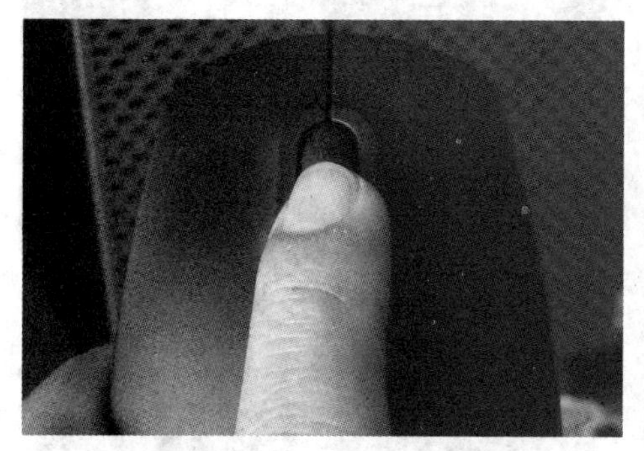

图 2-4-5　滚动鼠标上滚轮调节机床大小

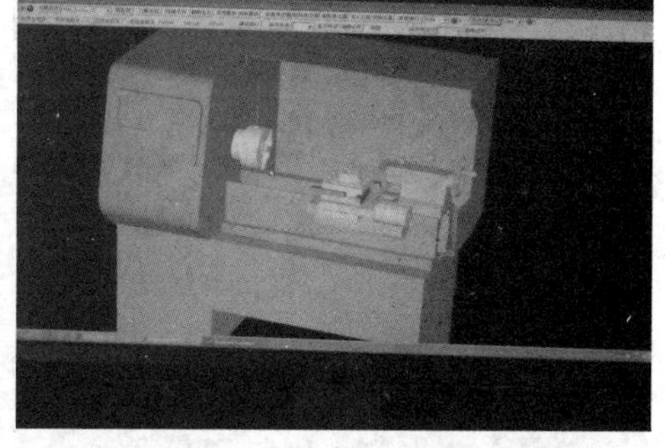

图 2-4-6　机床图形放大了

2.5　移动刀架

通过操作仿真器面板上的按钮可以移动机床的纵向和横向拖板。

2.5.1　移动纵向拖板

移动纵向拖板的步骤如图 2-5-1 至图 2-5-10 所示。

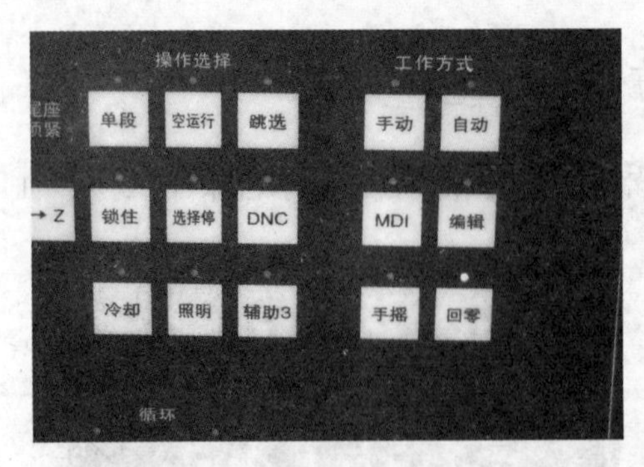

图 2-5-1　选择工作方式——手动

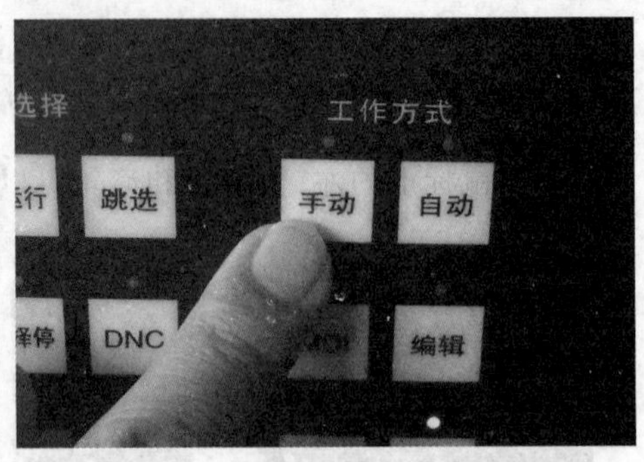

图 2-5-2　按下“手动”按键

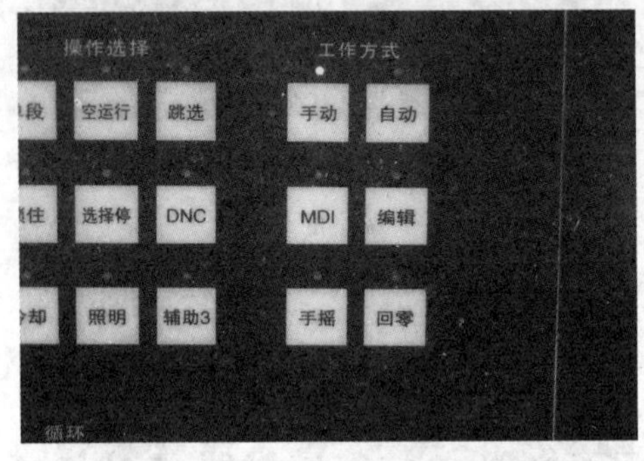

图 2-5-3　“手动”键指示灯点亮

图 2-5-4　按“100%”键调整，移动速度为最大值

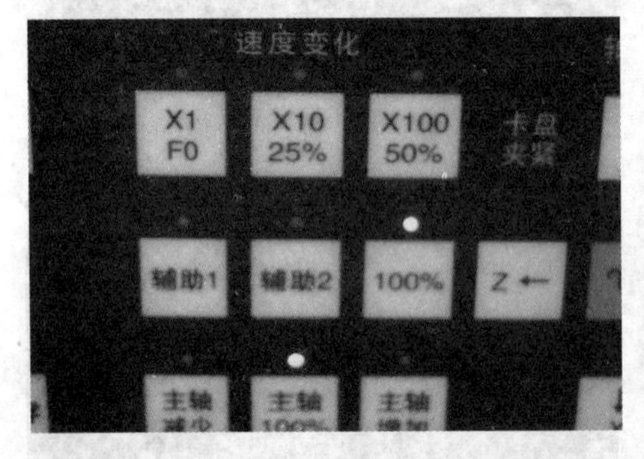

图 2-5-5　100%键指示灯点亮

图 2-5-6　观察车床拖板位于最右端

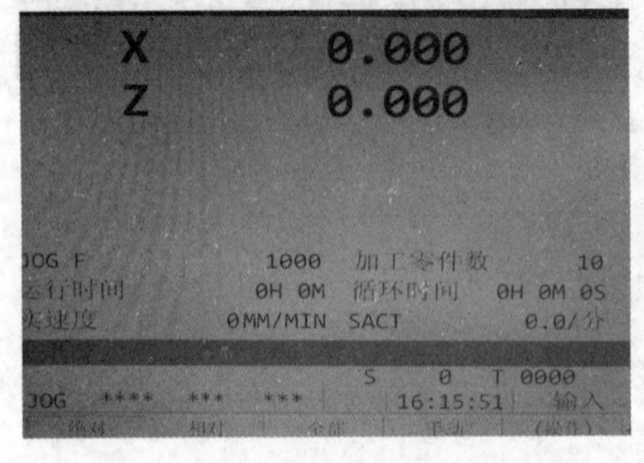

图 2-5-7　拖板即刀尖坐标值 Z 为 0

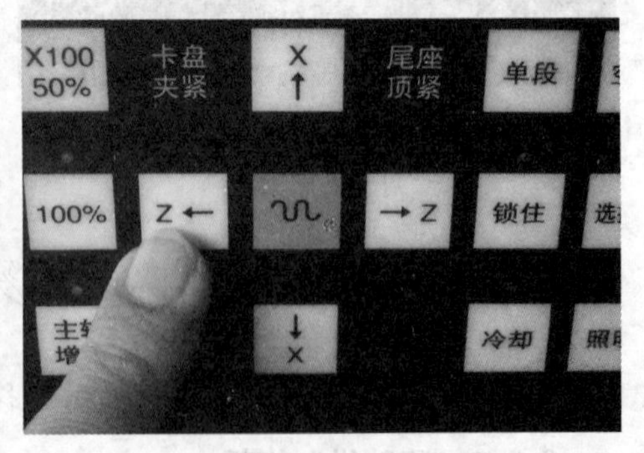

图 2-5-8　按向左“Z←”键

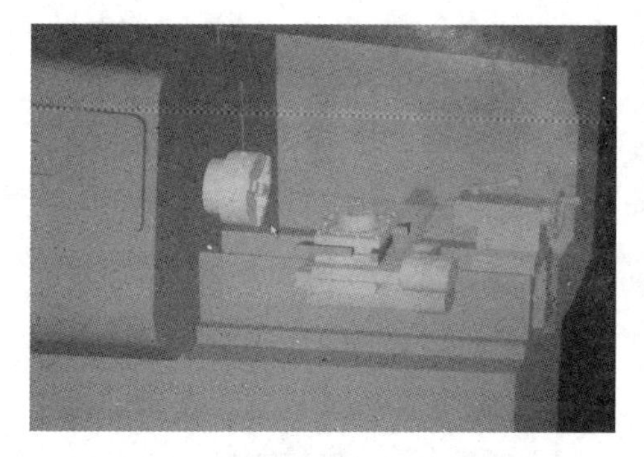

图2-5-9　拖板离开了右端，向左移动

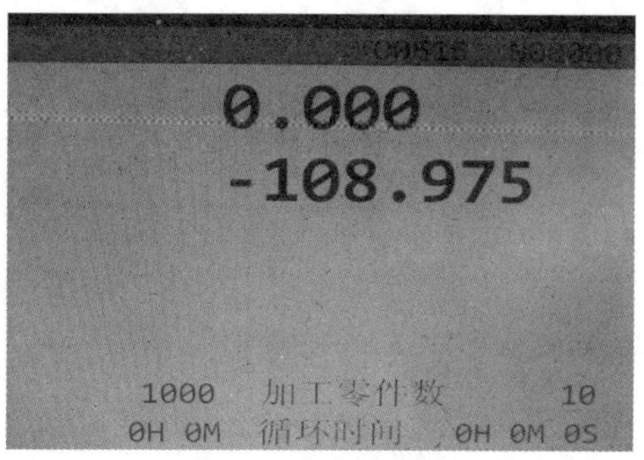

图2-5-10　拖板向左移动值为－108.975

2.5.2　移动横向拖板

移动横向拖板的步骤如图2-5-11至图2-5-13所示。

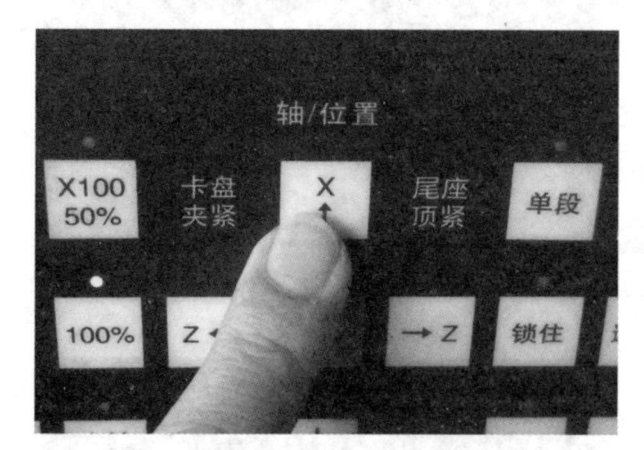

图2-5-11　按向上"X↑"键

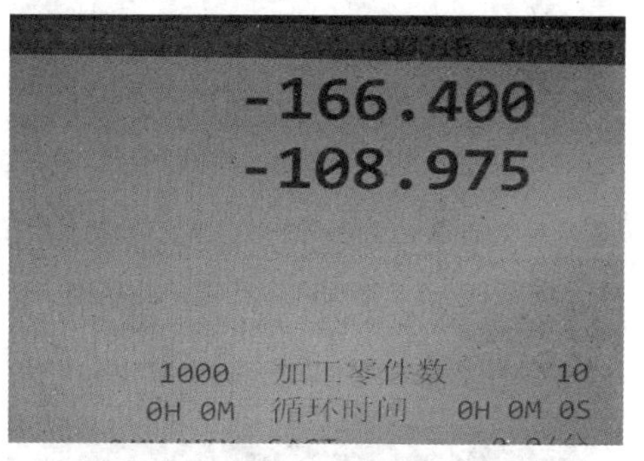

图2-5-12　拖板向主轴中心线方向移动值为－166.400

图2-5-13　拖板即刀尖向主轴中心线方向移动位置示意

2.6　回零操作

通过操作仿真器面板上的按钮可以使纵向和横向拖板回到机床零点位置(图2-6-1至图2-6-10)。

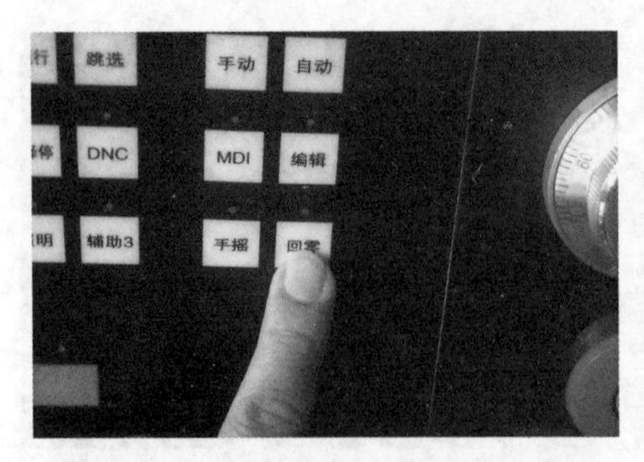

图 2-6-1　选择工作方式——回零

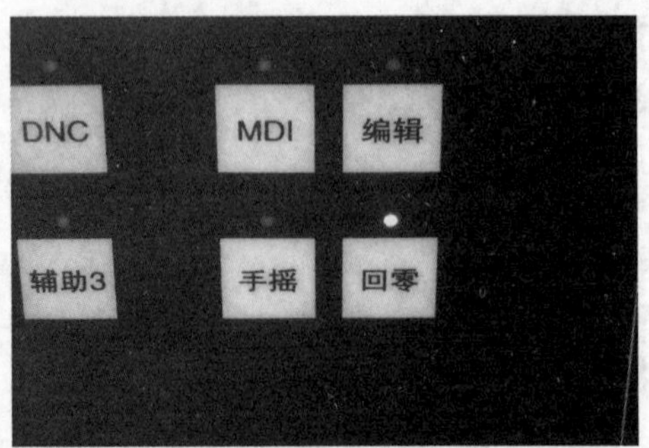

图 2-6-2　“回零”键灯点亮

图 2-6-3　拖板回零操作前的状态

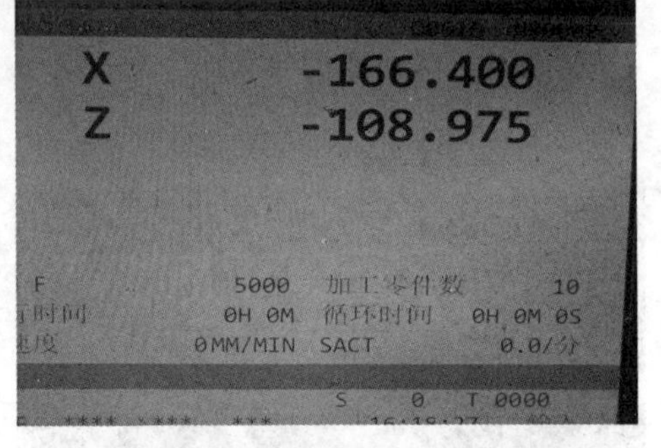

图 2-6-4　拖板回零操作前的坐标值

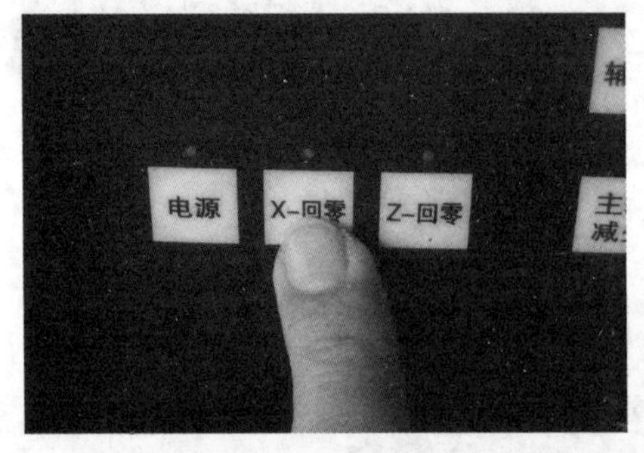

图 2-6-5　按下“X-回零”键

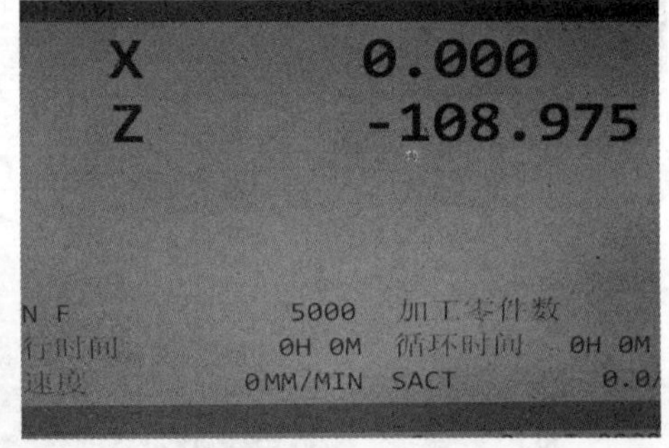

图 2-6-6　拖板 X 向回到机床零点的坐标值

图 2-6-7　“X-回零”显示灯点亮，同时按“Z-回零”

图 2-6-8　拖板 Z 向回到机床零点（最右端）

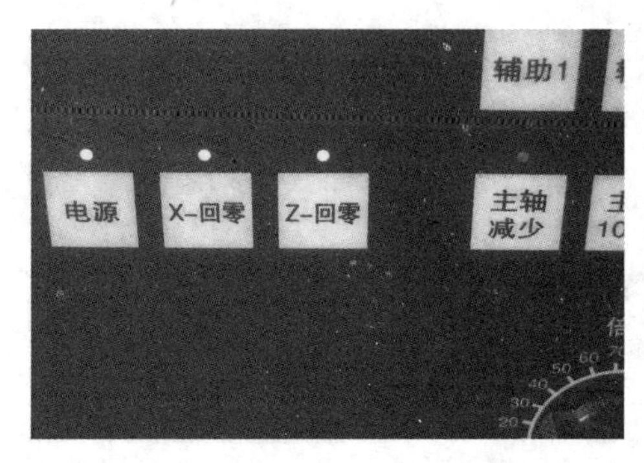

图 2-6-9　“Z-回零”到位，显示灯点亮

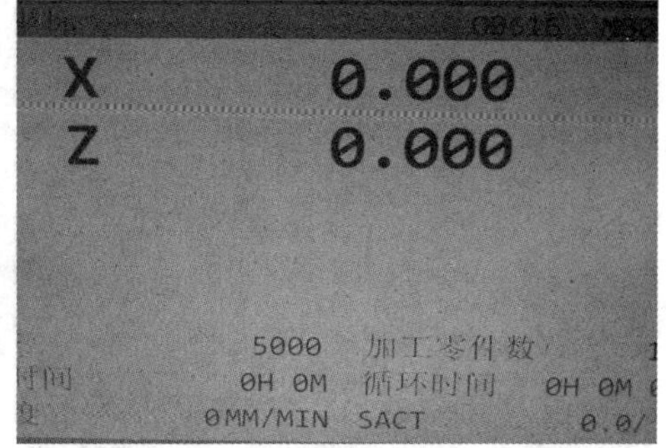

图 2-6-10 拖板 X 和 Z 向回到机床零点的坐标值

2.7　手摇-刀架微量步进

操作仿真器面板上的手摇按钮、旋钮和手轮，可以使纵向和横向拖板即刀架微量步进。

2.7.1　X 方向微量步进

X 方向微量步进为刀具横向进给，当手轮转动 1 格，刀架横向进给 1μm，工件的半径减少 1μm，但工件直径减少 2μm。因为系统采用直径编程，所以 X 轴的坐标每次变化 2μm(图 2-7-1 至图 2-7-16)。

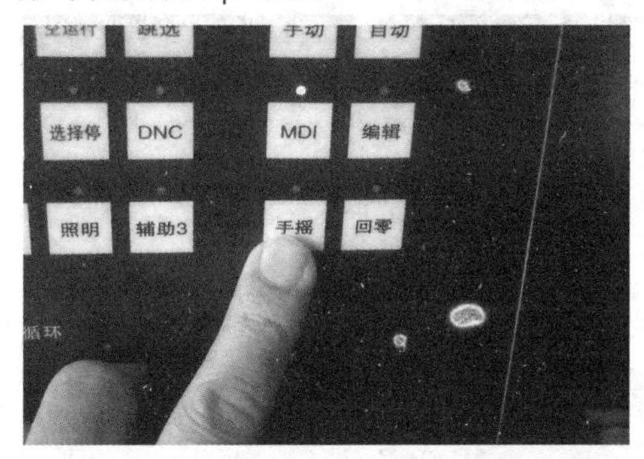

图 2-7-1　选择工作方式——按“手摇”按钮

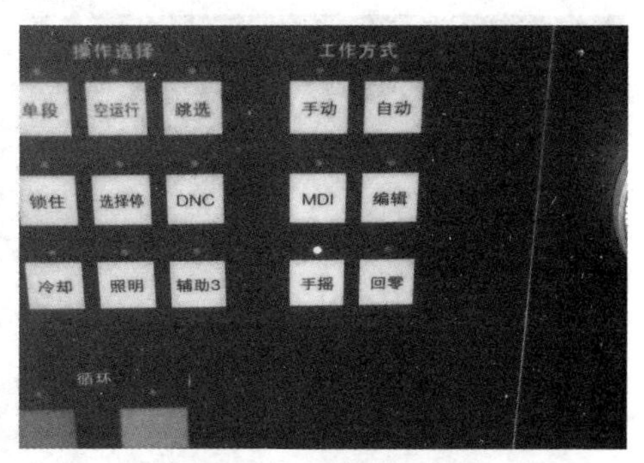

图 2-7-2　“手摇”按钮指示灯点亮

图 2-7-3　按下“POS”键

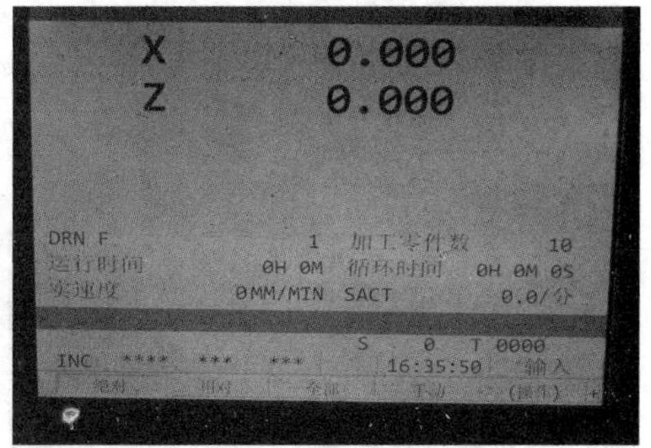

图 2-7-4　显示刀架位置坐标值“X 0.000　Z 0.000”

图 2-7-5　刀架所在位置

图 2-7-6　把左边旋钮从 OFF 旋转到 X

图 2-7-7　选择旋到手摇 X

图 2-7-8　把右边旋钮从 X1 旋转到 X100
（手轮转动 1 格，刀架移动 200μm）

图 2-7-9　随意转动手轮若干圈

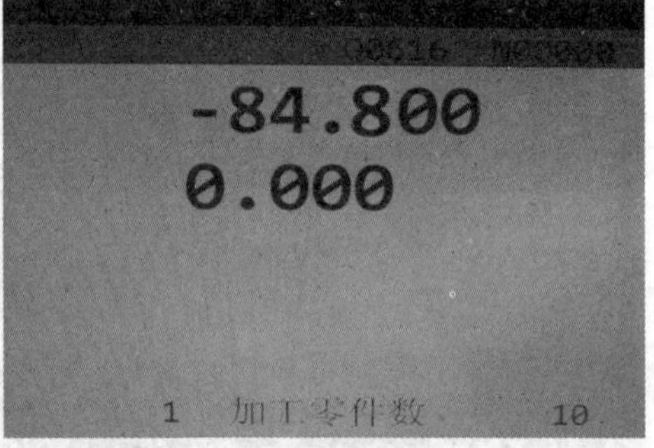

图 2-7-10　刀架 X 向坐标值为
−84.800(mm)

图 2-7-11　把右边步进量旋转到 X10

图 2-7-12　旋转手轮 2 格(步进 20μm)

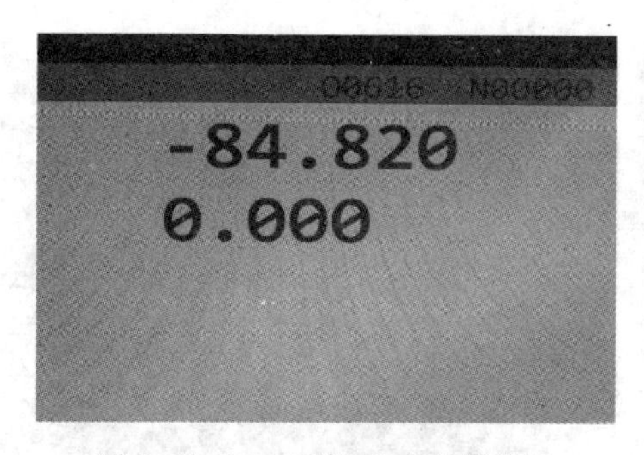

图 2-7-13 刀架 X 向坐标值为 −84.820(mm)

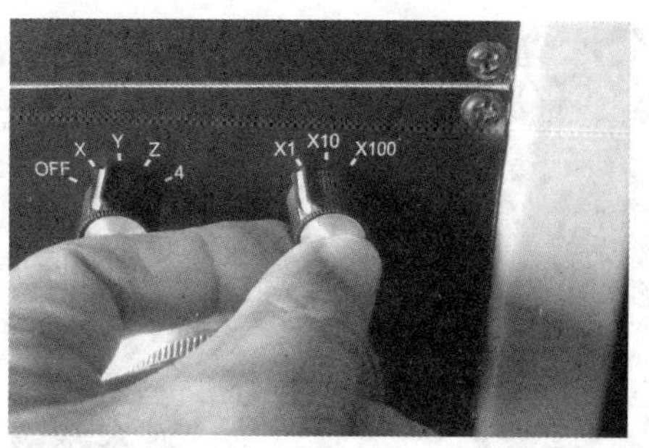

图 2-7-14 把右边步进量旋转到 X1

图 2-7-15 旋转手轮 2 格(步进 2μm)

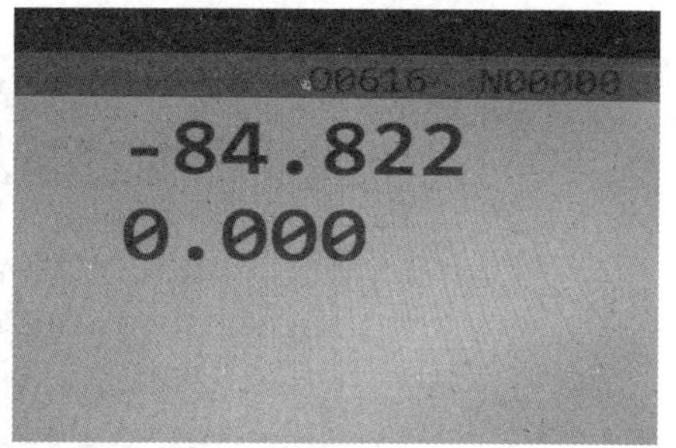

图 2-7-16 刀架 X 向坐标值为 −84.822(mm)

2.7.2 *Z* 方向微量步进

Z 方向微量步进的步骤如图 2-7-17 至图 2-7-18 所示。

图 2-7-17 选择旋到手摇 Z

图 2-7-18 把右边旋钮从 X1 旋转到 X100(手轮转动 1 格,刀架移动 100μm)

图 2-7-19 随意转动手轮若干圈

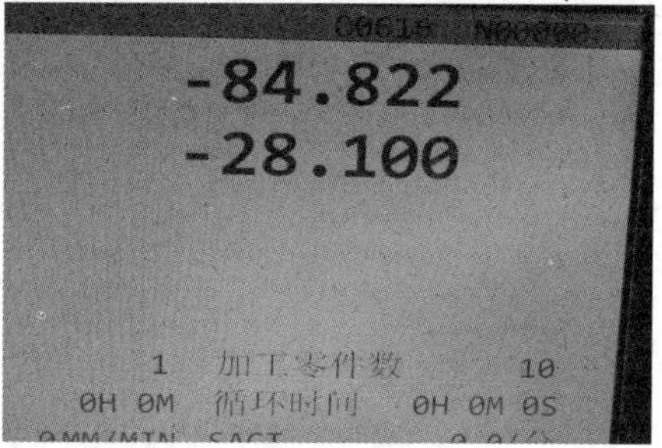

图 2-7-20 刀架 *Z* 向坐标值为 −28.100(mm)

图 2-7-21　把右边步进量旋转到 X1

图 2-7-22　旋转手轮 1 格，纵向 Z 步进 1μm

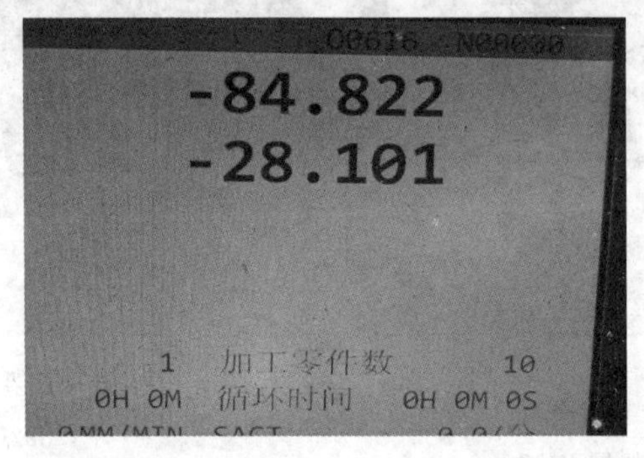

图 2-7-23　刀架 Z 向坐标值为－28.101(mm)，按同样方式可以移动 10μm 或 100μm

第 3 章　程序编辑与执行

操作仿真器面板程序编辑和数据输入调用区、仿真车床操作区及显示屏下方软键区的按钮和旋钮，可以对数控程序进行编辑和运行。

3.1　直接编程与执行

3.1.1　启动主轴旋转

启动主轴旋转的步骤如图 3－1－1 至图 3－1－22 所示。

图 3－1－1　主轴转动前状态

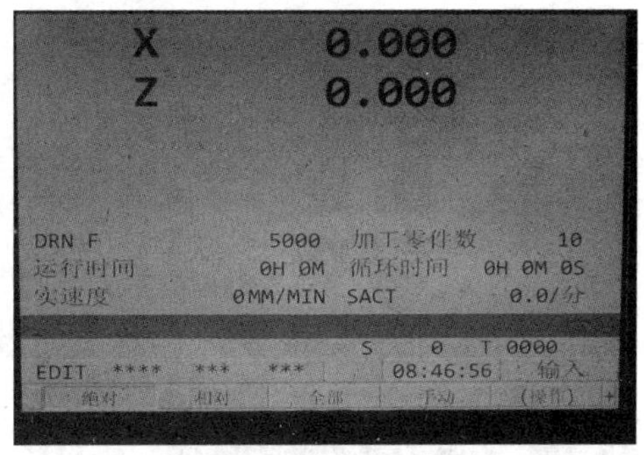

图 3－1－2　主界面显示 SACT 0.0/分（主轴没有转动）

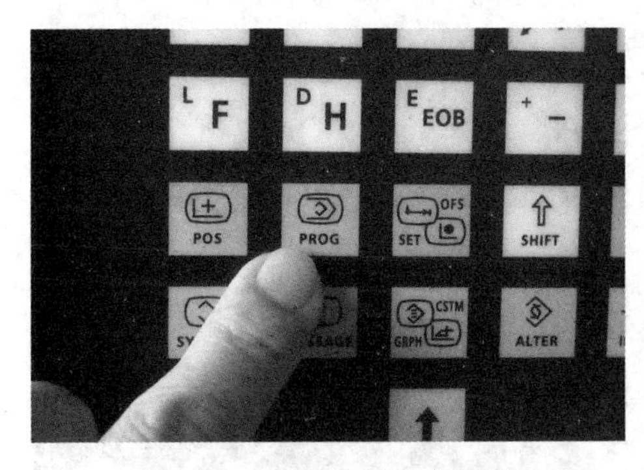

图 3－1－3　按下“PROG”键

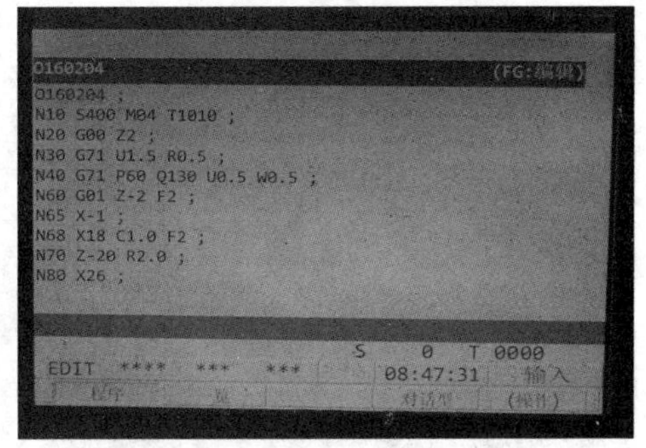

图 3－1－4　显示程序编辑界面

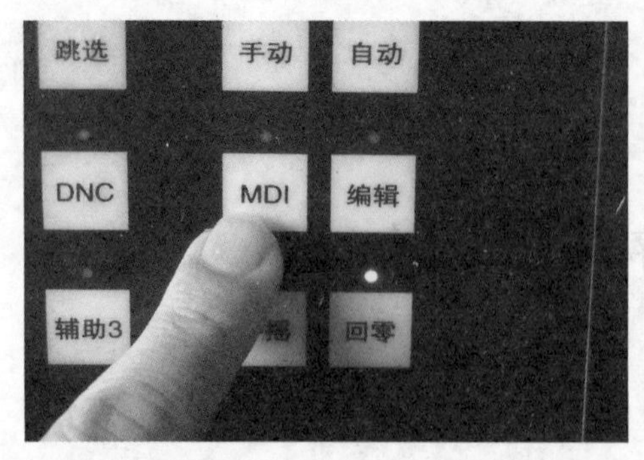

图 3-1-5　按下“MDI”键

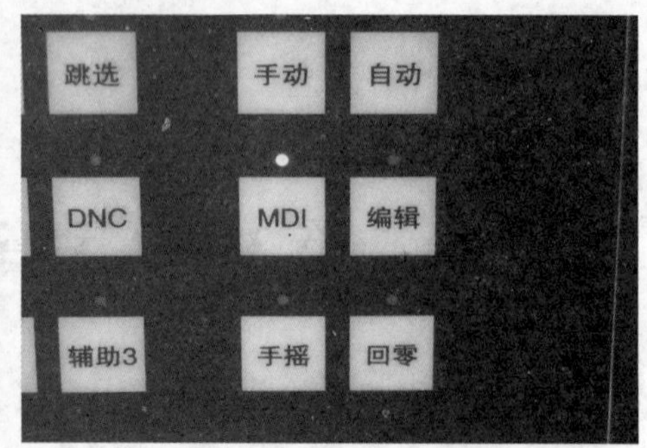

图 3-1-6　“MDI”指示灯亮起

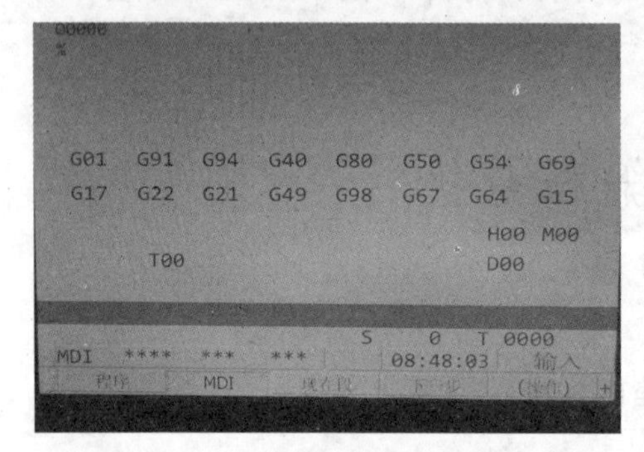

图 3-1-7　显示 MDI 输入提示符“>_”

图 3-1-8　开始输入，按下字母键“M”

图 3-1-9　按下数值键“3”

图 3-1-10　按下字母键“S”

图 3-1-11　按下数值键“5”

图 3-1-12　按下数值键“0”

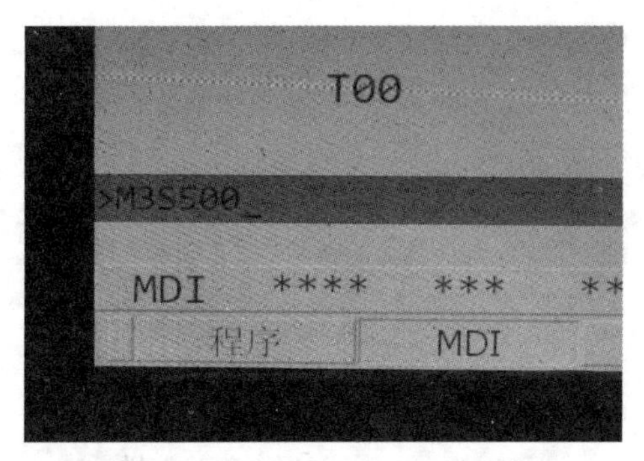

图 3 - 1 - 13　指令输入完毕——M3S500

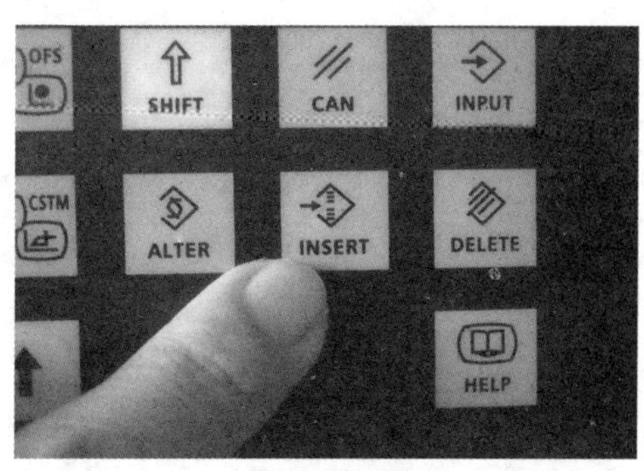

图 3 - 1 - 14　按下“INSERT”键

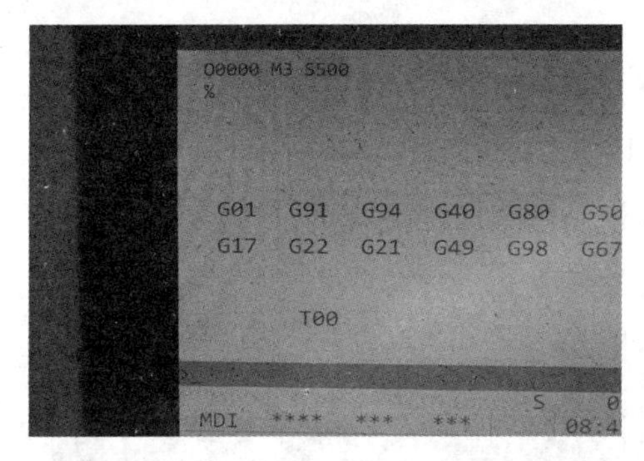

图 3 - 1 - 15　指令录入系统，并显示“M3 S500”

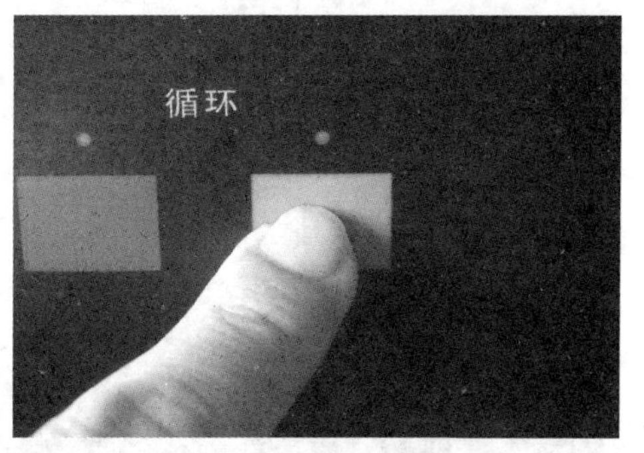

图 3 - 1 - 16　按下绿色“执行”键

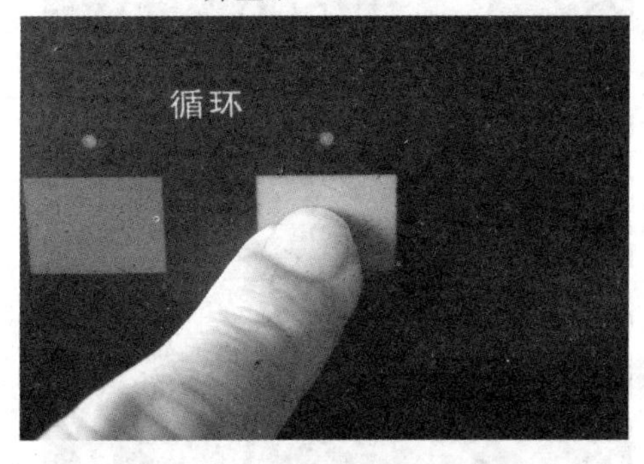

图 3 - 1 - 17　执行键指示灯亮起，指令开始执行

图 3 - 1 - 18　主轴按逆时针方向转动

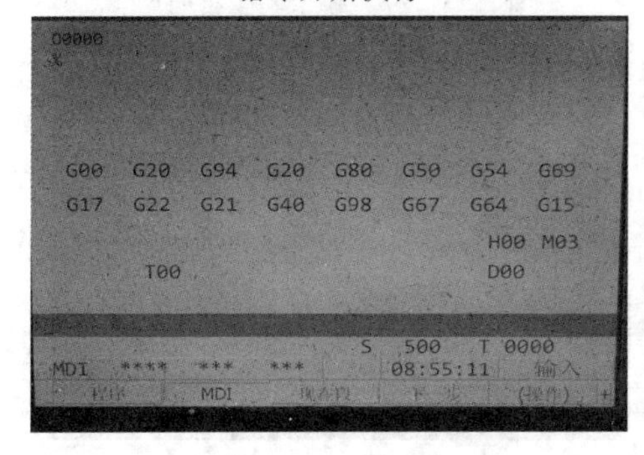

图 3 - 1 - 19　显示屏下部状态栏显示“S 500”

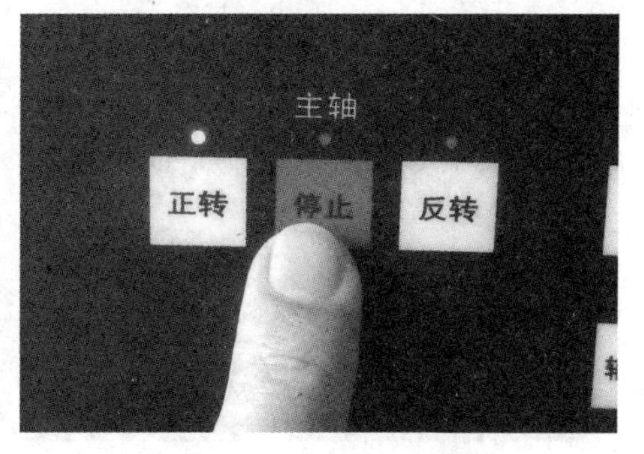

图 3 - 1 - 20　按下主轴“停止”键

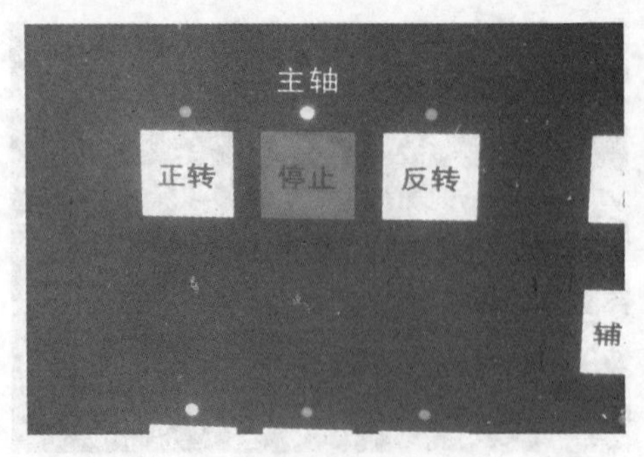

图 3-1-21　主轴“停止”键指示灯亮起，主轴停止转动

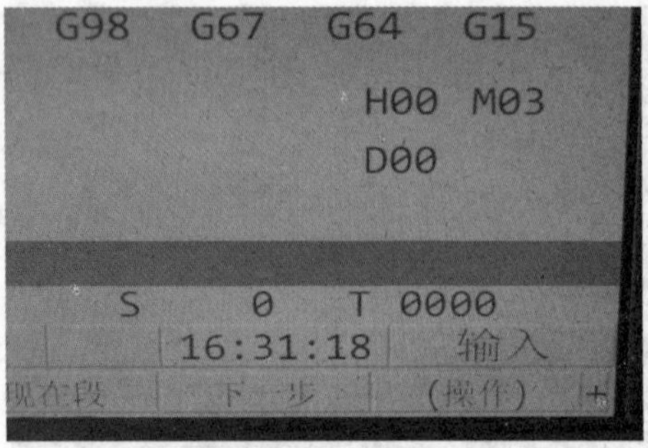

G98　G67　G64　G15
H00　M03
D00
S　0　T 0000
16:31:18　输入
现在段　下一步　(操作)　+

图 3-1-22　显示屏下部状态栏显示“S 0”

3.1.2　移动刀架到指定位置

移动刀架到指定位置的步骤如图 3-1-23 至图 3-1-42 所示。

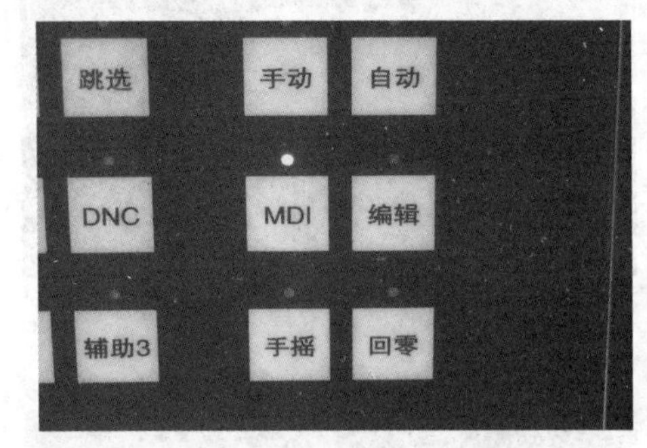

图 3-1-23　操作模式保持在“MDI”

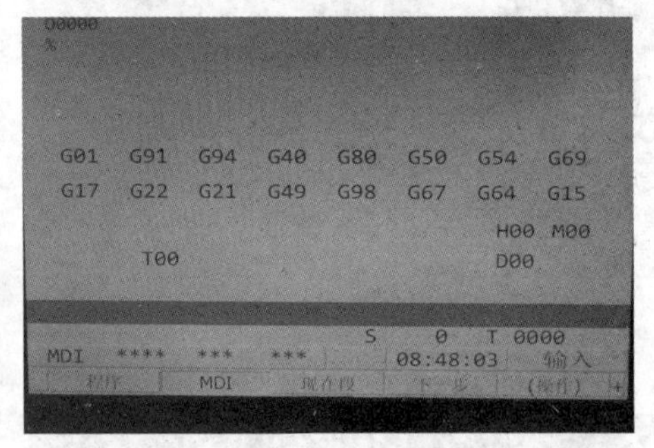

图 3-1-24　显示 MDI 输入提示符“>_”

图 3-1-25　按下字母键“G”

图 3-1-26　按下数字键“1”

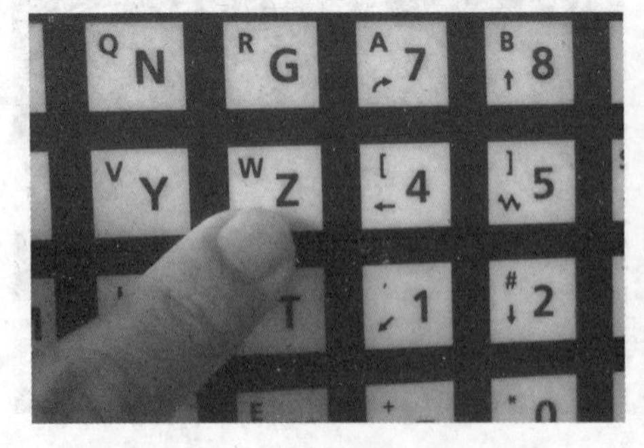

图 3-1-27　按下字母键“Z”

图 3-1-28　按下符号键“－”(负号)

图 3-1-29　按下数字键“2”

图 3-1-30　按下数字键“0”

图 3-1-31　按下字母键“F”

图 3-1-32　按下数字键“2”

图 3-1-33　按下符号键“.”

图 3-1-34　按下数字键“0”

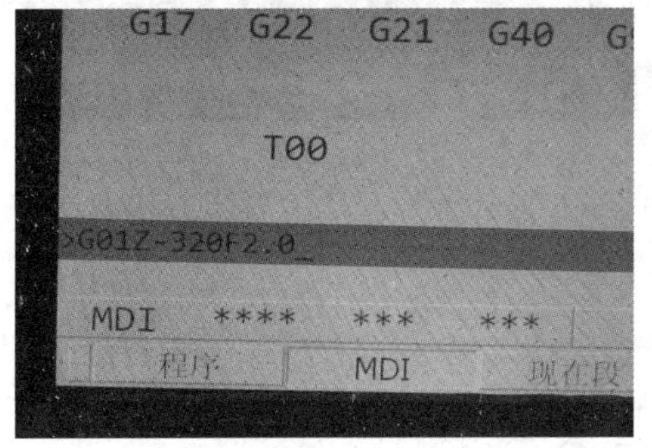

图 3-1-35　输入行显示“>G01Z-320F2.0”

图 3-1-36　按下“INSERT”键

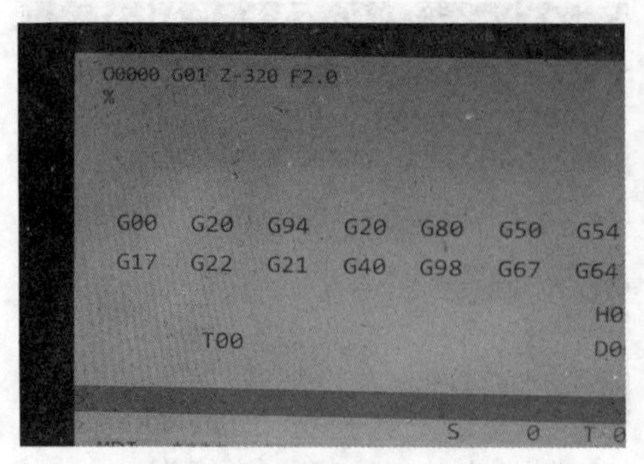

图 3-1-37　指令录入系统，处于待执行状态

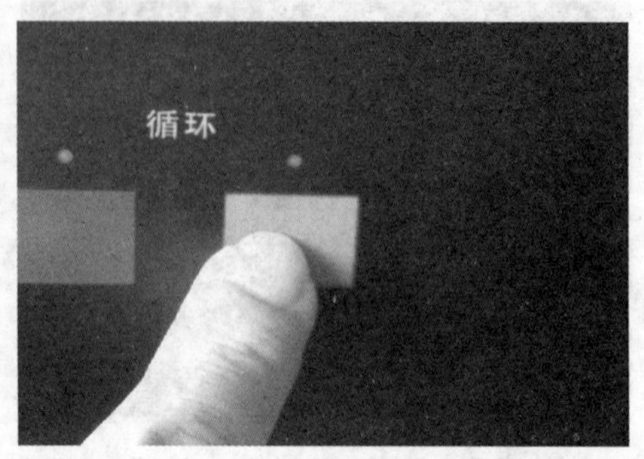

图 3-1-38　按下“执行”键

图 3-1-39　机床大拖板移动到指令位置后停止

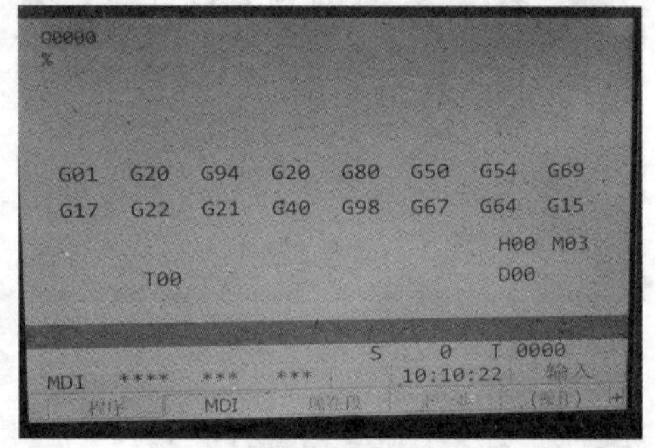

图 3-1-40　指令执行完毕后的显示界面

图 3-1-41　按“POS”位置坐标显示主界面

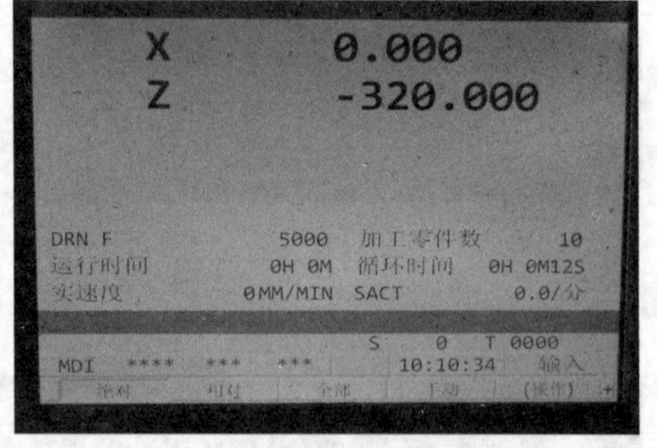

图 3-1-42　显示 *Z* 轴坐标“－320”

3.2　主轴正反转操作

主轴正反转操作步骤如图 3-2-1 至图 3-2-14 所示。

图3-2-1 主轴不转动(停止)状态

图3-2-2 按下“正转”键，“正转”钮指示灯点亮

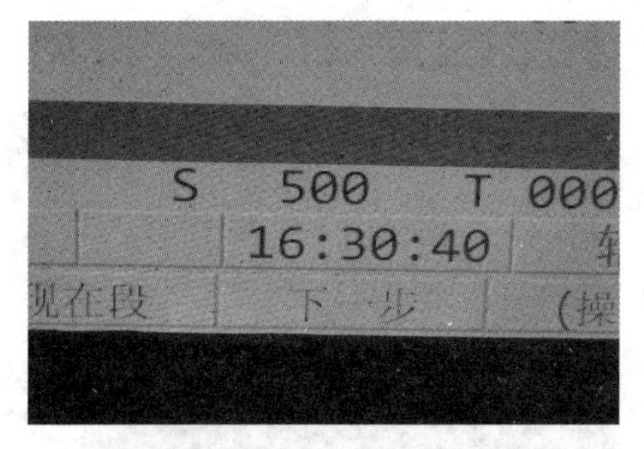

图3-2-3 主界面显示“S 500”

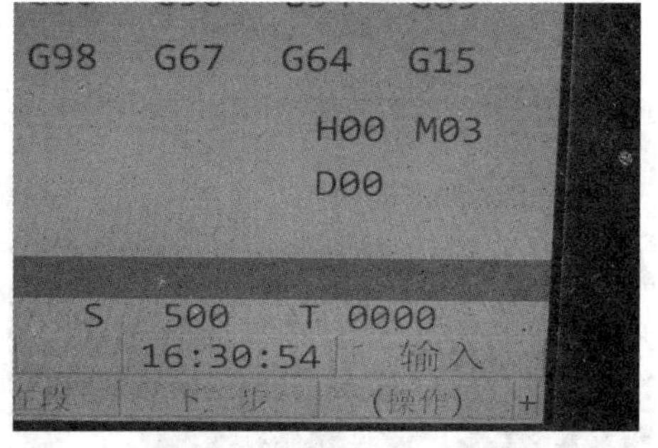

图3-2-4 主界面显示“M03”

图3-2-5 主轴按逆时针方向转动

图3-2-6 按下主轴“停止”键

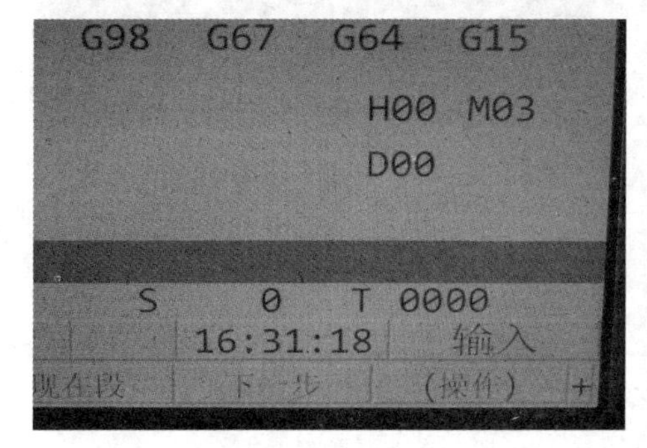

图3-2-7 显示屏下部状态栏显示“S 0”

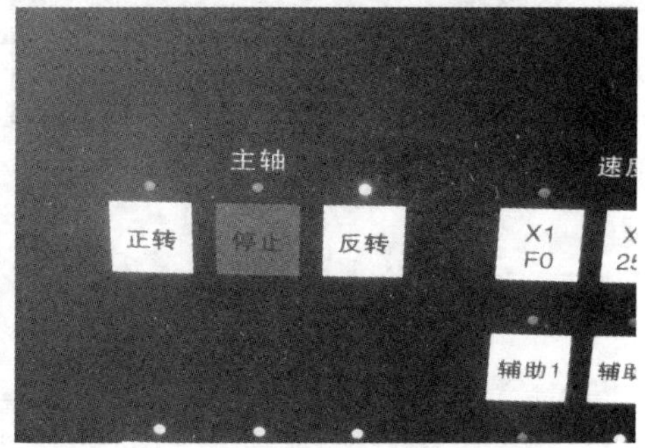

图3-2-8 按下“反转”键，“反转”钮指示灯点亮

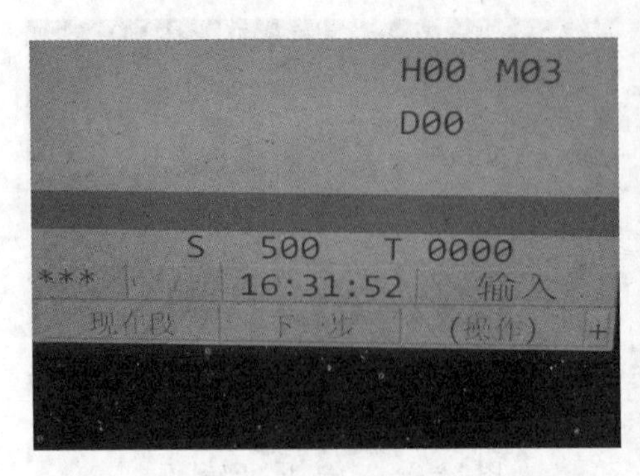

图 3-2-9 显示屏下部状态栏显示"S 500"

图 3-2-10 主轴按顺时针方向转动

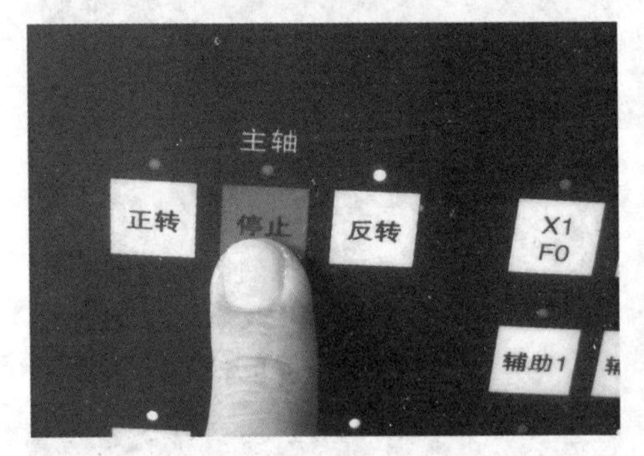

图 3-2-11 按下主轴"停止"键

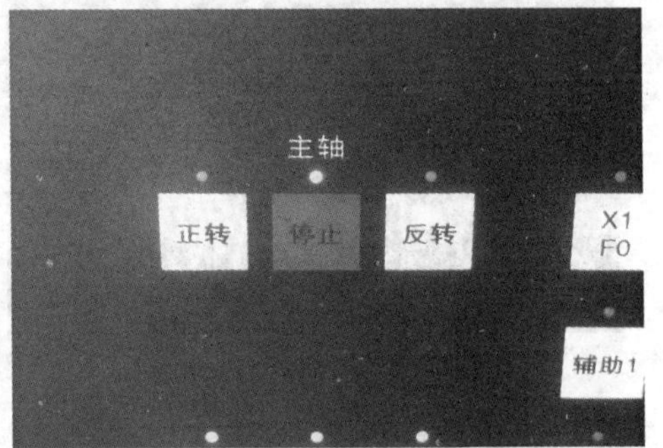

图 3-2-12 主轴"停止"灯点亮

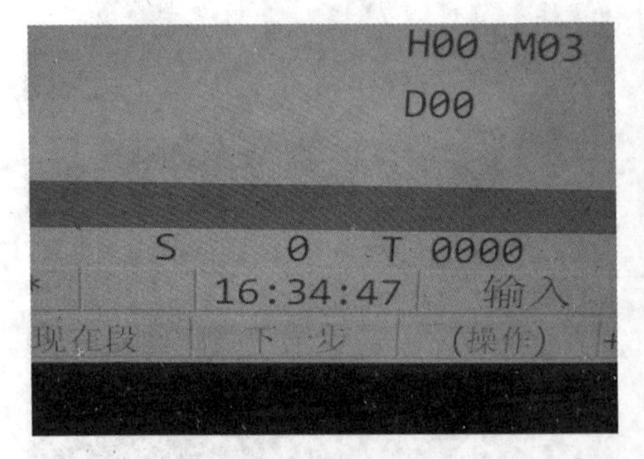

图 3-2-13 显示屏下部状态栏显示"S 0"

图 3-2-14 主轴不转动(停止)状态

3.3 程序自动执行

程序自动执行步骤如图 3-3-1 至图 3-3-30 所示。

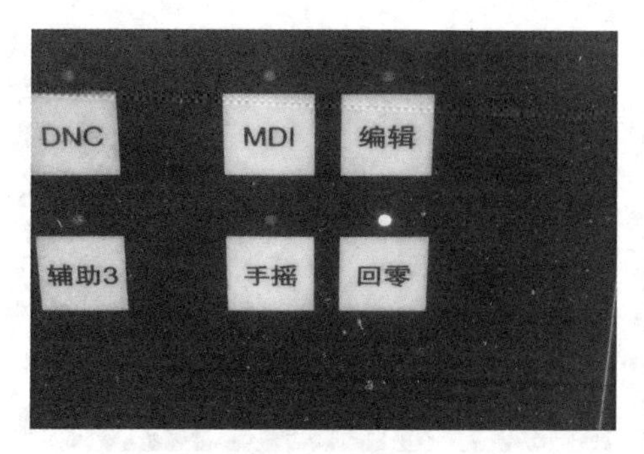

图 3-3-1　选择工作方式，按下“回零”，指示灯点亮

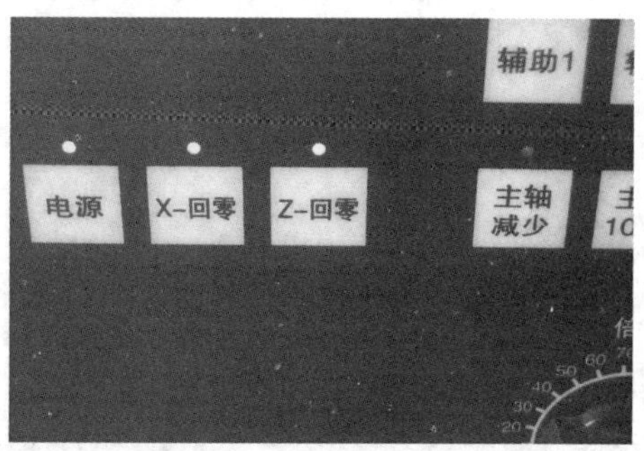

图 3-3-2　按下“X-回零”“Z-回零”键，两个回零结束，指示灯点亮

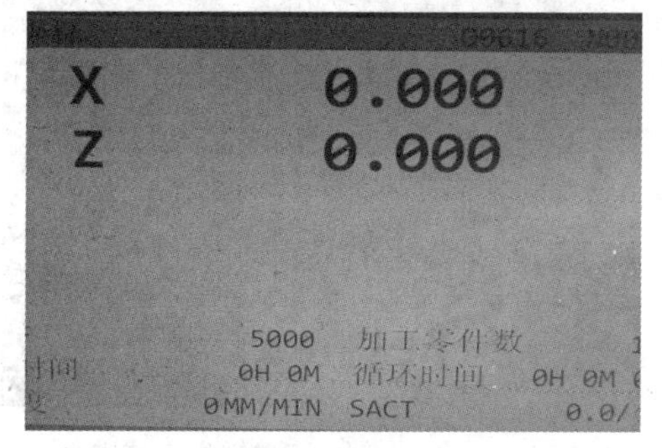

图 3-3-3　刀架回零后的坐标值“X 0.000　Z 0.000”

图 3-3-4　按下“PROG”按钮

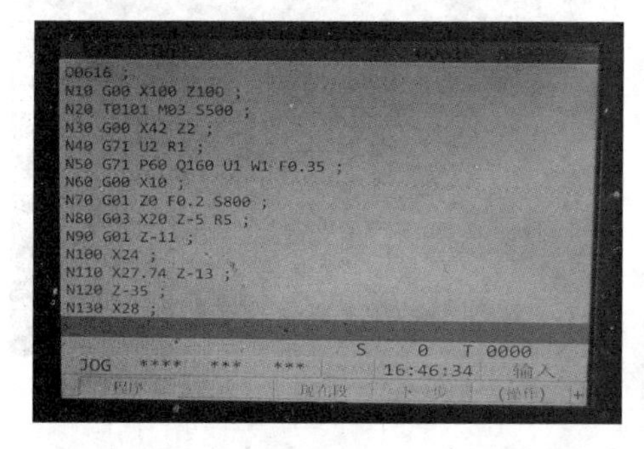

图 3-3-5　显示当前可以执行的程序

图 3-3-6　程序执行前的刀架状态

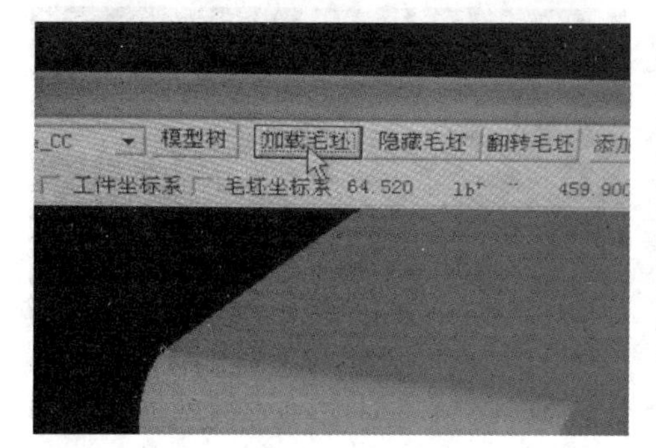

图 3-3-7　点击“加载毛坯”

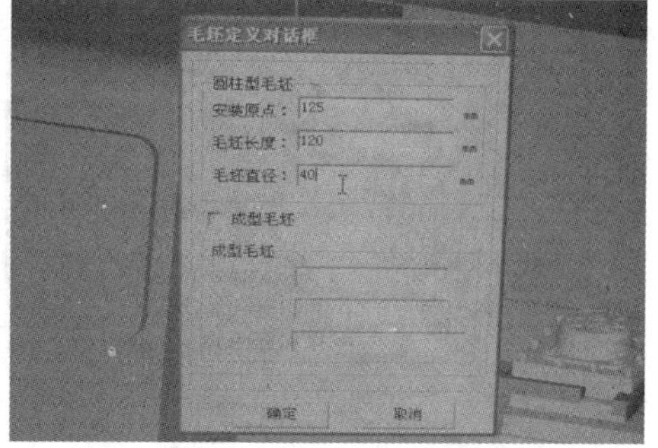

图 3-3-8　显示仿真器“毛坯定义对话框”及默认的毛坯参数

图 3-3-9　如果不做更改，点击“确认”

图 3-3-10　毛坯安装到卡盘上

图 3-3-11　按下“自动”键

图 3-3-12　“自动”按键指示灯点亮

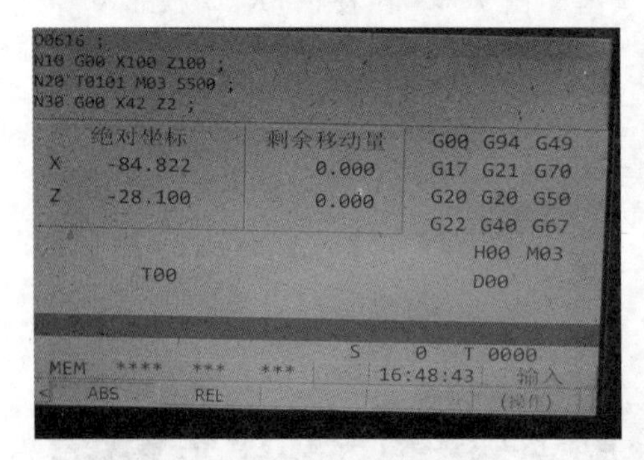

图 3-3-13　仿真器显示器显示的程序为待命状态

图 3-3-14　程序执行前工件和刀架状态图

图 3-3-15　按下绿色“执行启动”键

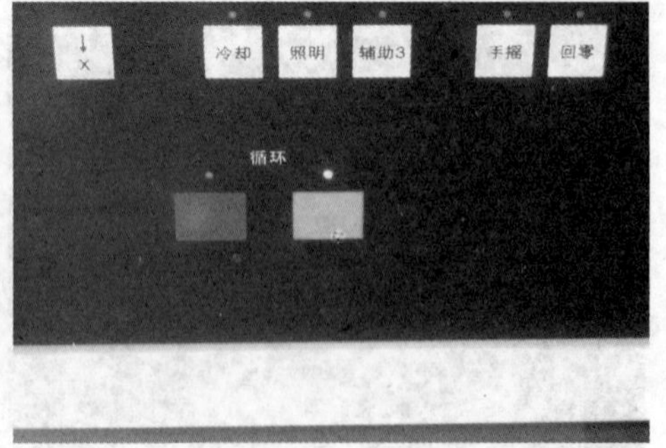

图 3-3-16　“执行启动”键指示灯点亮

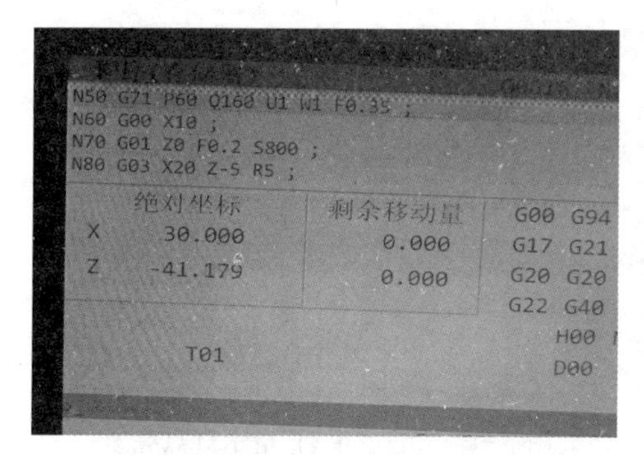

图 3-3-17　显示程序执行图

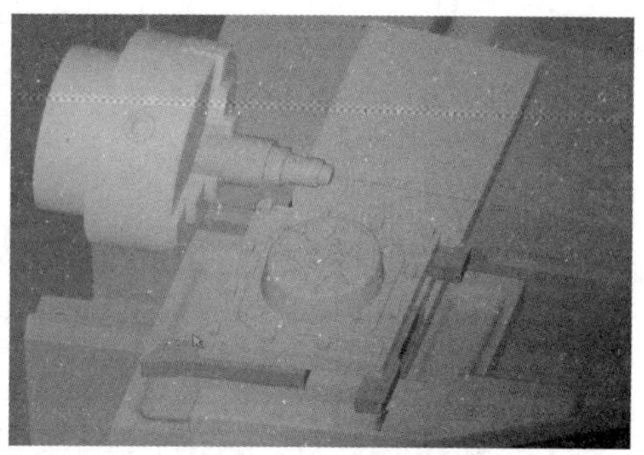

图 3-3-18　机床上工件处于加工中状态

图 3-3-19　正在运行循环指令

图 3-3-20　正在执行螺纹加工循环

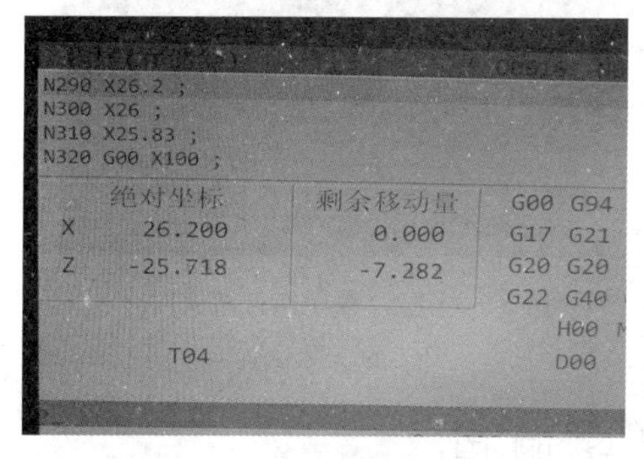

图 3-3-21　正在执行“N290”

图 3-3-22　正在执行螺纹加工循环

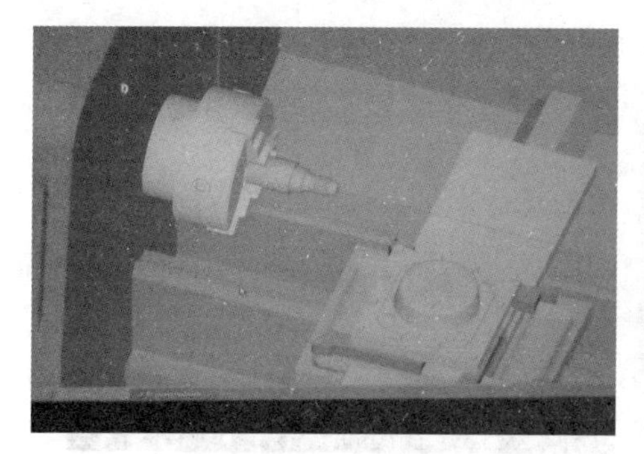

图 3-3-23　加工完毕，刀架返回指定位置

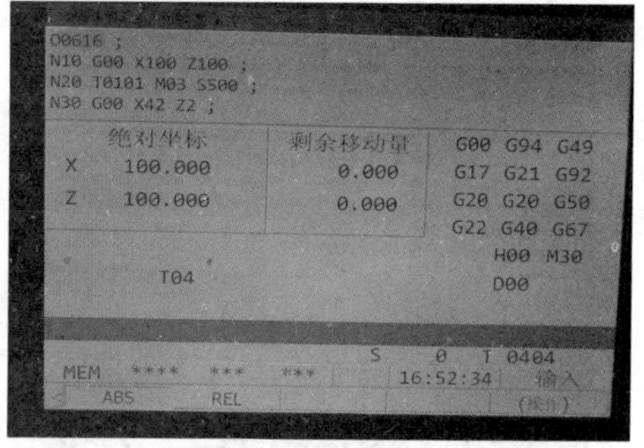

图 3-3-24　程序执行结束，回到程序起点

图 3-3-25　按下“手动”键

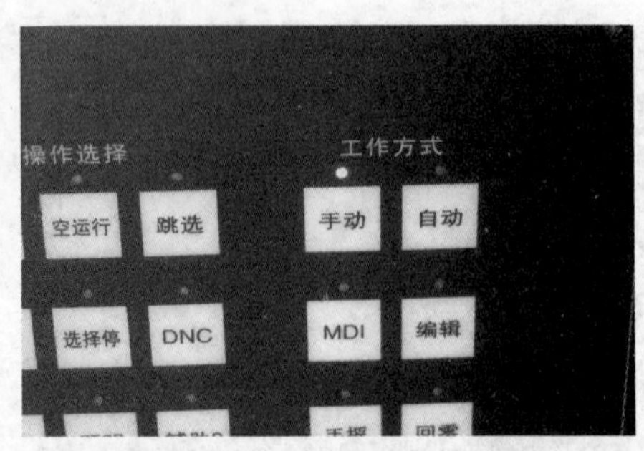

图 3-3-26　“手动”指示灯点亮

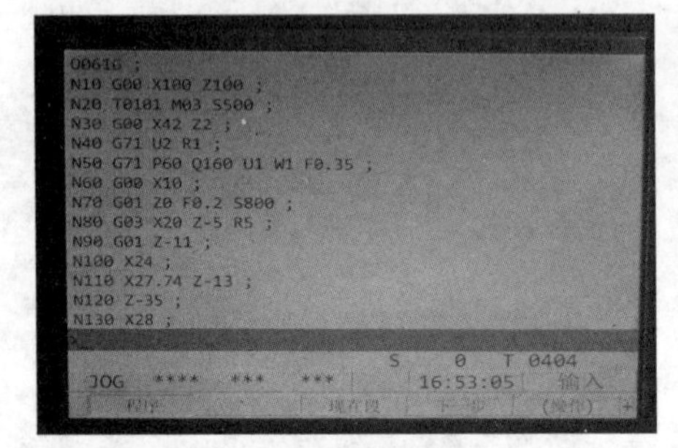

图 3-3-27　程序执行状态被取消

图 3-3-28　按下“POS”键

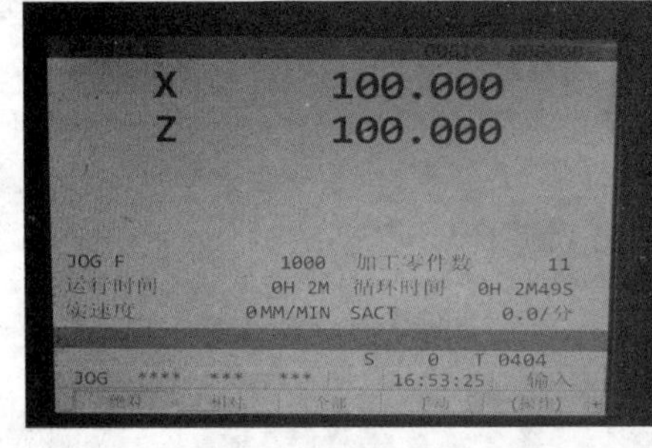

图 3-3-29　显示程序执行结束时，刀架位置坐标值“X 100.000　Z 100.000”

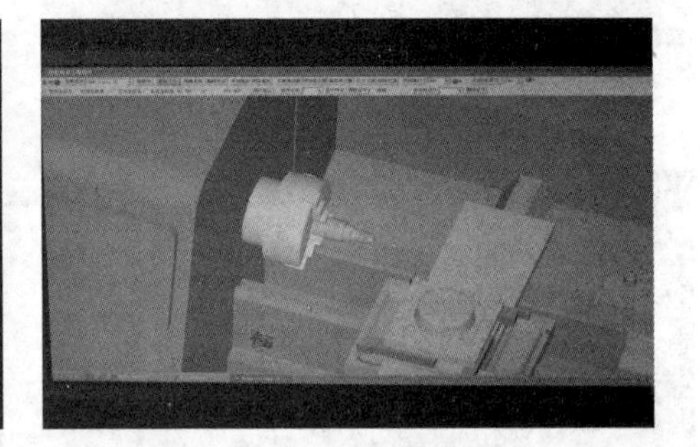

图 3-3-30　程序执行结束时，刀架的实际位置

3.4　程序调用

程序调用步骤如图 3-4-1 至图 3-4-16 所示。

图 3-4-1　按下“PROG”键

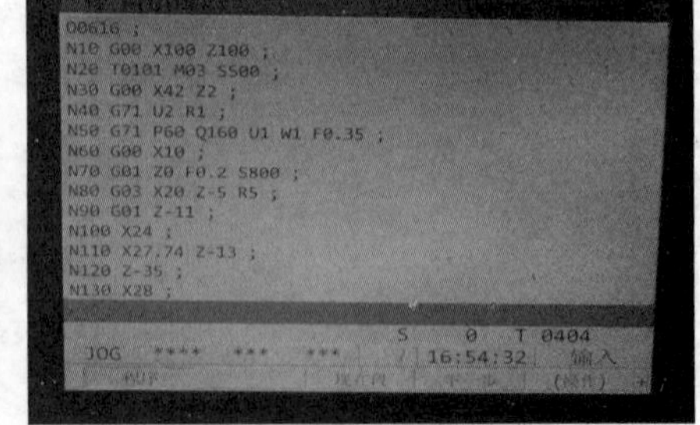

图 3-4-2　显示当前可以执行的程序

图 3-4-3　按下“编辑”键

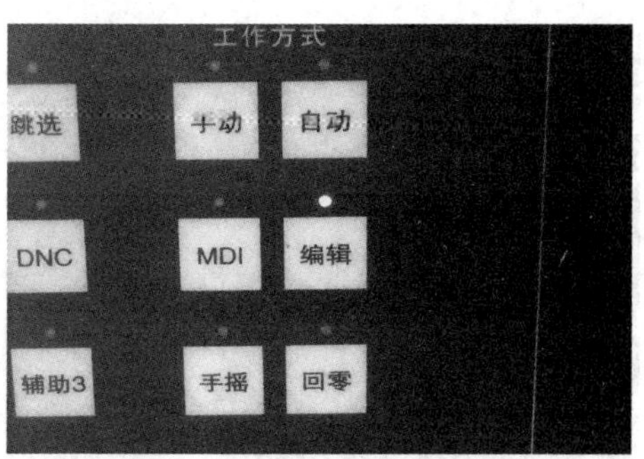

图 3-4-4　“编辑”指示灯点亮

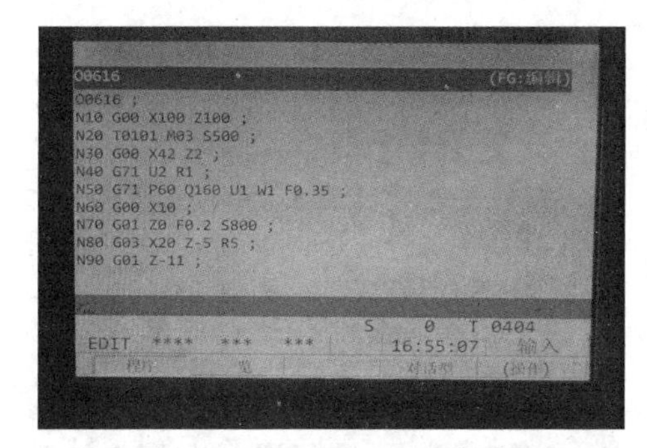

图 3-4-5　黄色显示下移了一行

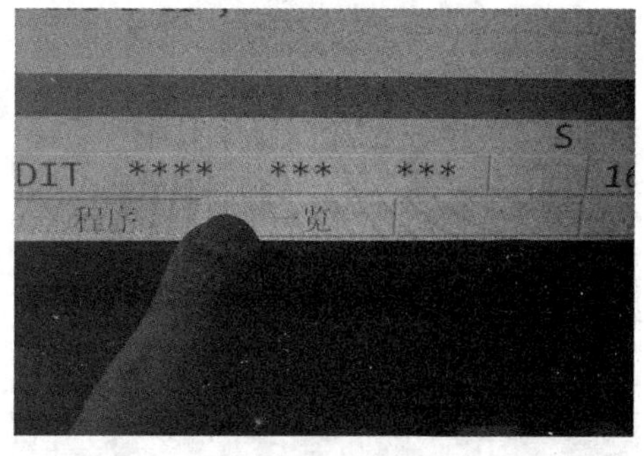

图 3-4-6　看屏幕下方“一览”

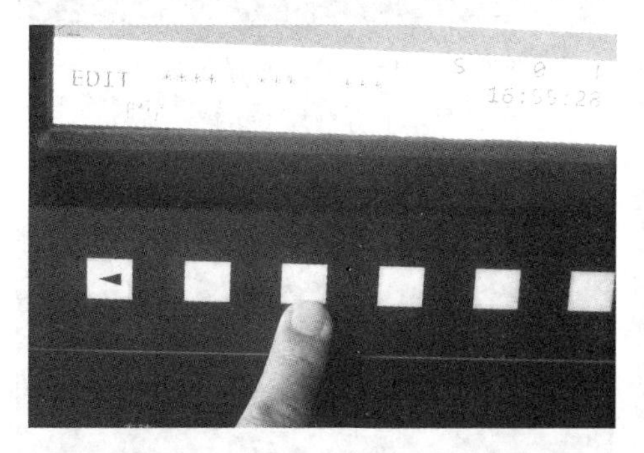

图 3-4-7　按对应“一览”的白色键

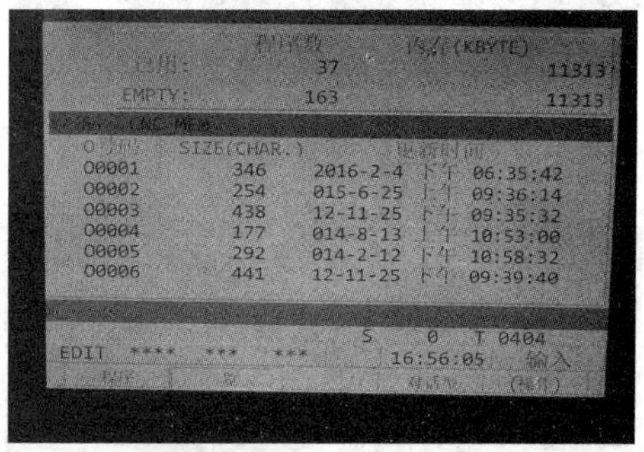

图 3-4-8　显示程序目录

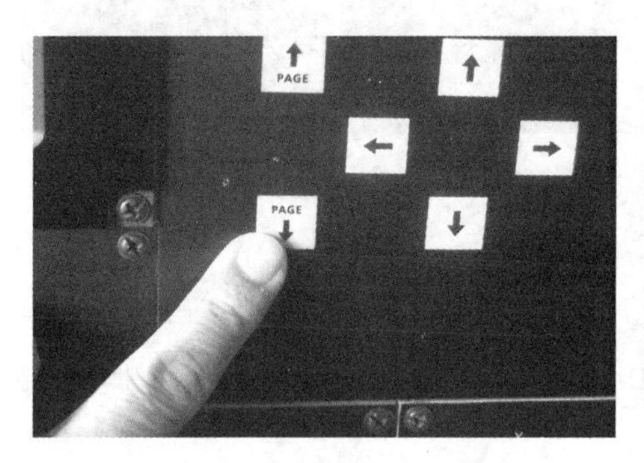

图 3-4-9　按翻页键“PAGE↓”

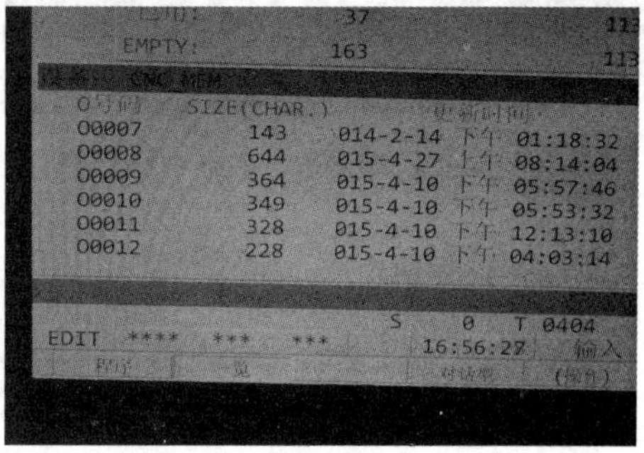

图 3-4-10　显示第 2 页目录，继续按“PAGE↓”

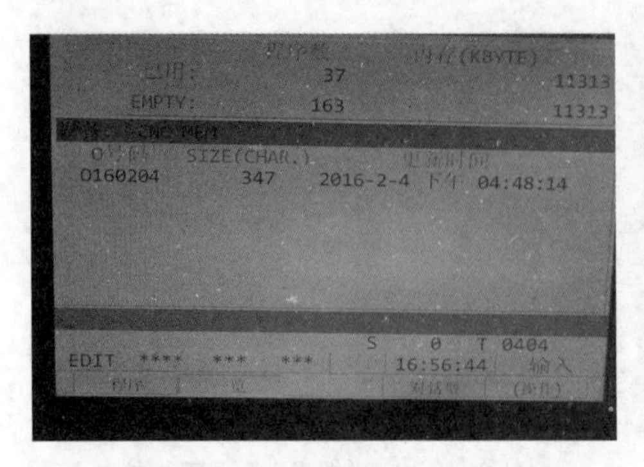

图 3-4-11　到达最后一页，查看打算调用的程序号

图 3-4-12　按下字母键“O”

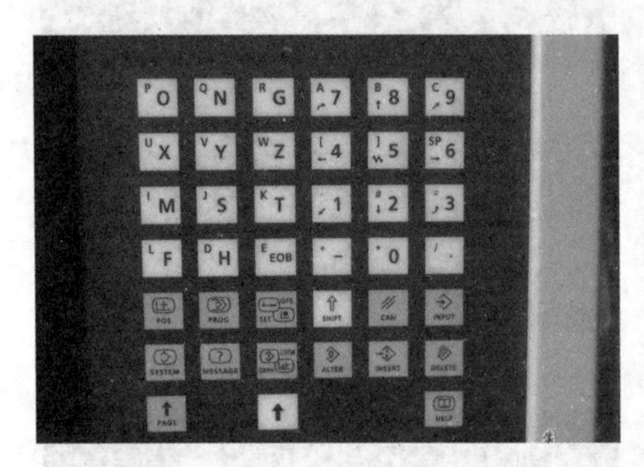

图 3-4-13　继续输入“160204”

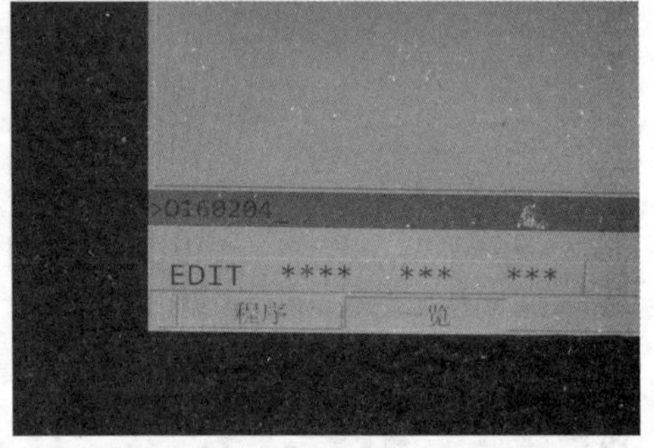

图 3-4-14　输入的程序号位于左下方“O160204”

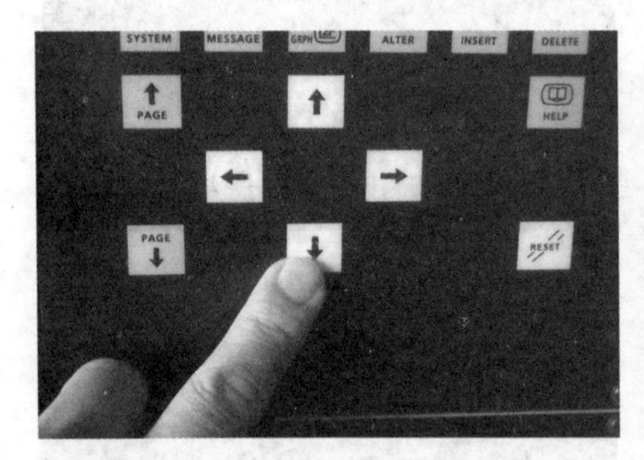

图 3-4-15　按向下光标移动键“↓”

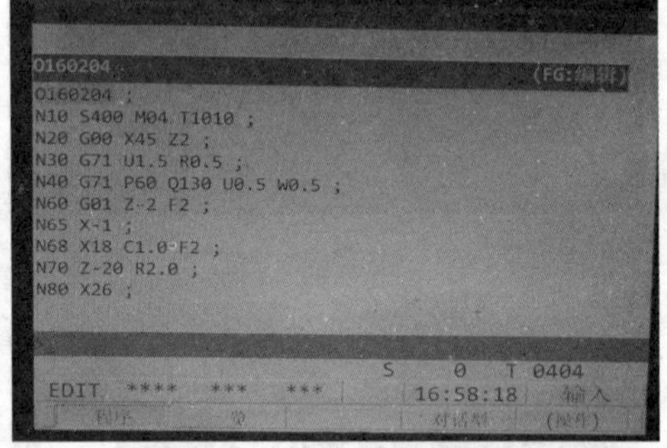

图 3-4-16　显示“O160204”，调入成功

3.5　程序编辑

3.5.1　程序查找—删除

程序查找—删除步骤如图 3-5-1 至图 3-5-6 所示。

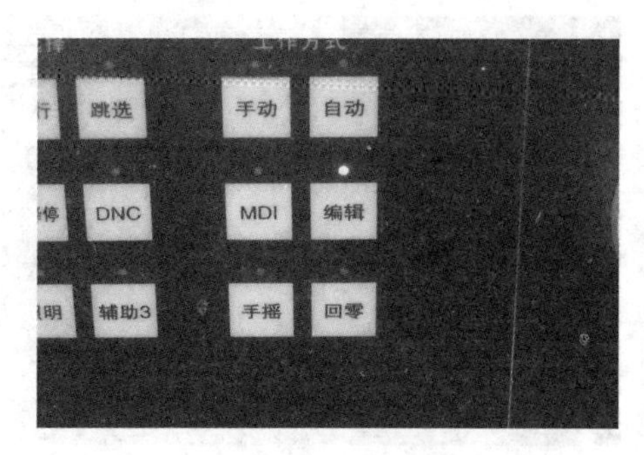

图 3-5-1　选择工作方式，按下“编辑”键，指示灯点亮

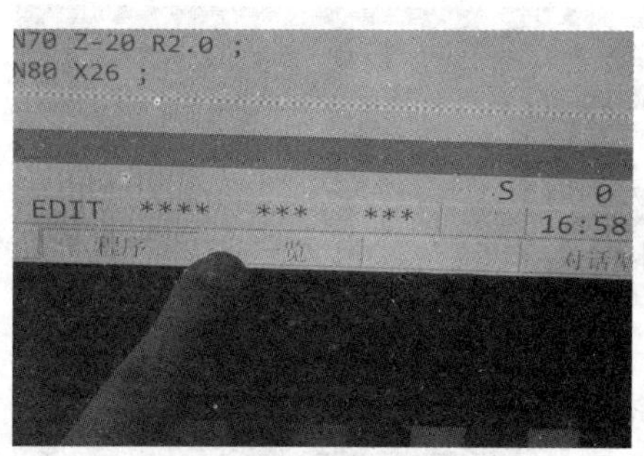

图 3-5-2　选“一览”

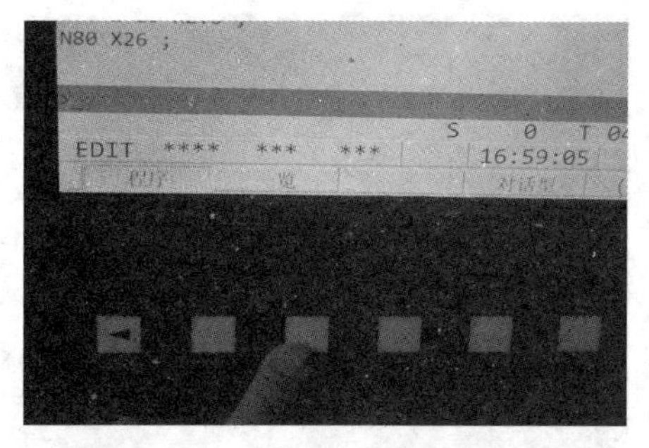

图 3-5-3　按与“一览”对应的白色软键

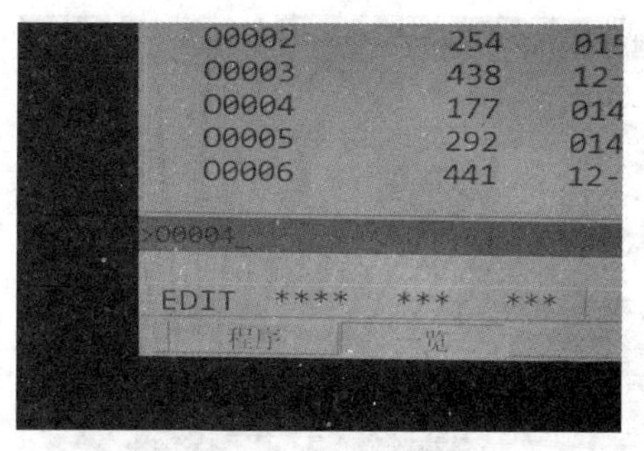

图 3-5-4　输入“O00004”

图 3-5-5　按下“DELETE”键

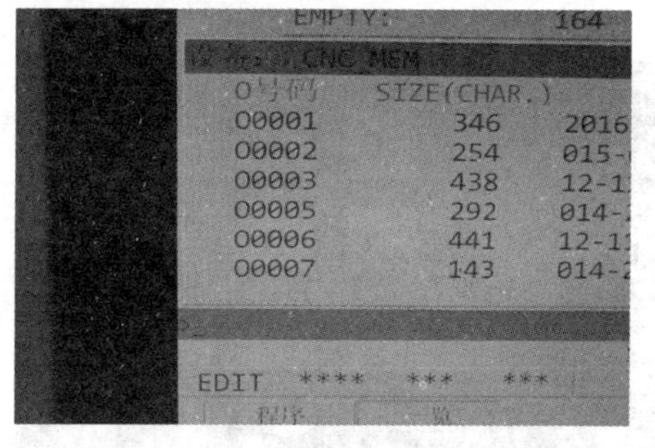

图 3-5-6　前面输入的“O0004”被删除了

3.5.2　编辑—字段替换

编辑—字段替换步骤如图 3-5-7 至图 3-5-19 所示。

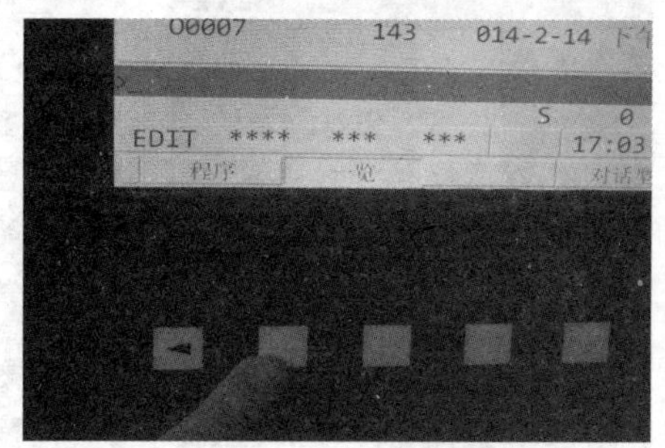

图 3-5-7　按与“程序”对应的键

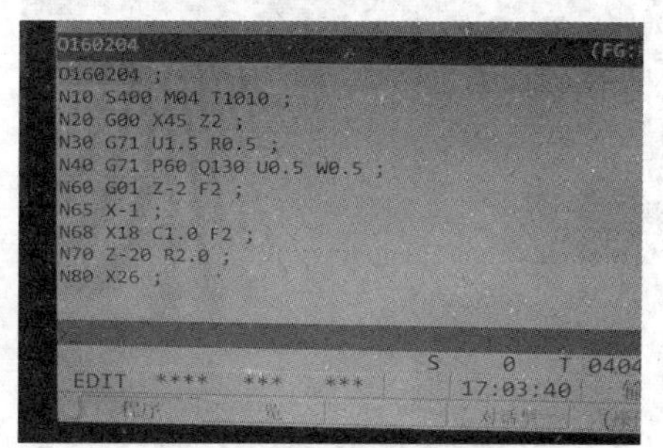

图 3-5-8　返回程序显示界面

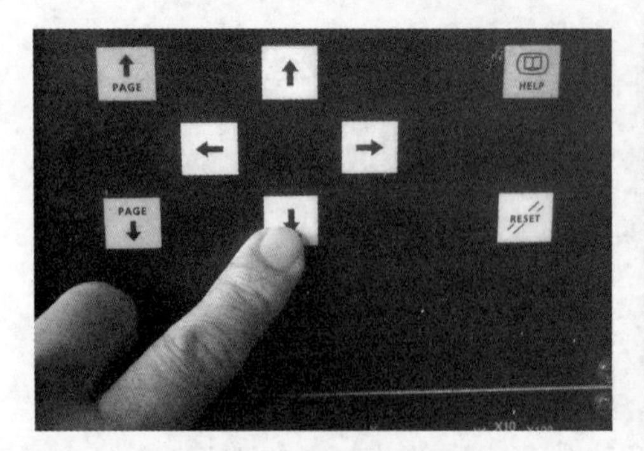

图 3-5-9　按下“↓”键

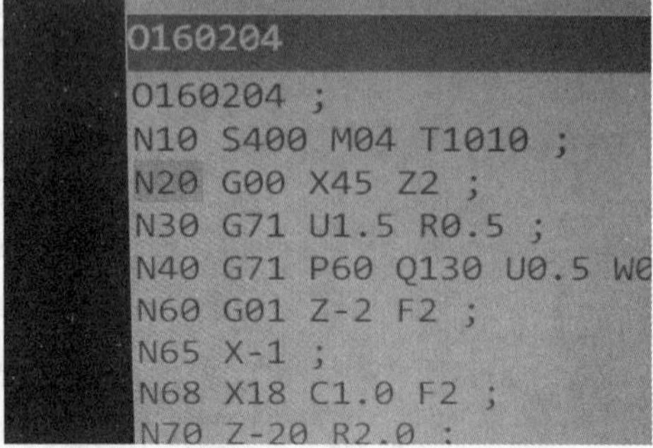

图 3-5-10　光标移到“N20”

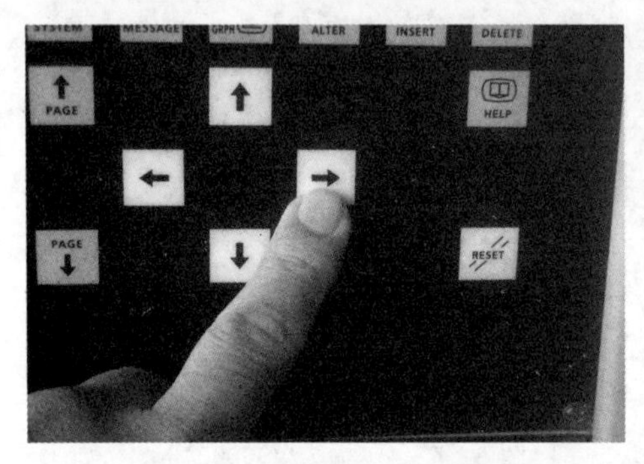

图 3-5-11　按下“→”键

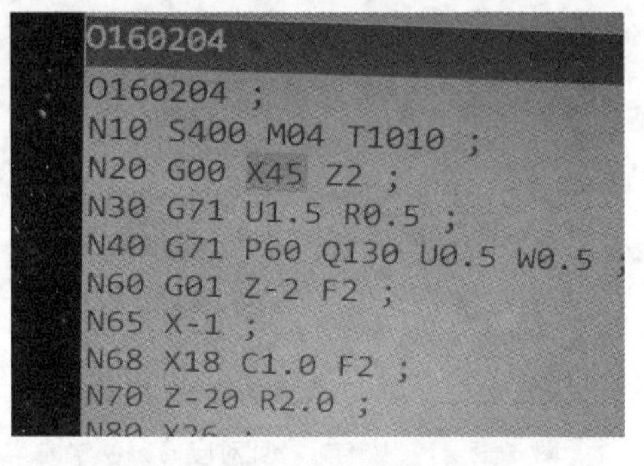

图 3-5-12　光标移到“X45”

图 3-5-13　按下字母键“X”

图 3-5-14　按下符号键“-”

图 3-5-15　按下数字键“4”

图 3-5-16　按下数字键“6”

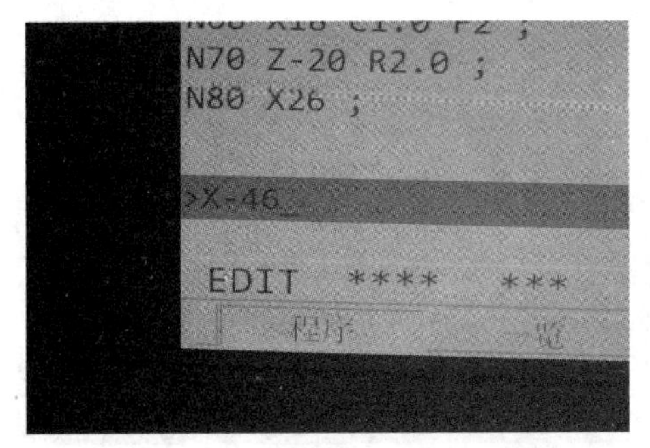

图 3-5-17　输入“X-46”

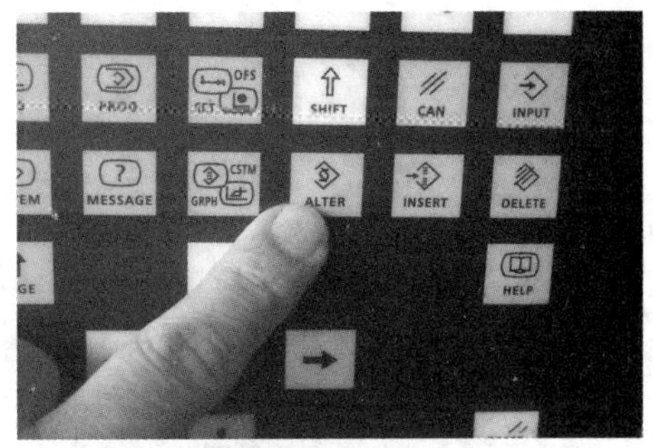

图 3-5-18　按下替换钮“ALTER”

图 3-5-19　“X-46”替换原光标处“X45”

3.5.3　编辑—输入更改

编辑—输入更改步骤如图 3-5-20 至图 3-5-27 所示。

图 3-5-20　按下字母键“G”

图 3-5-21　按下数字键“0”

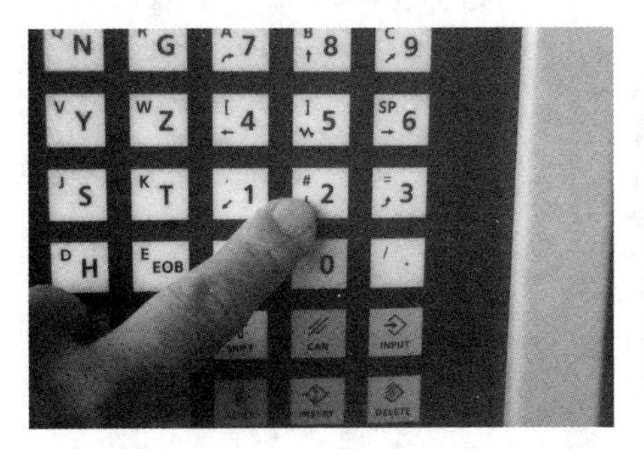

图 3-5-22　按下数字键“2”

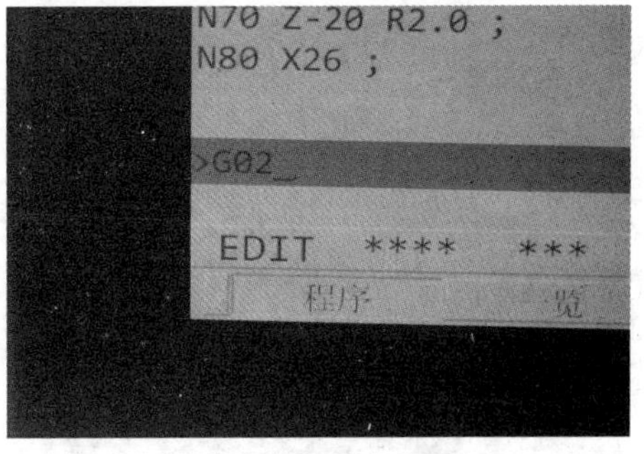

图 3-5-23　在输入行输入“G02”

图 3-5-24　按一次退格键“CAN”

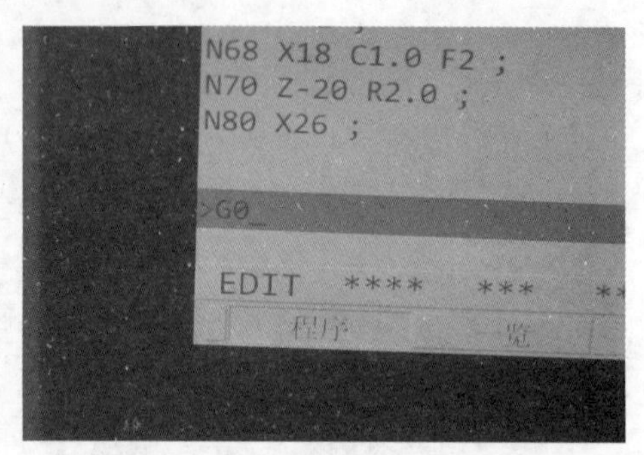

图 3-5-25　删除了输入行的“2”

图 3-5-26　按下数字键“3”

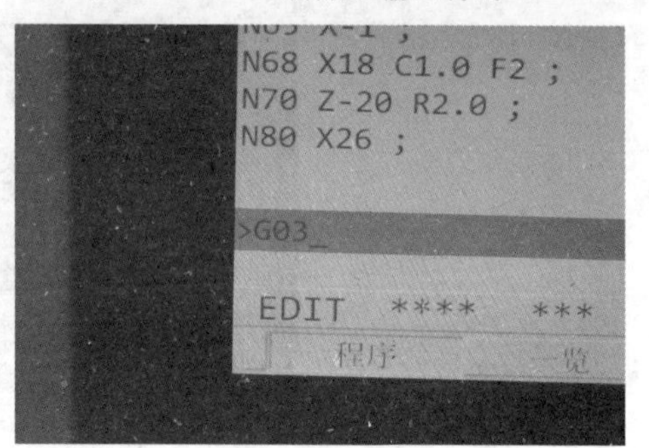

图 3-5-27　在“G0”后面，输入行输入“3”

3.5.4　编辑—插入—删除

编辑—插入—删除步骤如图 3-5-28 至图 3-5-52 所示。

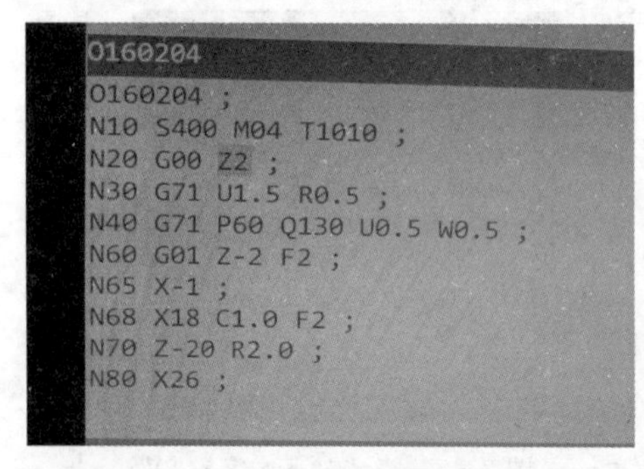

图 3-5-28　当前光标位于“Z2”

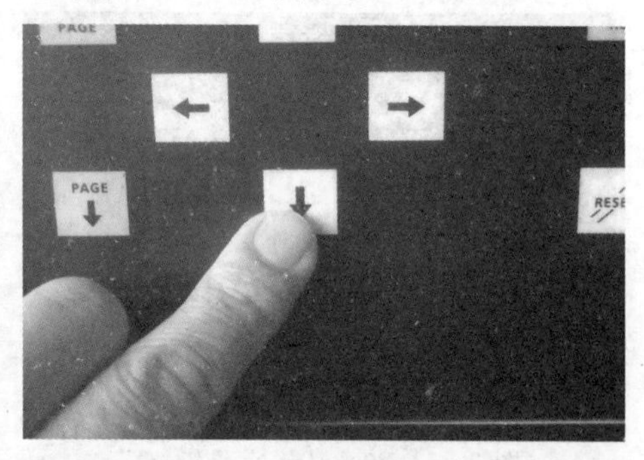

图 3-5-29　按下“↓”键

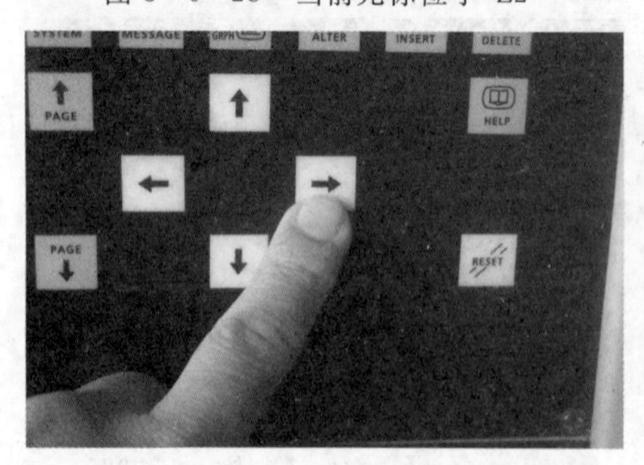

图 3-5-30　按下“→”键

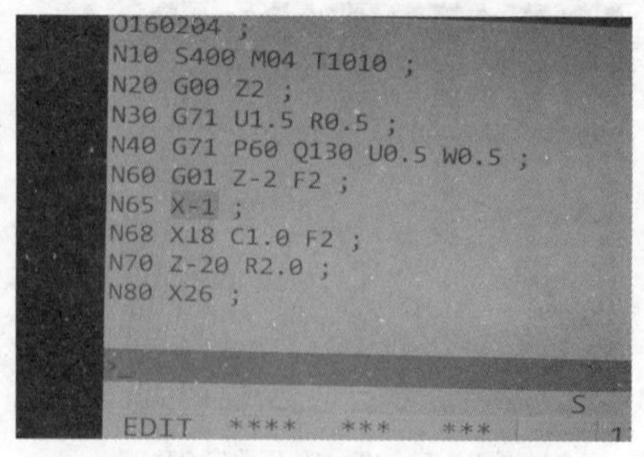

图 3-5-31　光标已到了“X-1”

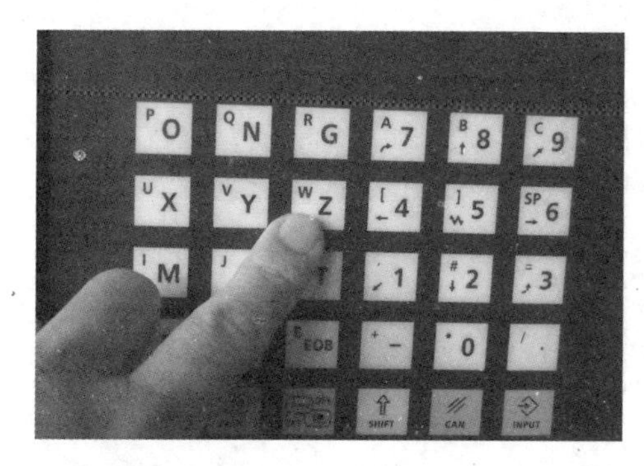

图 3-5-32　按下字母键“Z”

图 3-5-33　按下数字键“6”

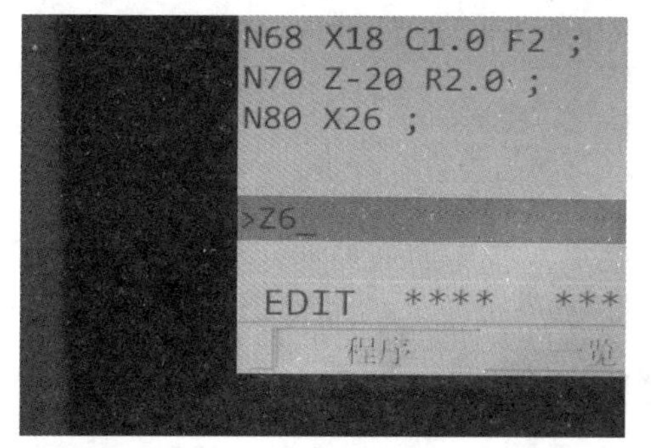

图 3-5-34　在输入行输入“Z6”

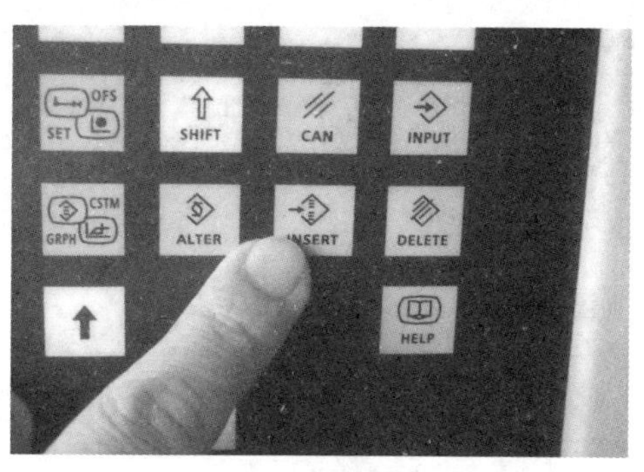

图 3-5-35　按插入键“INSERT”

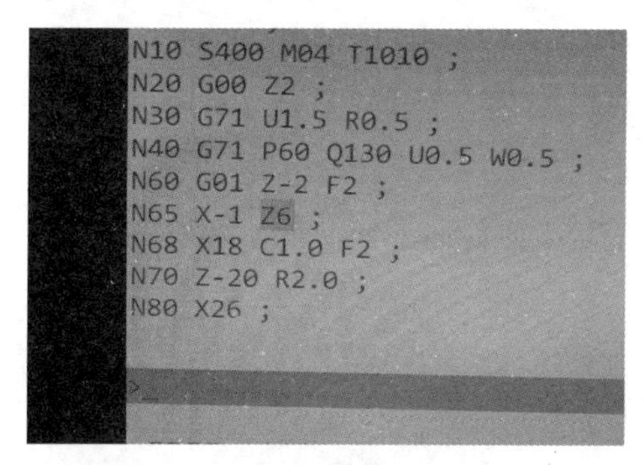

图 3-5-36　在原光标的“X-1”后插入“Z6”

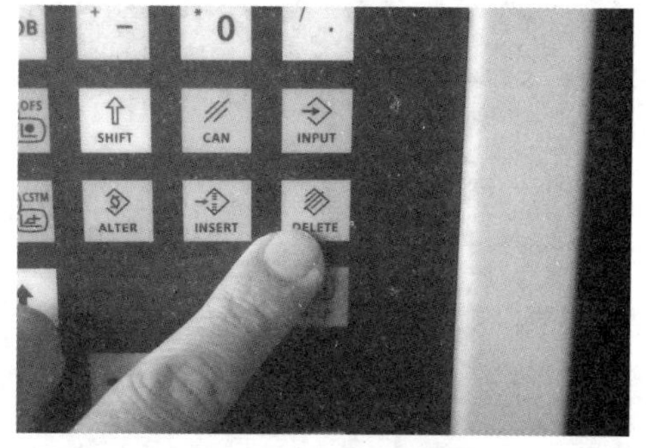

图 3-5-37　按下“DELETE”键

图 3-5-38　删除了刚才输入的“Z6”

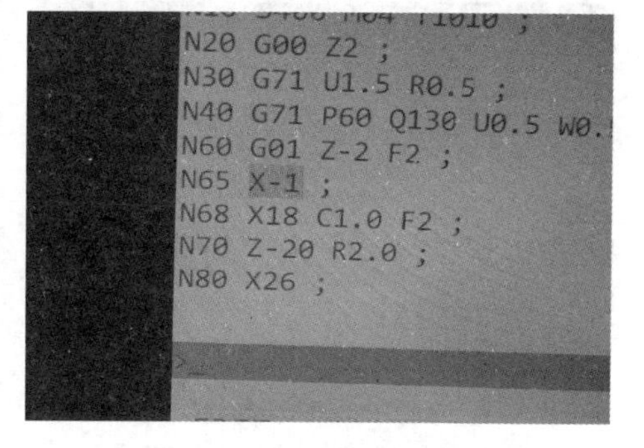

图 3-5-39　光标移到“X-1”

图 3-5-40　按下“DELETE”

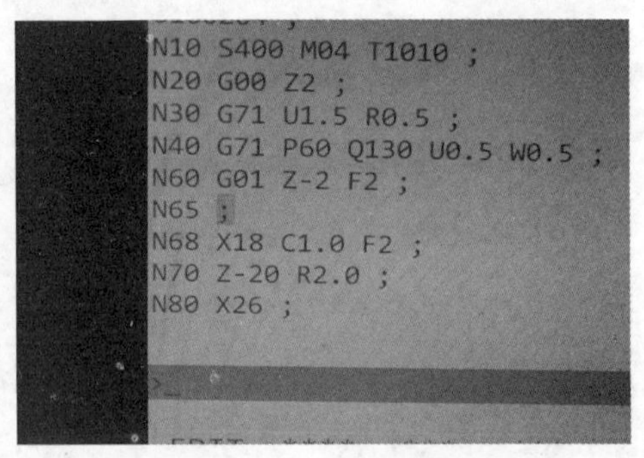

图 3-5-41　删除“X-1”

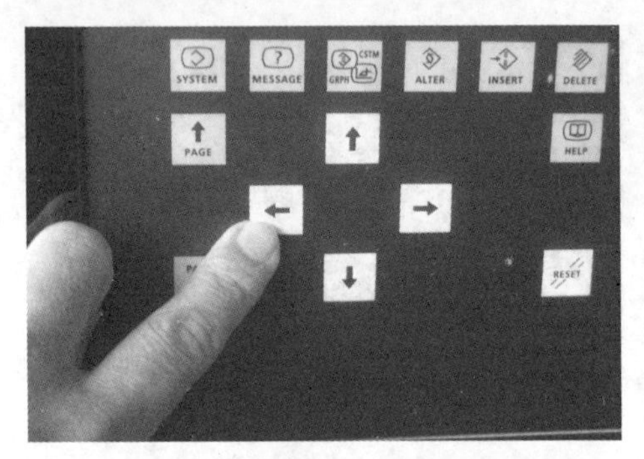

图 3-5-42　按下“←”键

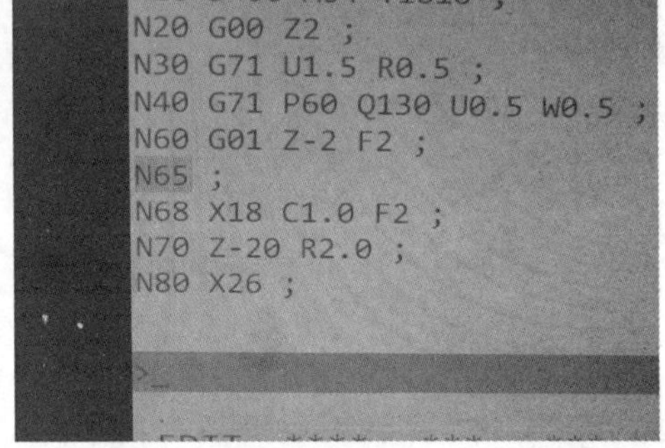

图 3-5-43　移动光标到“N65”

图 3-5-44　依次按下“X”“-”“1”

图 3-5-45　按下“EOB”(回车)键

图 3-5-46　输入“X-1”和“;”

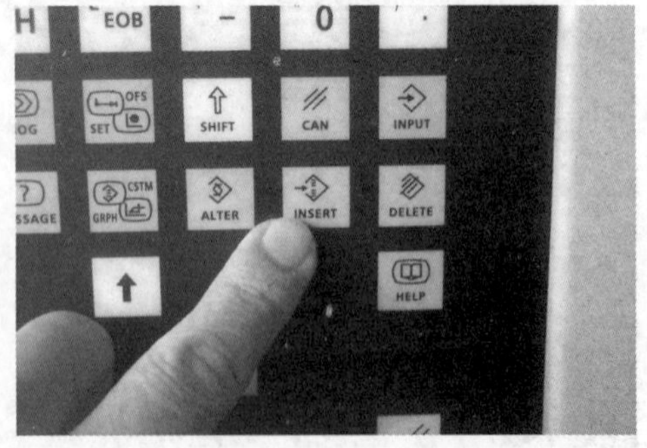

图 3-5-47　按下插入“INSTER”键

图 3-5-48　“X-1”插入至“N65”后面

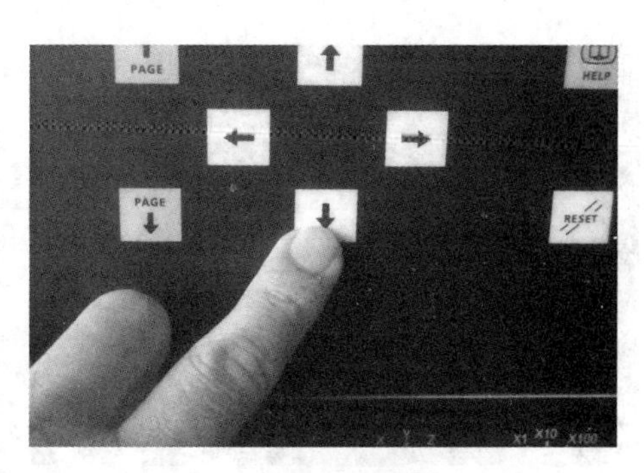

图 3-5-49　按下“↓”键

图 3-5-50　光标移至“;”处

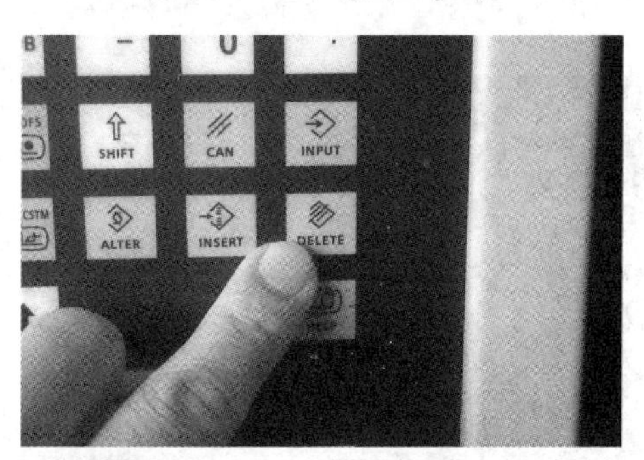

图 3-5-51　按下“DELETE”键

图 3-5-52　“;”被删除了

3.5.5　使用“SHIFT”键输入

使用“SHIFT”键输入的步骤如图 3-5-53 至图 3-5-59 所示。

图 3-5-53　当前光标位于“Z-2”

图 3-5-54　按下“SHIFT”键

图 3-5-55　依次按下“P”“-”“O”键

图 3-5-56　按下数字键“5”

图 3-5-57　输入“P5”

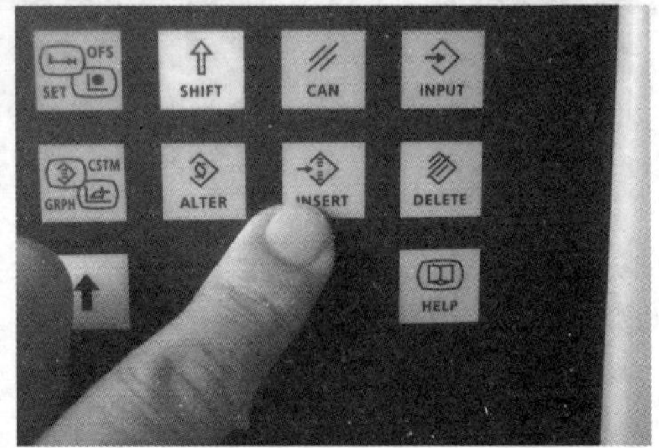

图 3-5-58　按下插入“INSERT”键

```
O160204 ;
N10 S400 M04 T1010 ;
N20 G00 Z2 ;
N30 G71 U1.5 R0.5 ;
N40 G71 P60 Q130 U0.5 W0.5 ;
N60 G01 Z-2 P5 F2 ;
N65 X-1 ;
N68 X18 C1.0 F2 ;
N70 Z-20 R2.0 ;
N80 X26 ;
```

图 3-5-59　“P5”插入至“Z-2”后面

第 4 章　定义毛坯尺寸、设置工件零点

操作虚拟机床界面左上方的删除、加载毛坯按键与仿真器面板程序编辑和数据输入调用区、仿真器操作区及显示屏下方的软键区的按钮和旋钮，可以修改毛坯尺寸和设置工件零点。

4.1　机床默认的毛坯长度及工件零点

机床默认的毛坯长度及工件零点的设置步骤如图 4-1-1 至图 4-1-10 所示。

图 4-1-1　虚拟机床界面

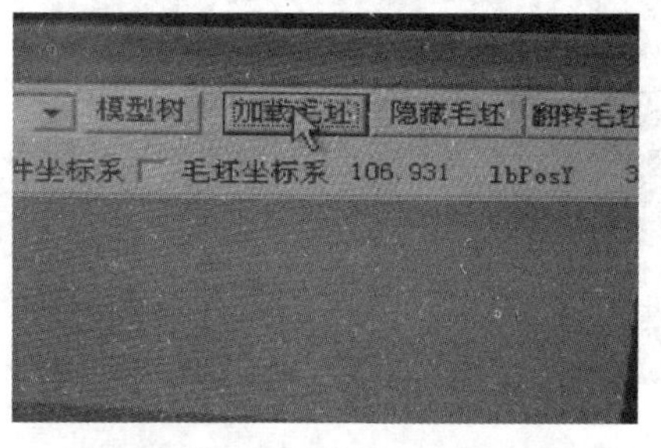

图 4-1-2　点击左上方“加载毛坯”

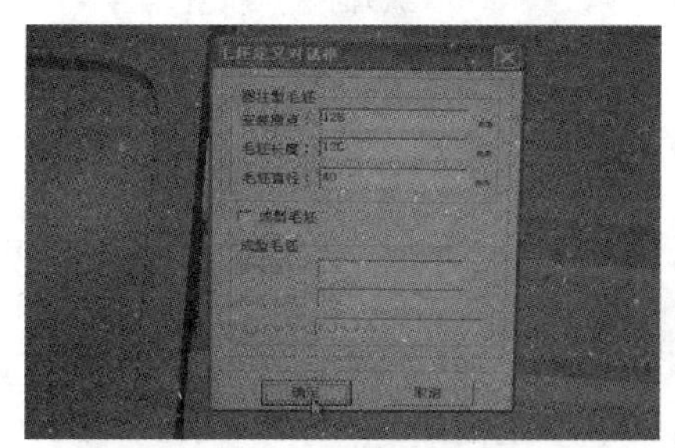

图 4-1-3　显示“毛坯定义对话框”，点击“确认”

图 4-1-4　毛坯长 120mm、直径 40mm，加载到卡盘上

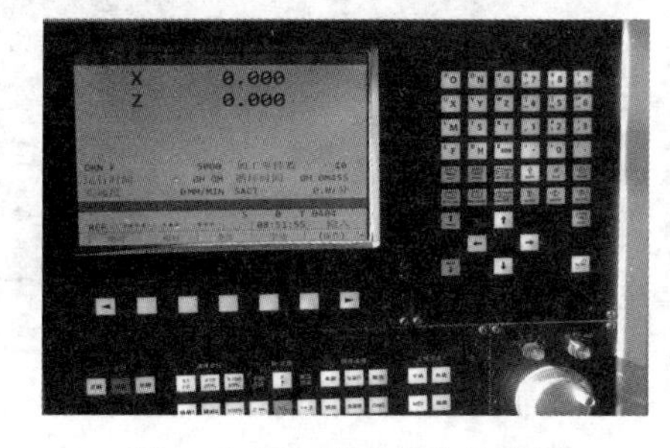

图 4-1-5　准备操作仿真器数据输入区

图 4-1-6　按下“OFS/SET”(工件零点设置)键

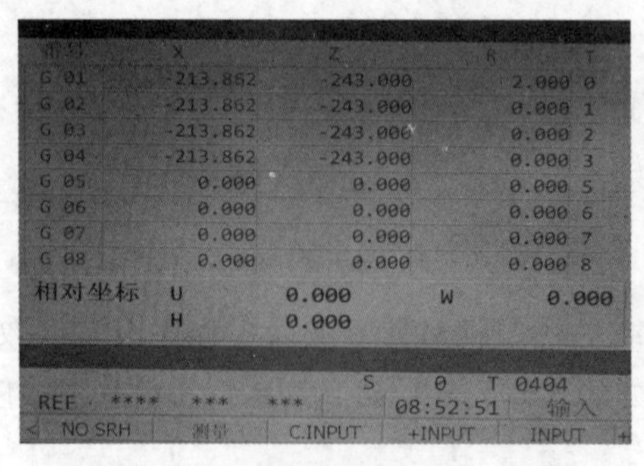

图 4-1-7 设置界面显示默认毛坯对应的工件零点值

图 4-1-8 按下“PROG”键

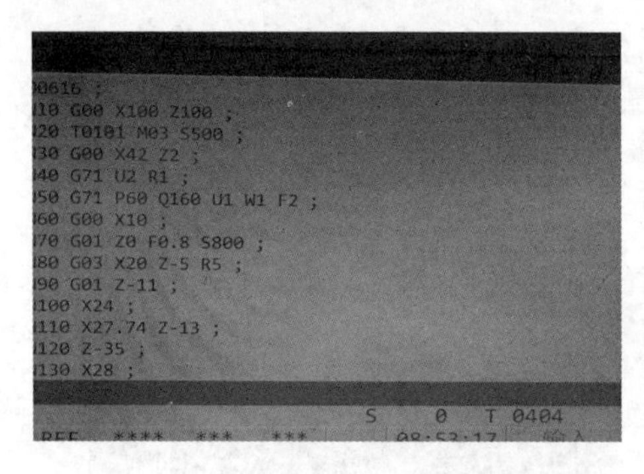

图 4-1-9 显示当前待运行的程序

图 4-1-10 运行程序对应的刀具 Z(纵)向零点位置

4.2 毛坯加长后的进刀位置

毛坯加长后的进刀位置的设置如图 4-2-1 至图 4-2-10 所示。

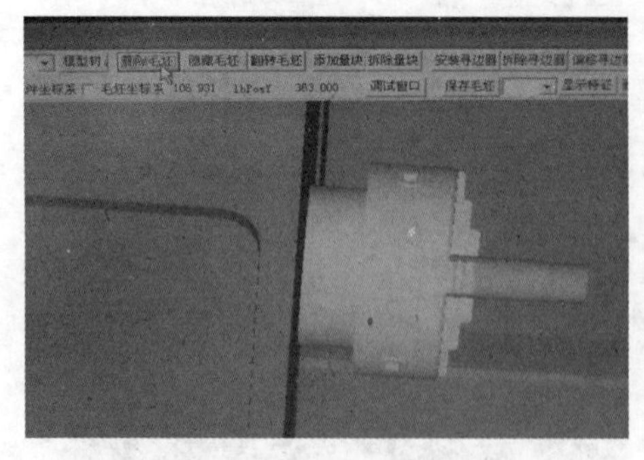

图 4-2-1 在默认毛坯虚拟机床界面点击“删除毛坯”

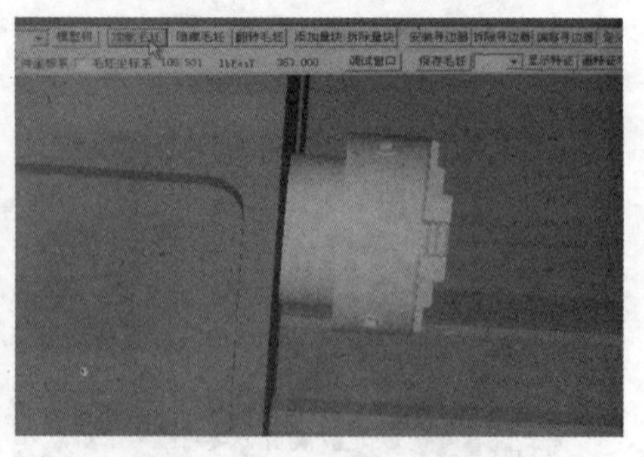

图 4-2-2 毛坯被删除，接着点击“加载毛坯”

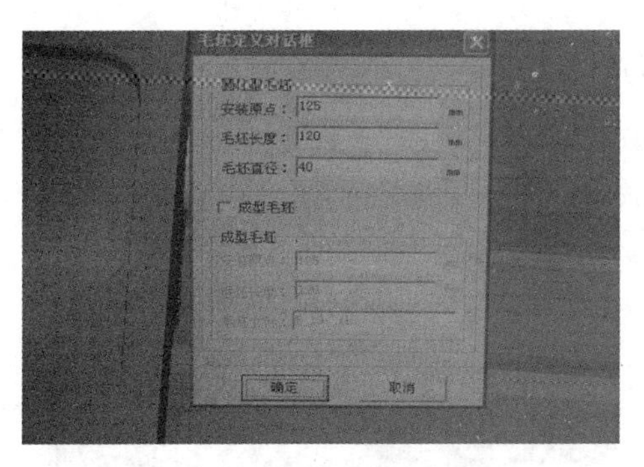

图 4-2-3　显示“毛坯定义对话框”

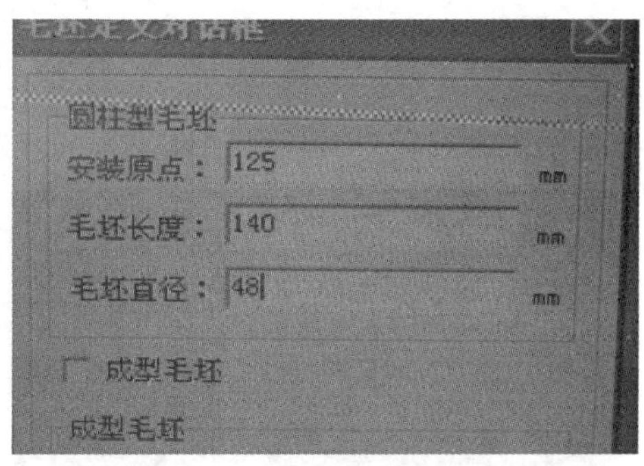

图 4-2-4　在电脑键盘上修改为“140”和“48”

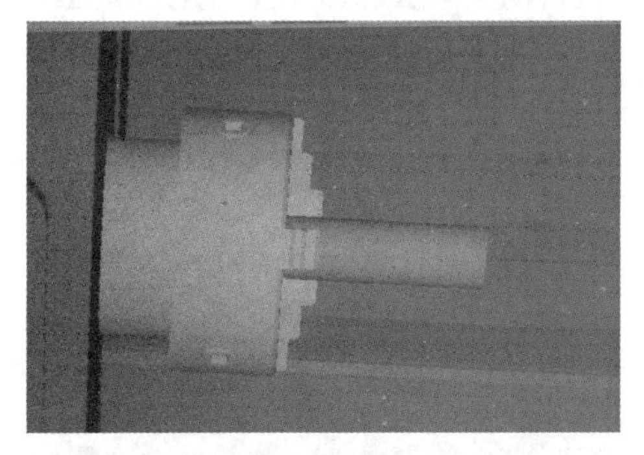

图 4-2-5　点击“确认”后加载毛坯，直径为“48mm”

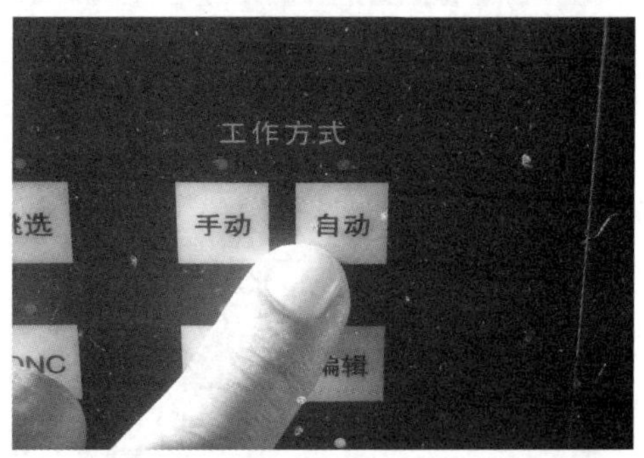

图 4-2-6　按下“自动”键

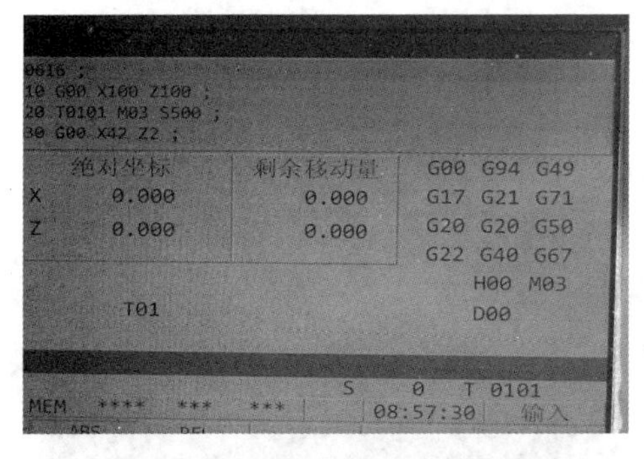

图 4-2-7　显示处于待运行状态

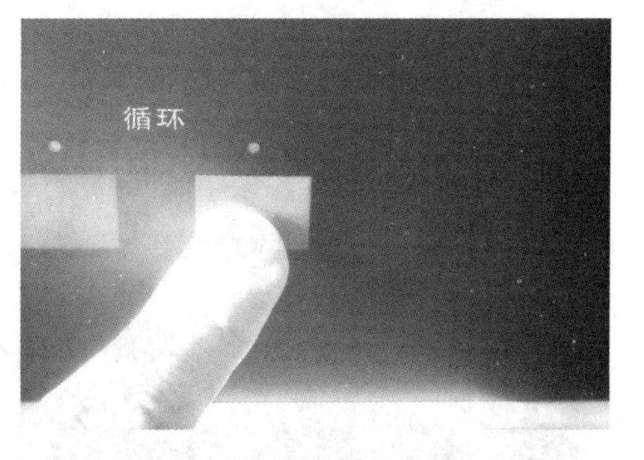

图 4-2-8　按下循环绿色方块启动按钮

图 4-2-9　即将切削前，刀尖移动至图示位置

图 4-2-10　工件零点偏离工件端面 20mm

4.3　设置第1把刀对应的工件零点

设置第1把刀对应的工件零点的步骤如图4-3-1至图4-3-27所示。

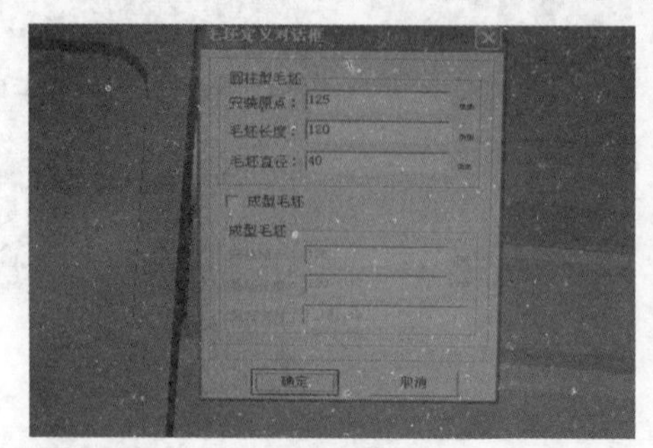

图4-3-1　点击“加载毛坯”，打开“毛坯定义对话框”

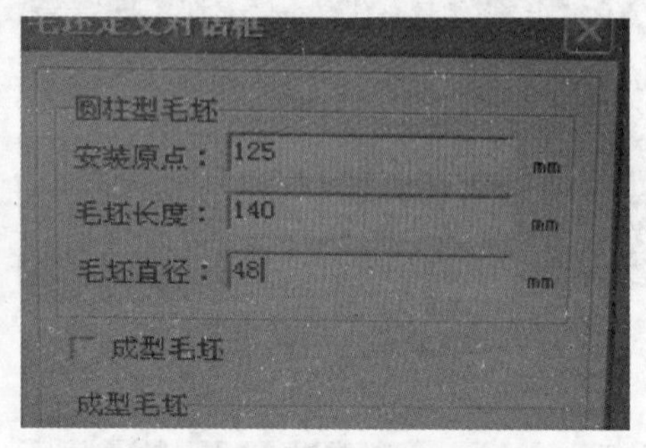

图4-3-2　修改毛坯尺寸为140mm、48mm

图4-3-3　点击“确认”，毛坯装到卡盘上

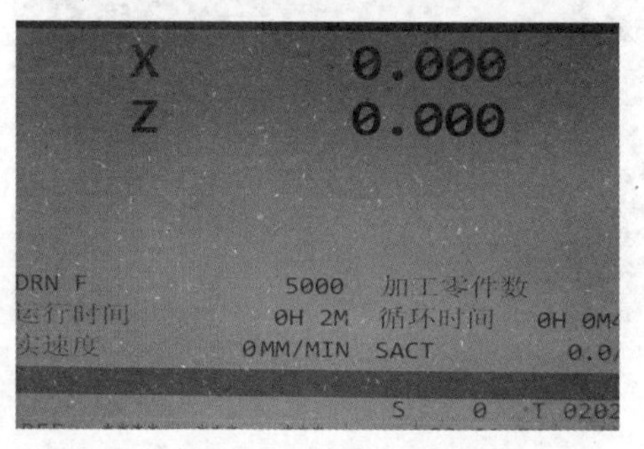

图4-3-4　对应的刀架坐标“X 0.000　Z 0.000”

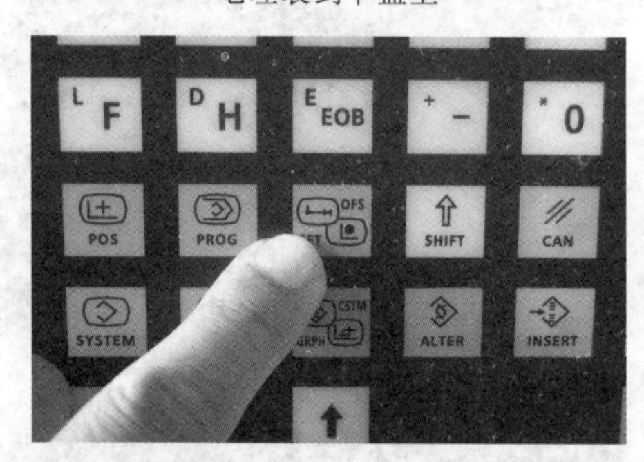

图4-3-5　按下“OFS/SET”键

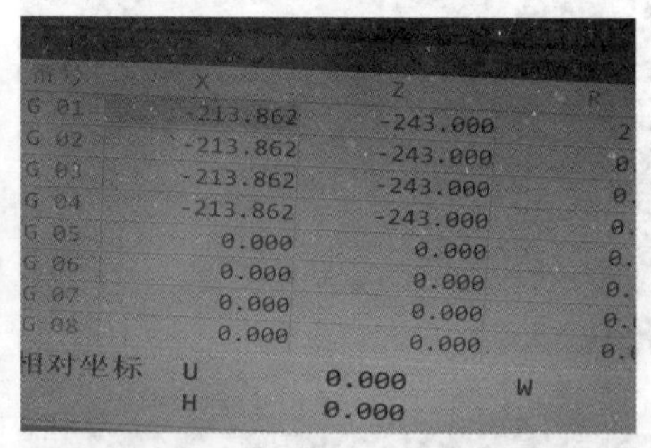

图4-3-6　打开工件零点，点击“设置界面”

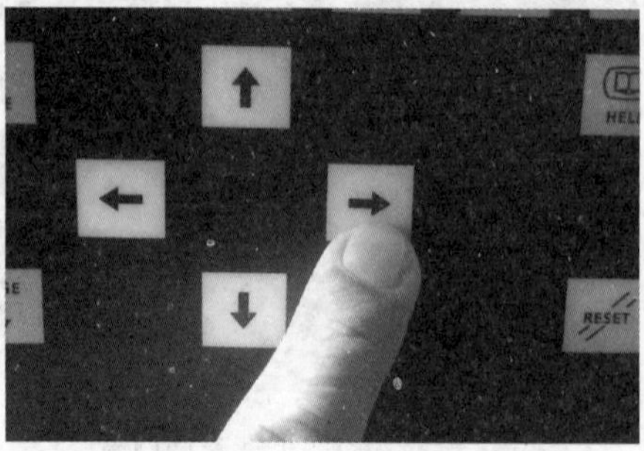

图4-3-7　按下“→”键

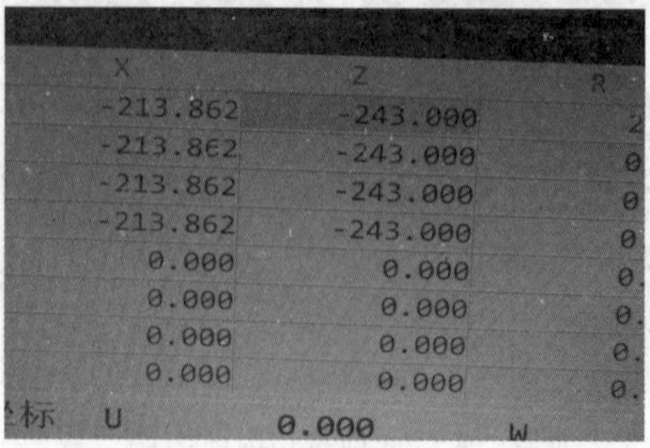

图4-3-8　光标移到“-243.000”

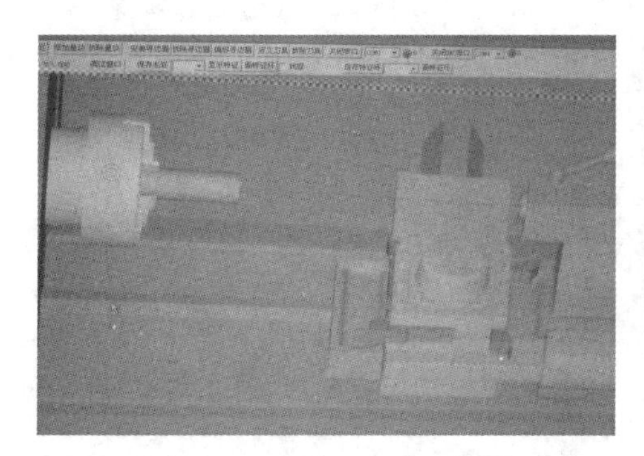

图 4－3－9　工件和刀架的位置状态

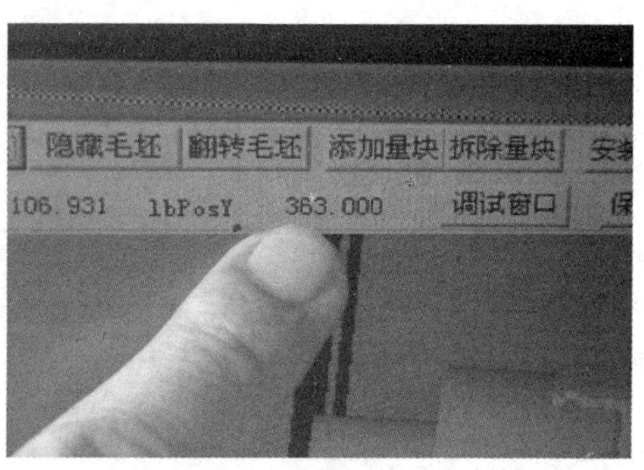

图 4－3－10　注意“363.000”是此时刀架的 Z 坐标值

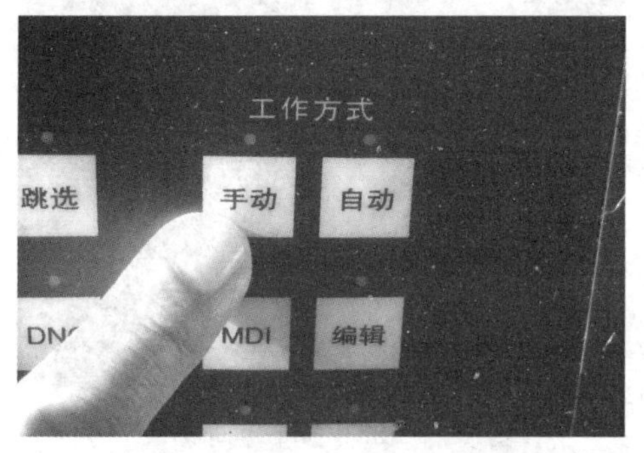

图 4－3－11　按下“手动”键

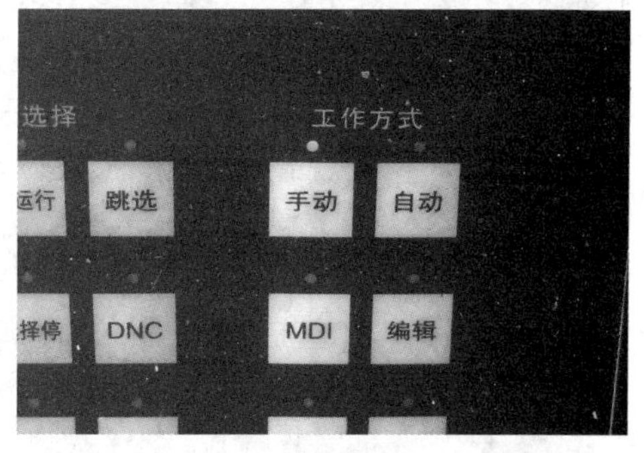

图 4－3－12　“手动”指示灯点亮

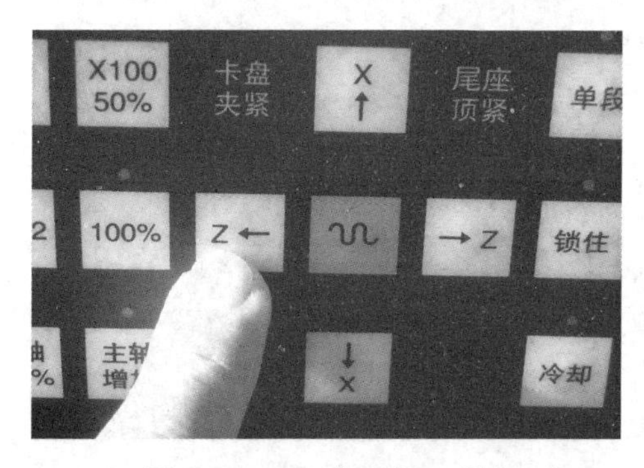

图 4－3－13　按下“Z ←”键

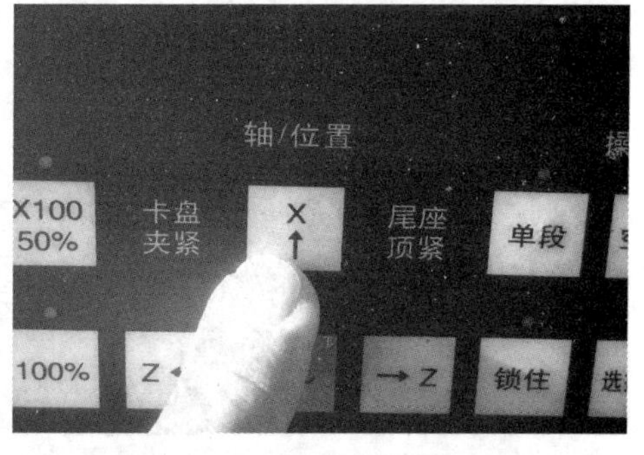

图 4－3－14　按下“X ↑”键

图 4－3－15　按下“手摇”键

图 4－3－16　操作手摇移动刀尖至工件端面

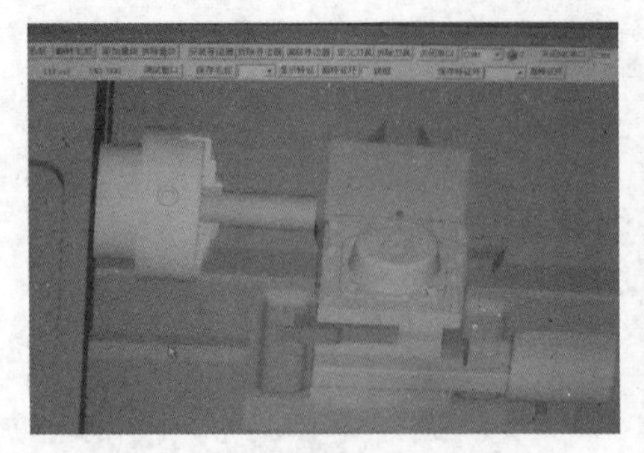

图 4-3-17　刀尖移至工件端面

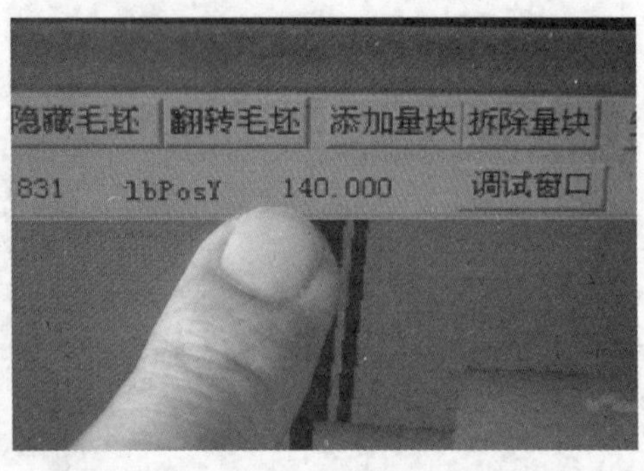

图 4-3-18　刀尖 Z 向坐标值 140.000

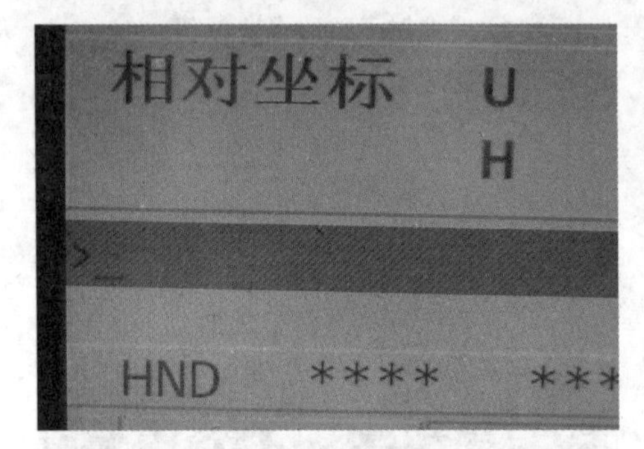

图 4-3-19　仿真器工件零点设置输入界面

图 4-3-20　按下字母键“Z”

图 4-3-21　按下数字键“0”

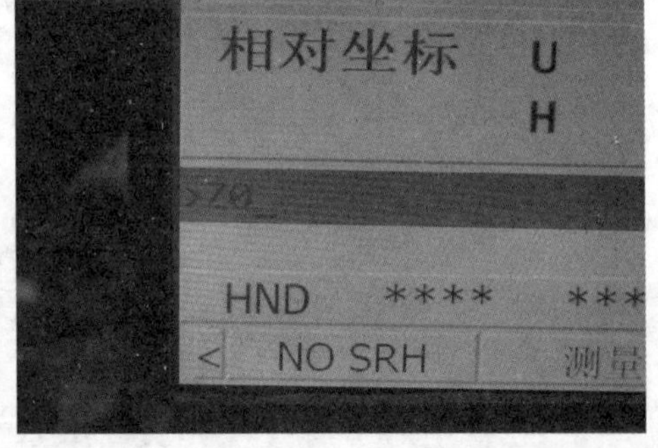

图 4-3-22　输入“Z0”

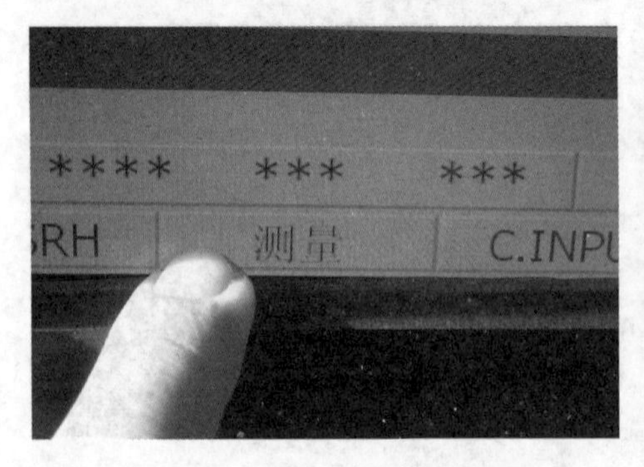

图 4-3-23　在零点设置界面下方选“测量”

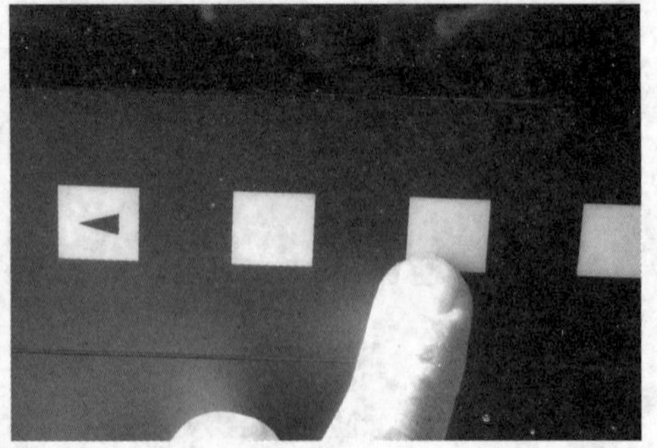

图 4-3-24　按下与“测量”对应的白色键

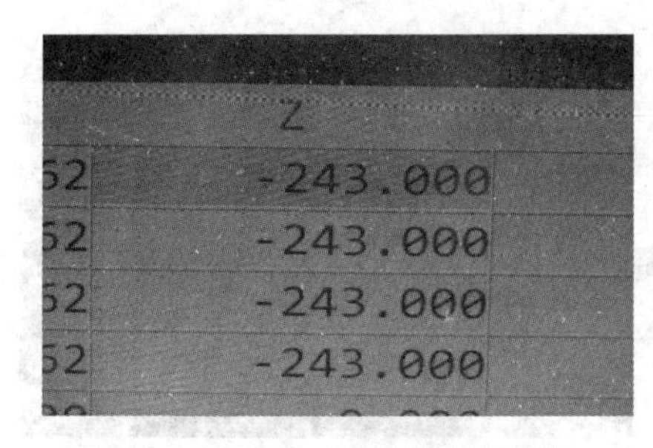

图 4-3-25　选择"测量键"前 *Z* 值"－243.000"

图 4-3-26　按下与"测量"对应的"白色键"

X	Z
-213.862	-223.000
-213.862	-243.000
-213.862	-243.000
-213.862	-243.000
0.000	0.000
0.000	0.000

图 4-3-27　第 1 把车刀 *Z* 值修改为"－223.000"

4.4　用"INPUT"键输入第 2 把刀对应的工件零点

用"INPUT"键输入第 2 把刀对应的工件零点的步骤如图 4-4-1 至图 4-4-10 所示。

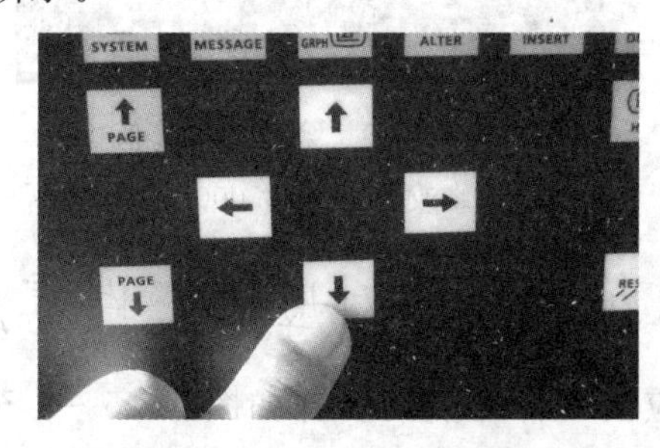

图 4-4-1　按下"↓"按钮

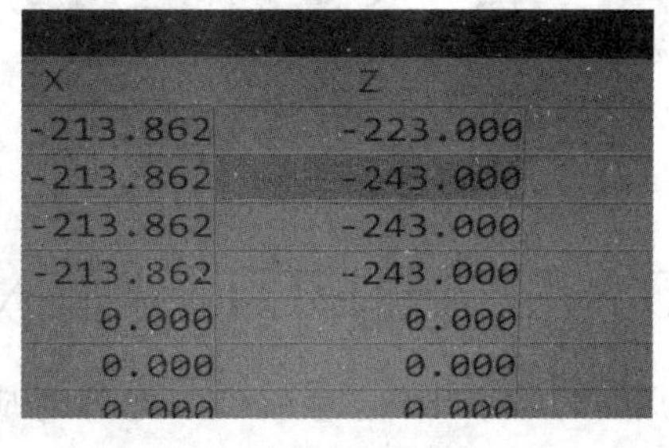

图 4-4-2　光标移到第 2 把刀的 *Z* 值"－243.000"

图 4-4-3　按下符号键"－"

图 4-4-4　按下数字键"2"

图 4-4-5　按下数字键“2”

图 4-4-6　按下数字键“3”

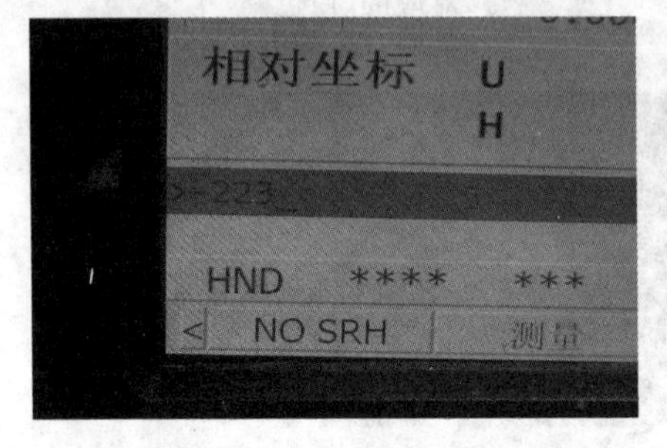

图 4-4-7　输入“－223”

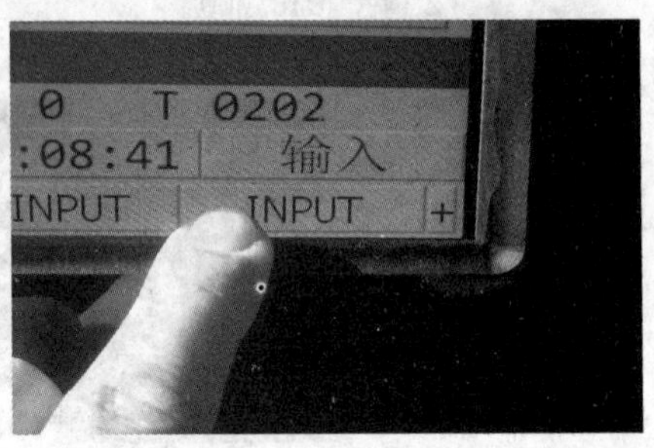

图 4-4-8　选择“INPUT”

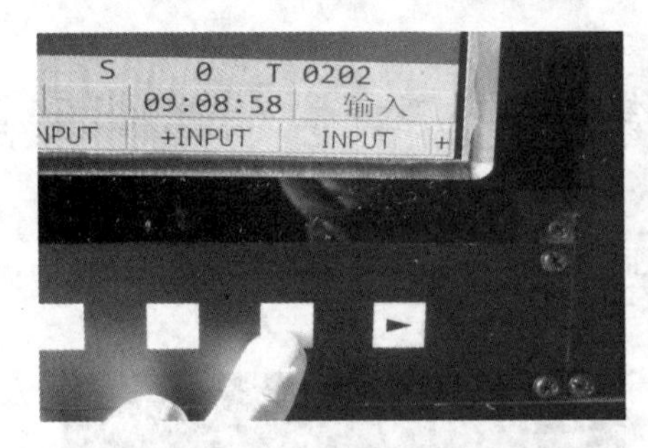

图 4-4-9　按下与“INPUT”对应的键

图 4-4-10　第 2 把刀 Z 值修改为“－223.000”

4.5　用“＋INPUT”键输入第 3 把刀对应的工件零点

用“＋INPUT”键输入第 3 把刀对应的工件零点的步骤如图 4-5-1 至图 4-5-7 所示。

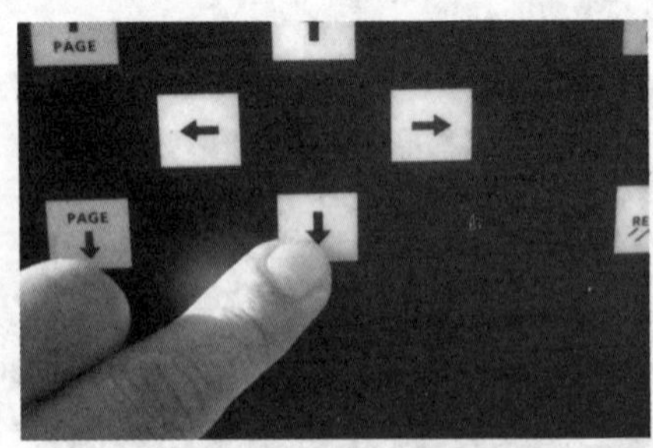

图 4-5-1　按下“↓”键，光标移到第 3 把刀的 Z 值

图 4-5-2　按下数字键“2”

图4-5-3 按下数字键“0”

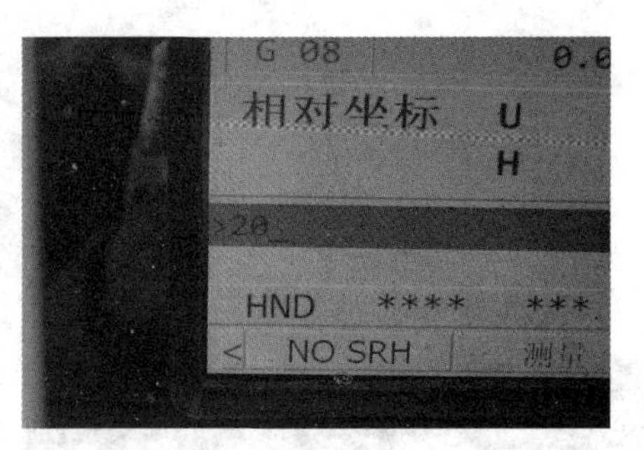

图4-5-4 输入“20”

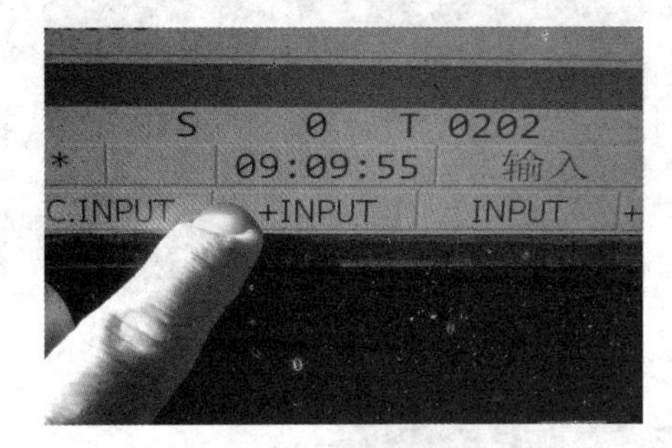

图4-5-5 选择“+INPUT”

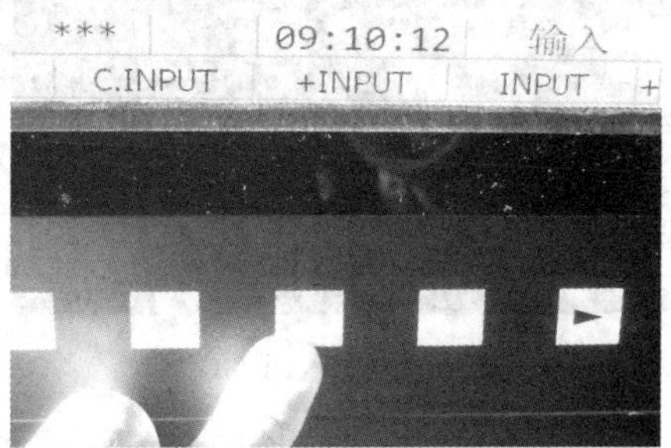

图4-5-6 按下与“+INPUT”对应的键

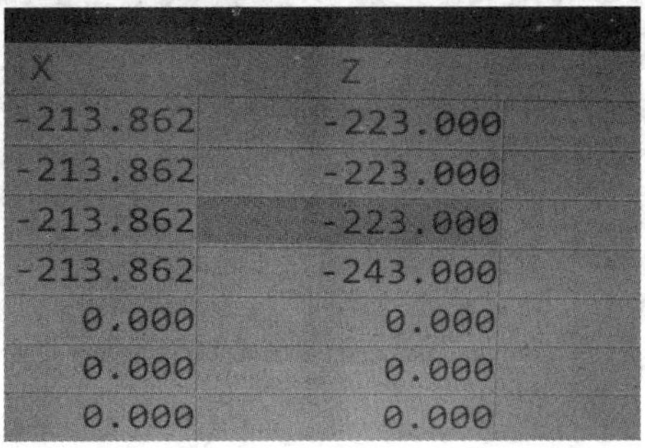

X	Z
-213.862	-223.000
-213.862	-223.000
-213.862	-223.000
-213.862	-243.000
0.000	0.000
0.000	0.000
0.000	0.000

图4-5-7 第3把刀 *Z* 值修改为“-223.000”

4.6 输入第4把刀对应的工件零点

输入第4把刀对应的工件零点的设置步骤如图4-6-1、图4-6-2所示。

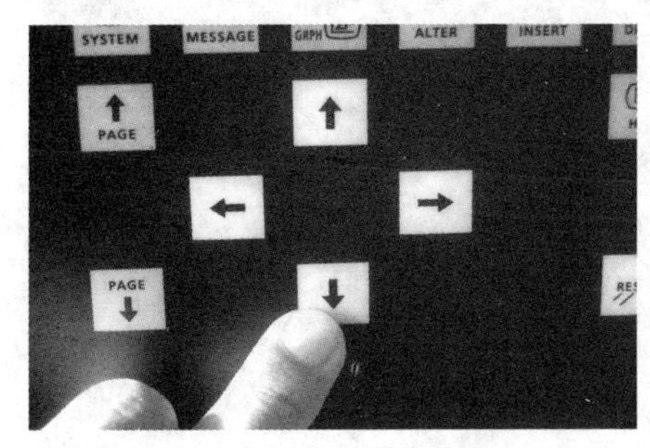

图4-6-1 按下“↓”键，光标移到第3把刀的 *Z* 值

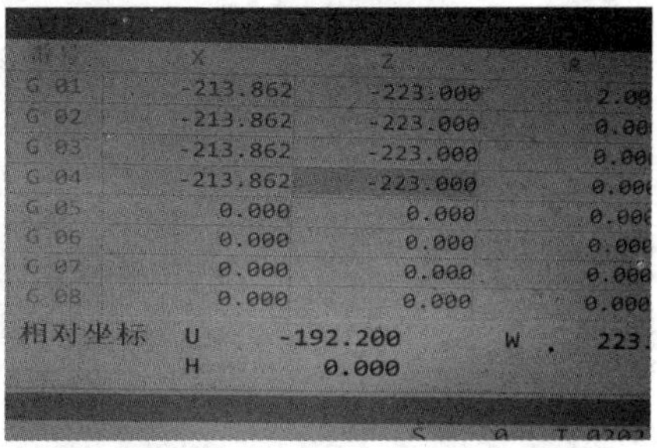

	X	Z	
G 01	-213.862	-223.000	2.00
G 02	-213.862	-223.000	0.00
G 03	-213.862	-223.000	0.00
G 04	-213.862	-223.000	0.00
G 05	0.000	0.000	0.00
G 06	0.000	0.000	0.00
G 07	0.000	0.000	0.00
G 08	0.000	0.000	0.00

相对坐标 U -192.200 W 223.
H 0.000

图4-6-2 重复4.5的步骤，第4把刀 *Z* 值如图

4.7 自动加工查看对刀结果

自动加工查看对刀结果的步骤如图 4-7-1 至图 4-7-3 所示。

图 4-7-1 按下“PROG”键

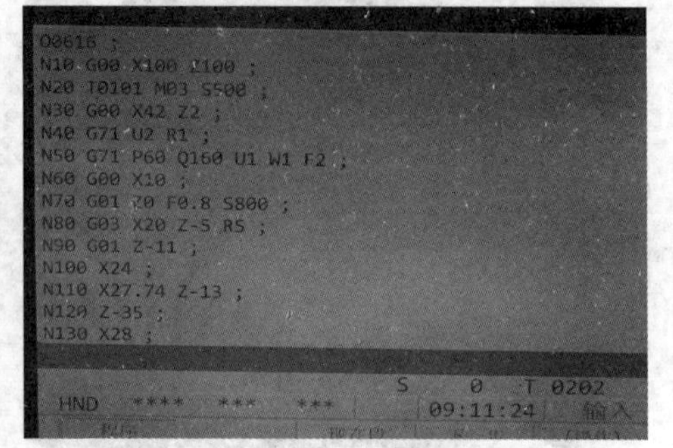

图 4-7-2 显示可运行的程序“O0616”

图 4-7-3 按“循环启动”键，
刀尖从工件开始加工

第 5 章　程序传输

操作编程器和仿真器面板的编辑和数据输入调用区、仿真器操作区及显示屏下方的软键区的按钮和旋钮，可以把电脑中的数控程序传输到仿真器中，也可以把仿真器中调试好的程序传输到电脑中。

5.1　程序传入仿真器

首先打开仿真器，然后才可以进行以下操作。

5.1.1　查找程序

查找程序的步骤如图 5-1-1 至图 5-1-17 所示。

图 5-1-1　点击“CIMCOEDit”图标，打开程序编辑器

图 5-1-2　程序编辑器打开后的界面

图 5-1-3　点击“打开文件夹”图标

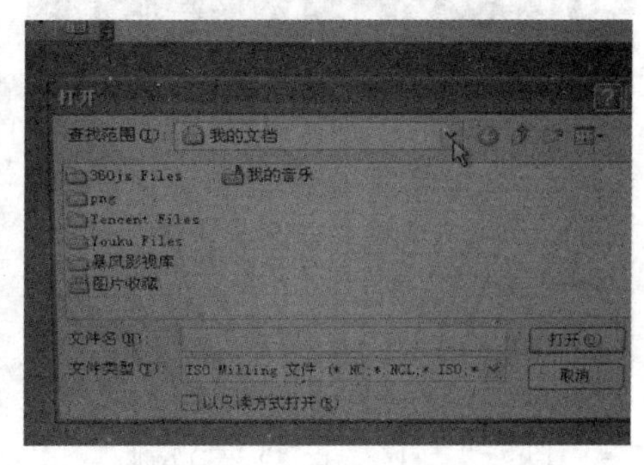

图 5-1-4　显示文件路径

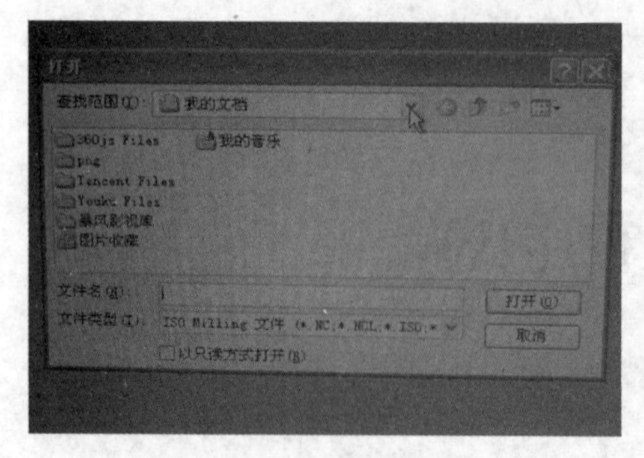

图 5-1-5　点击“我的文档”

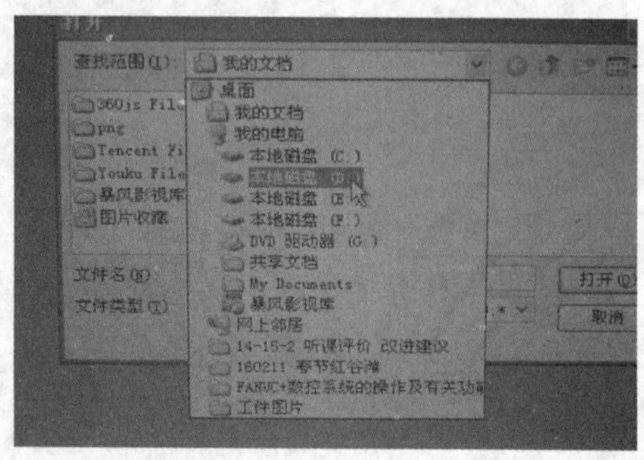

图 5-1-6　点击“本地磁盘 D”

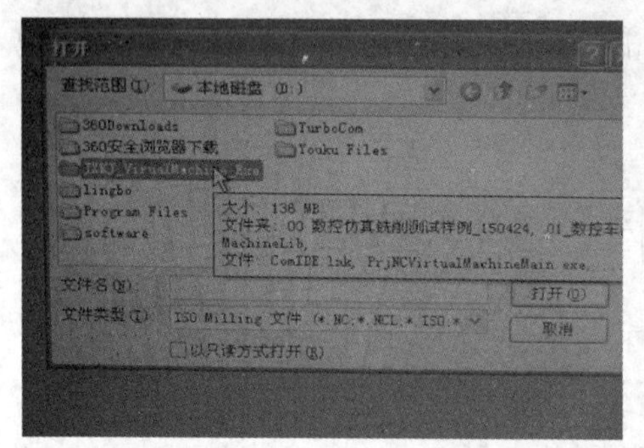

图 5-1-7　点击图中蓝色条

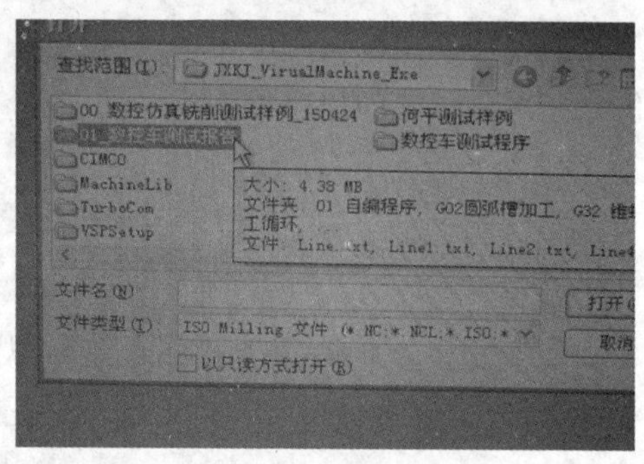

图 5-1-8　点击“数控车测试报告”

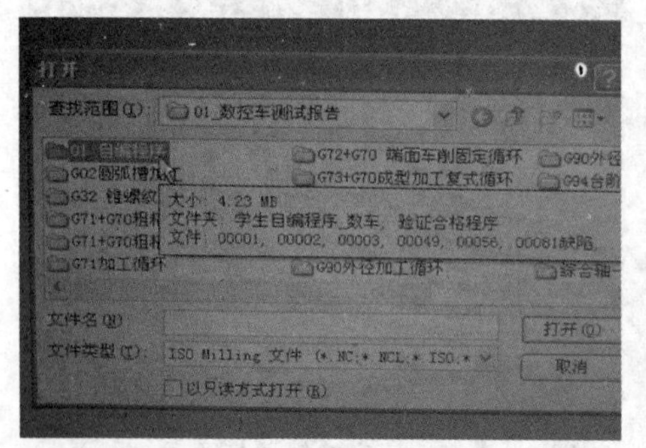

图 5-1-9　点击“自编程序”

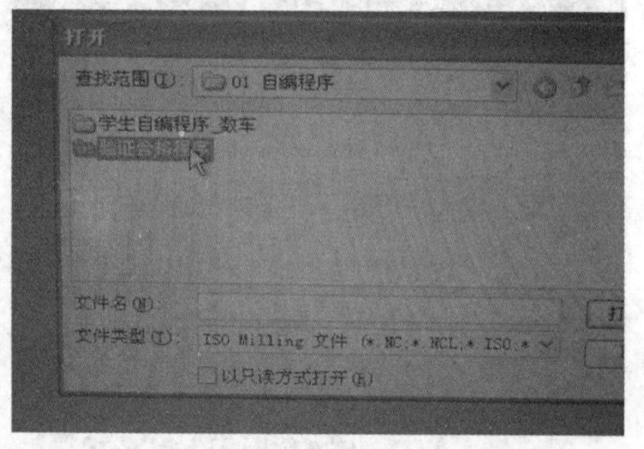

图 5-1-10　点击“验证合格程序”

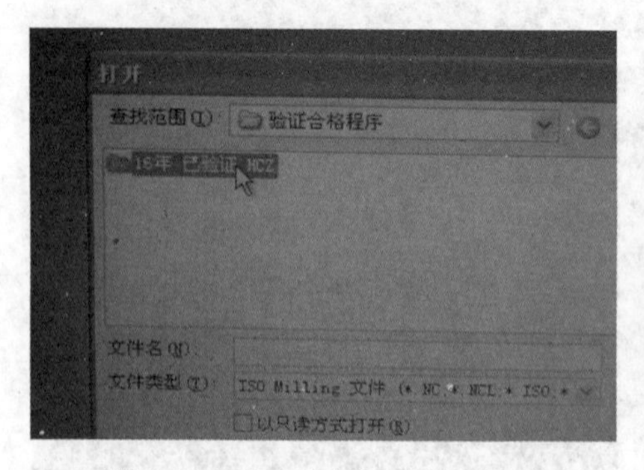

图 5-1-11　点击“16 年已验证”

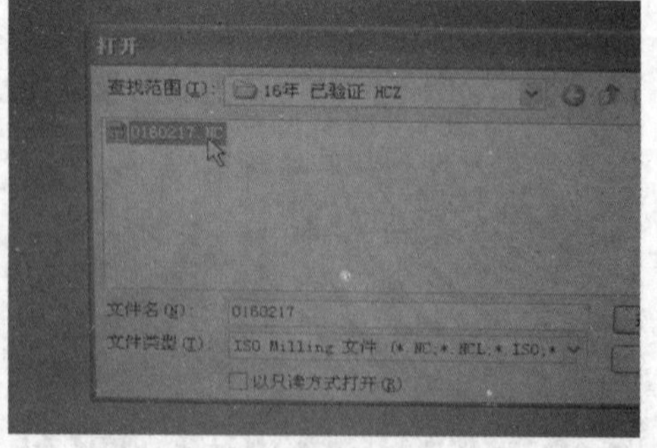

图 5-1-12　点击“图示程序文件”（操作者已知）

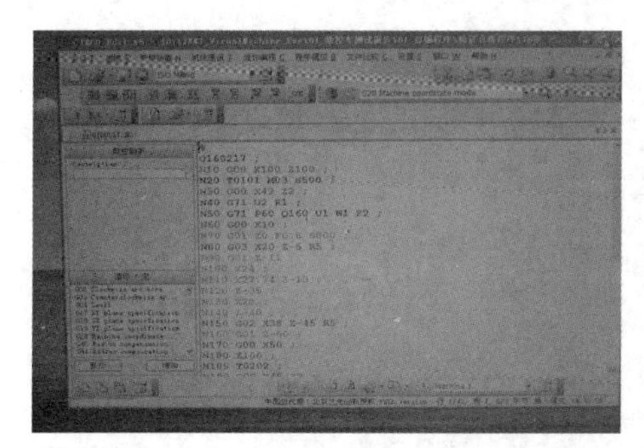

图 5-1-13　程序被打开

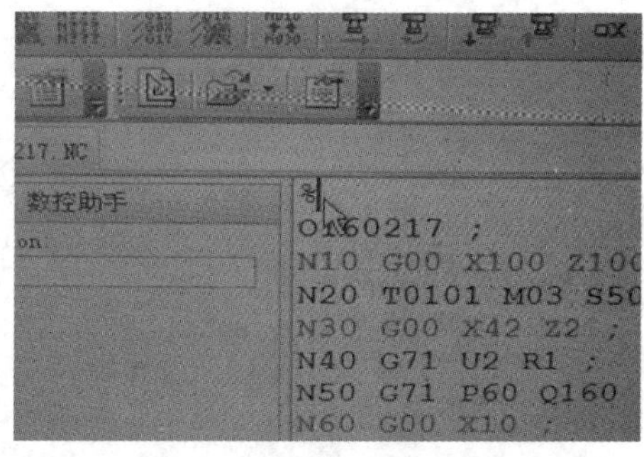

图 5-1-14　在程序号前输入“%”

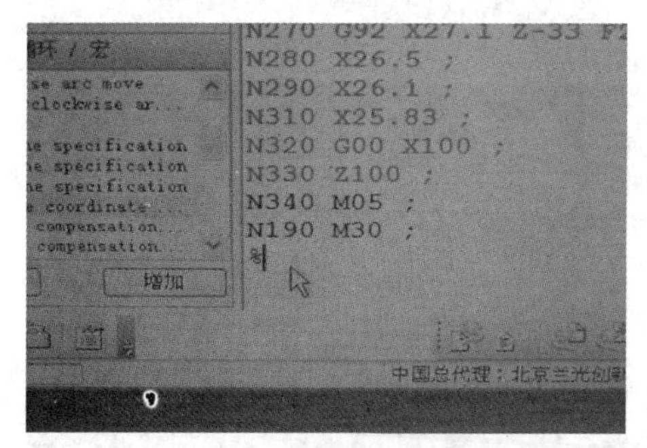

图 5-1-15　在程序尾部输入“%”

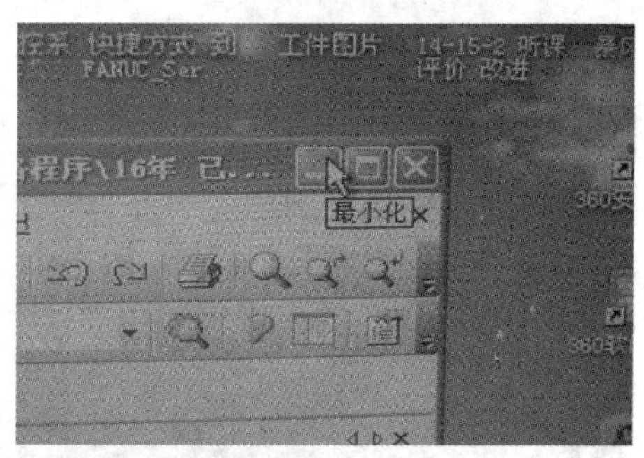

图 5-1-16　点击“最小化”

图 5-1-17　编程器最小化到电脑显示屏底部

5.1.2　打开传输软件和虚拟机床

打开传输软件和虚拟机床的步骤如图 5-1-18 至图 5-1-23 所示。

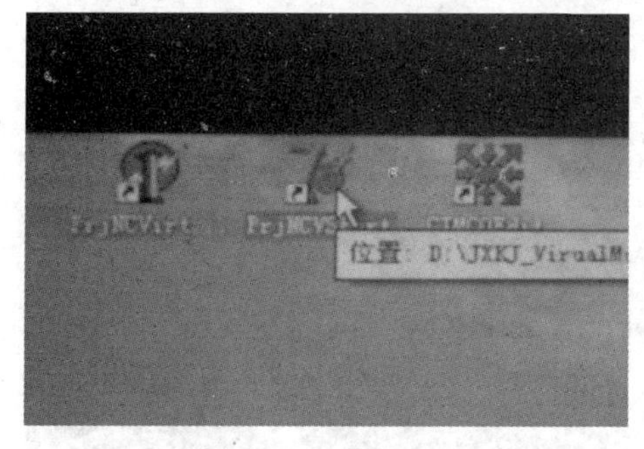

图 5-1-18　点击“PrjNCVSPort”图标，打开传输通信软件

图 5-1-19　打开串口后将软件最小化

图 5-1-20　点击“PrjNCVirt”图标，打开虚拟机床

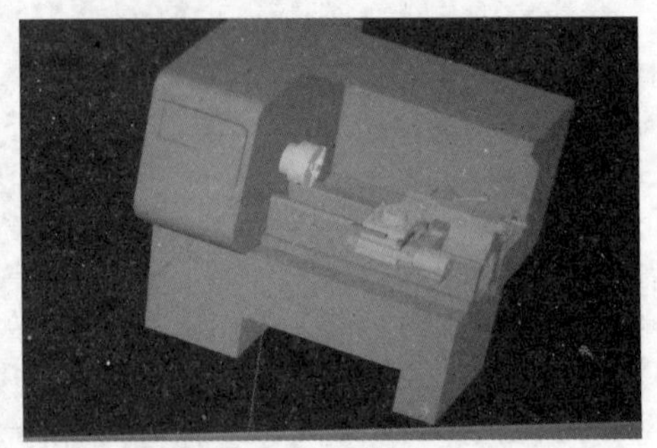

图 5-1-21　显示虚拟车床

图 5-1-22　打开两个串口

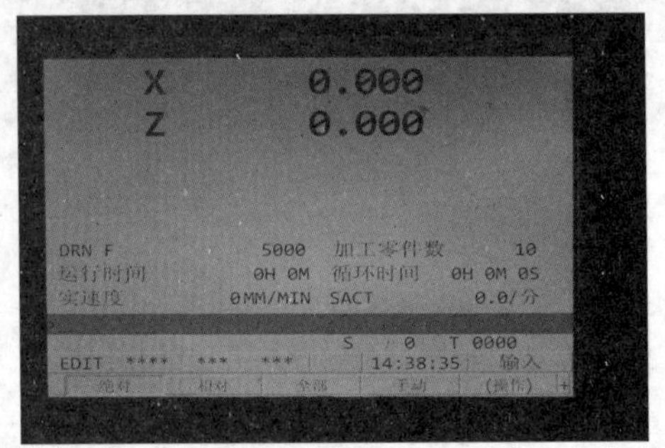

图 5-1-23　仿真器显示虚拟车床刀尖坐标“X 0.000　Z 0.000”

5.1.3　确认无重复程序号

确认无重复程序号的步骤如图 5-1-24 至图 5-1-32 所示。

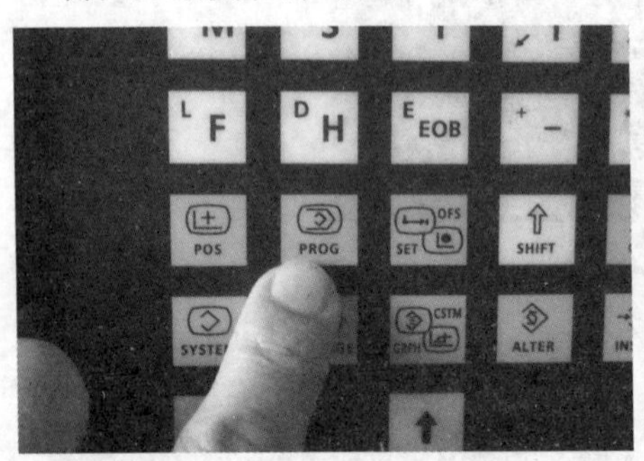

图 5-1-24　按下“PROG”键

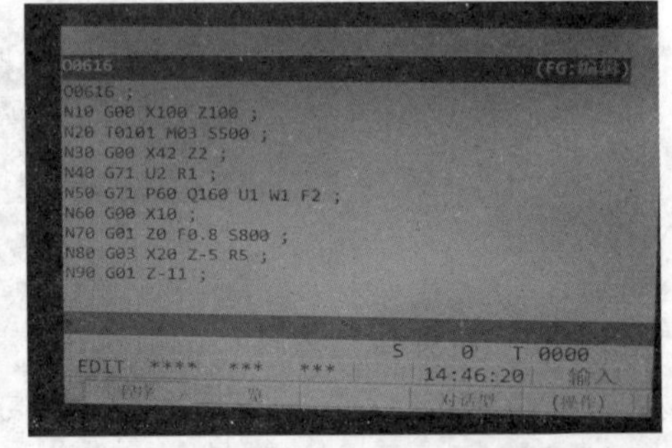

图 5-1-25　显示当前程序

图 5-1-26　选择“一览”

图 5-1-27　按下与“一览”相对应的键

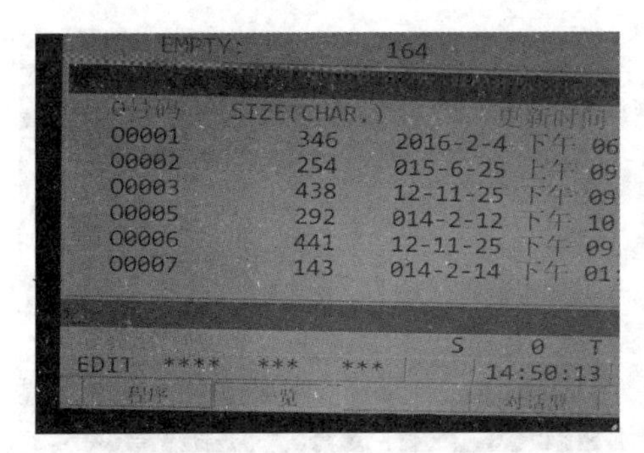

图 5-1-28　显示程序目录

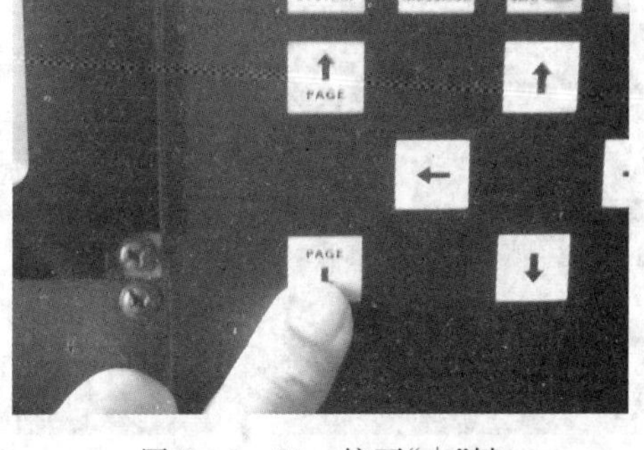

图 5-1-29　按下“↓”键

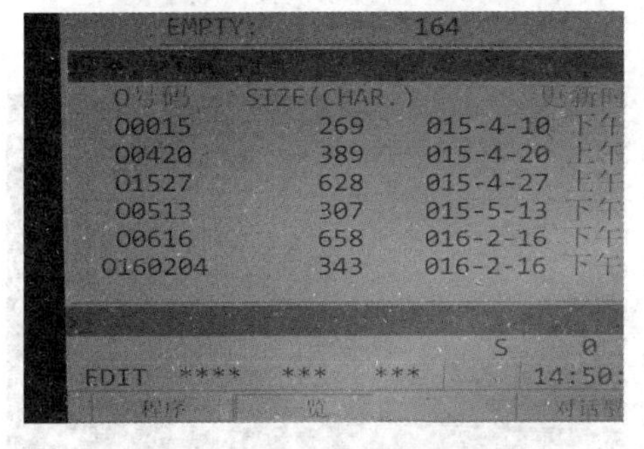

图 5-1-30　确认拟传输程序号与现有程序号无重复

图 5-1-31　选择“程序”

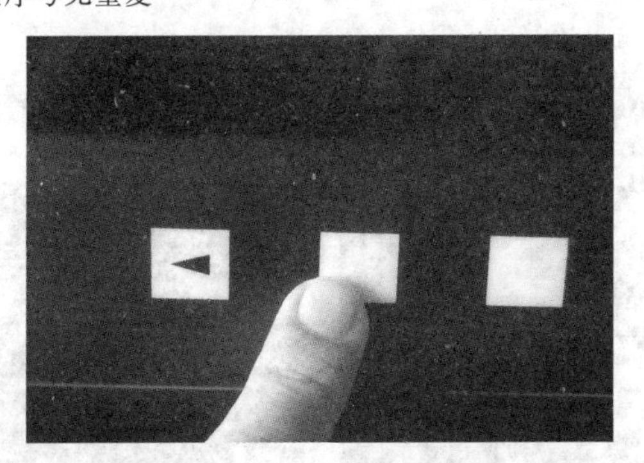

图 5-1-32　按下与“程序”相对应的键

5.1.4　程序传输

程序传输的步骤如图 5-1-33 至图 5-1-52 所示。

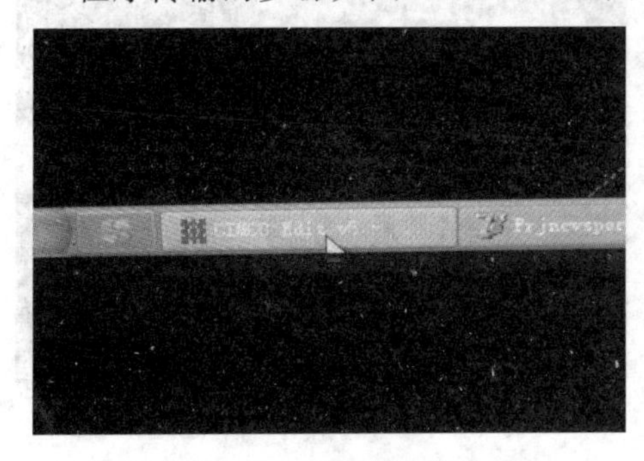

图 5-1-33　打开“编程软键”

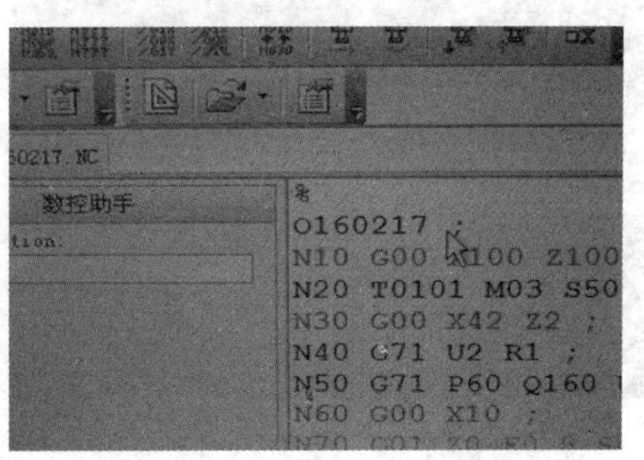

图 5-1-34　显示编程软件前面找到的程序

图 5-1-35　在仿真器面板上按下字母键“O”

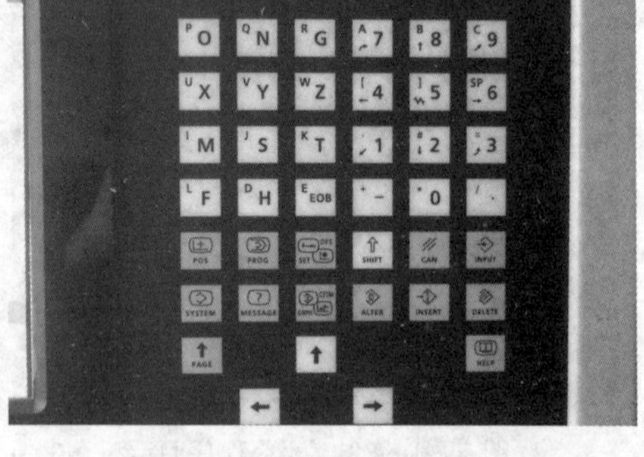

图 5-1-36　继续依次按下数字键“1”“6”“0”“2”“1”“7”

图 5-1-37　输入“O160217”

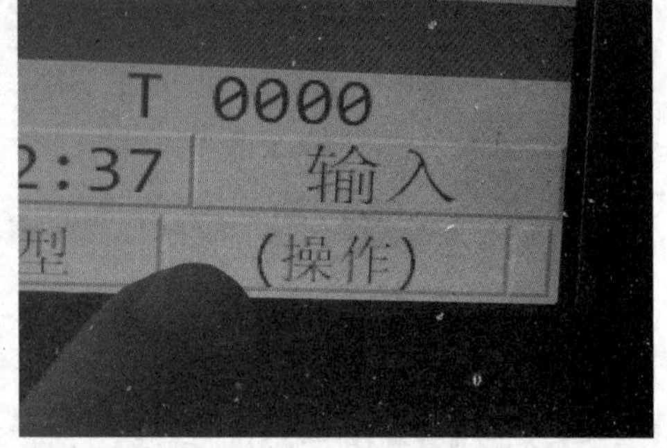

图 5-1-38　选择“操作”

图 5-1-39　按下与“操作”相对应的键

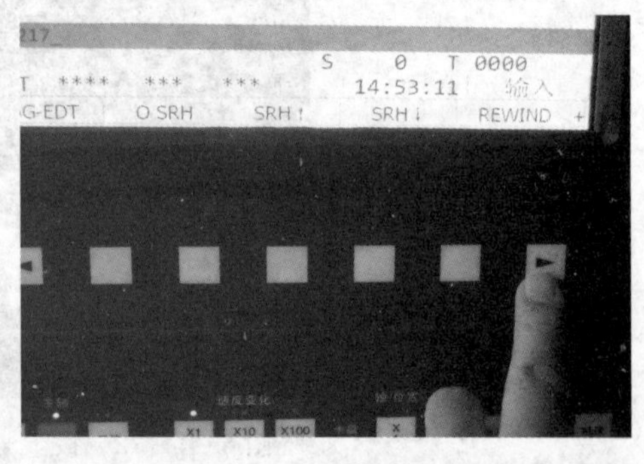

图 5-1-40　按翻页键“▶”

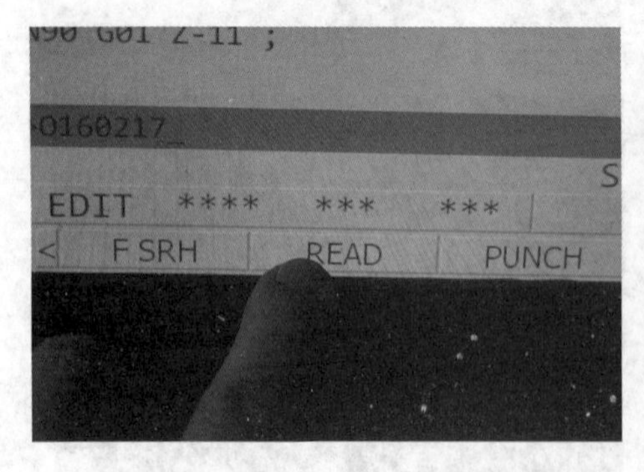

图 5-1-41　选择“READ”

图 5-1-42　按下与“READ”相对应的键

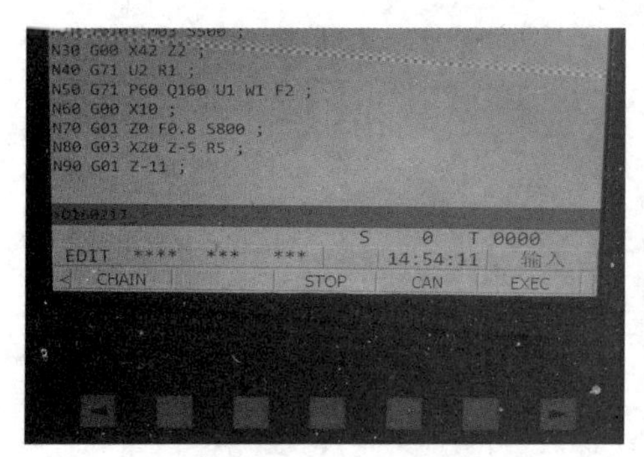

图 5-1-43　结果显示如图，注意“EXEC”执行钮

图 5-1-44　选择“EXEC”

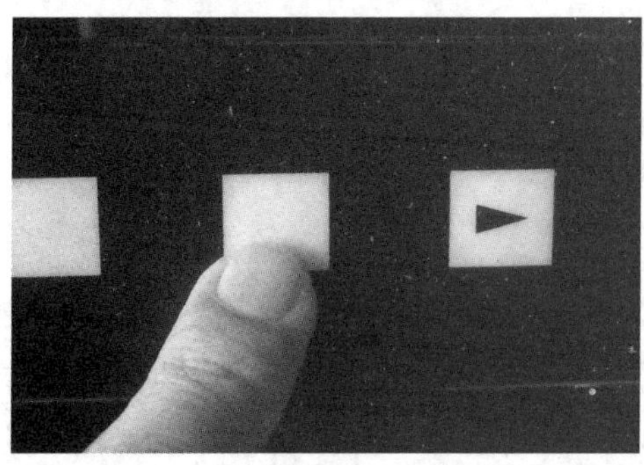

图 5-1-45　按下与“EXEC”相对应的键

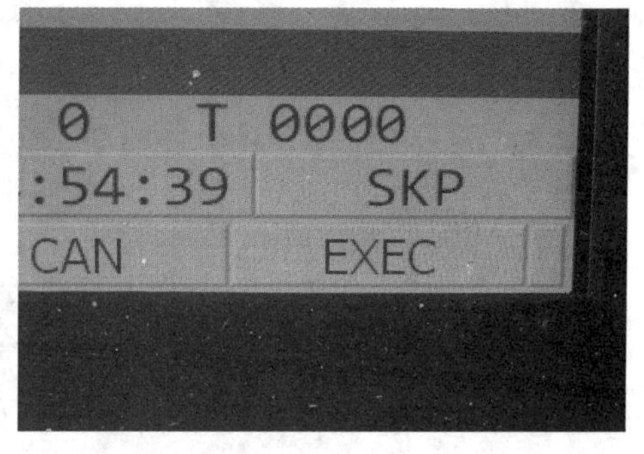

图 5-1-46　出现闪烁的“SKP”（传输接收中）

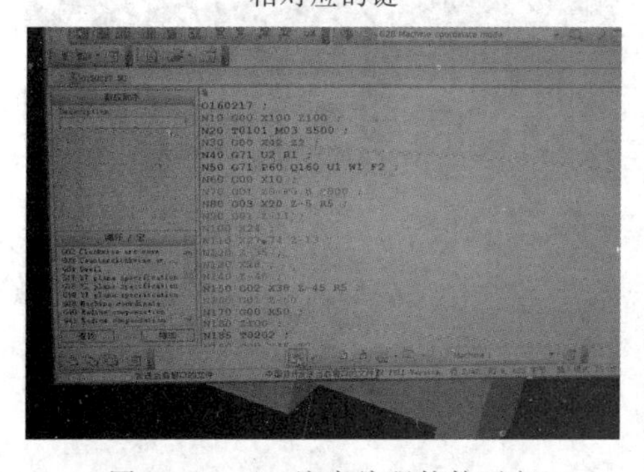

图 5-1-47　注意编程软件下方

图 5-1-48　点击图示光标处的图标“发送”

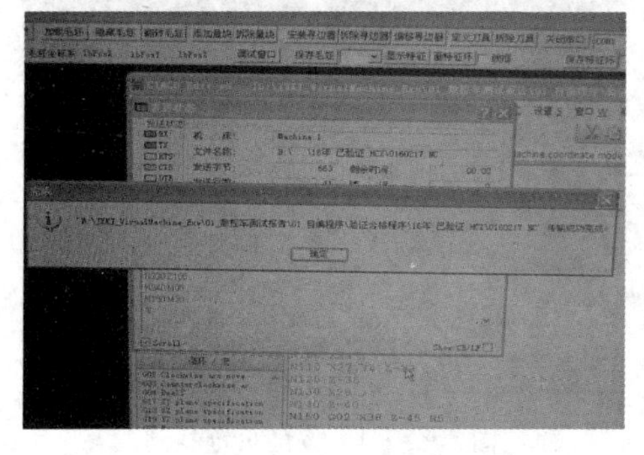

图 5-1-49　显示传输成功提示

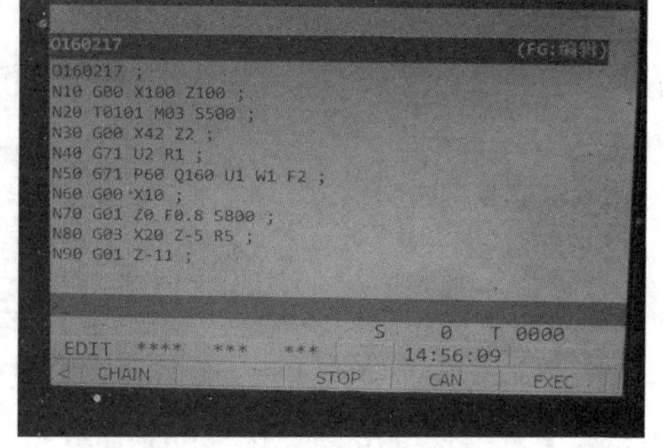

图 5-1-50　仿真器编程界面显示接收到的程序

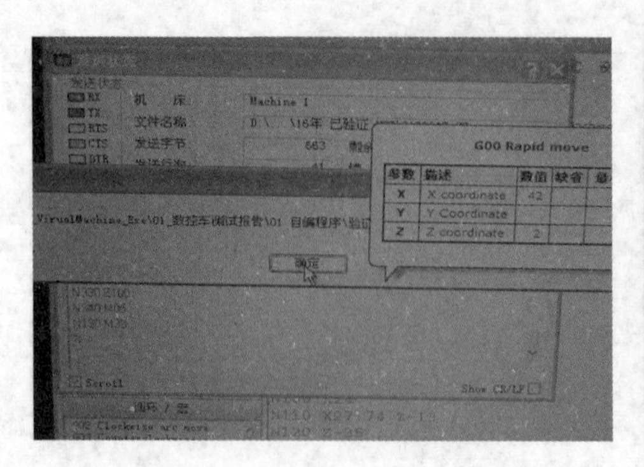

图 5-1-51　点击编程器上的"确认"

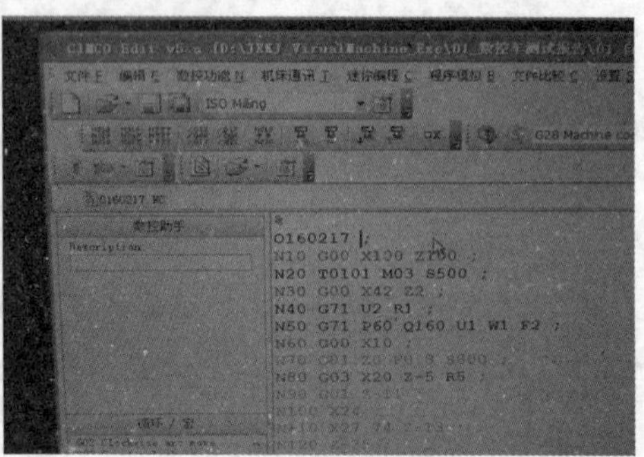

图 5-1-52　传输出去的源程序仍在编程软件内

5.2　仿真器程序输出

5.2.1　找出传输程序—调入可执行状态

找出传输程序—调入可执行状态的意义在于利用虚拟机床调试成功的程序传输到电脑中保存,进而可以用 U 盘拷贝出来,插到真实的数控机床加工工件。具体步骤如图 5-2-1 至图 5-2-7 所示。

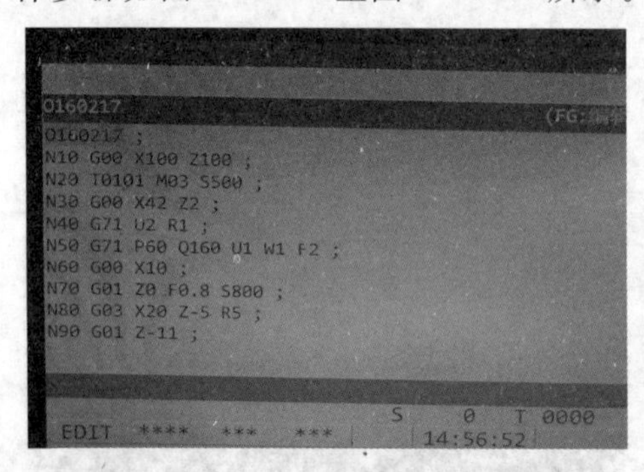

图 5-2-1　当前的程序

图 5-2-2　按下"PROG"键

图 5-2-3　按下与"一览"相对应的键

图 5-2-4　按翻页键找到需要传输的程序

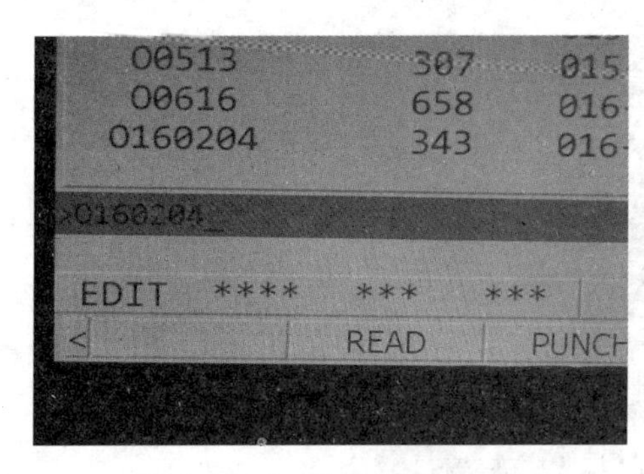

图 5-2-5　输入“O160204”

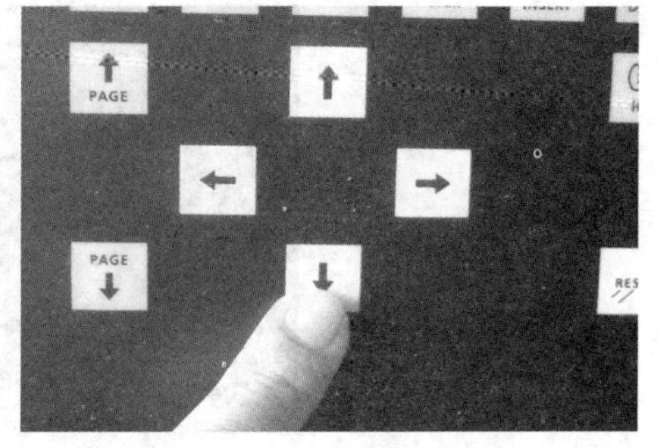

图 5-2-6　按下“↓”键

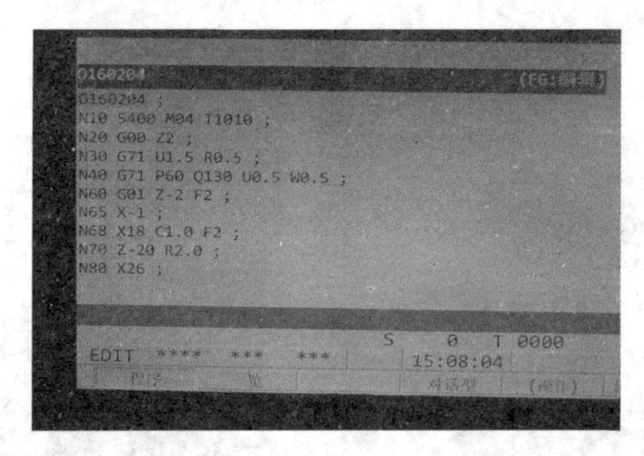

图 5-2-7　将“O160204”调入当前执行状态

5.2.2　准备接受文件名

准备接受文件名的具体步骤如图 5-2-8 至图 5-2-12 所示。

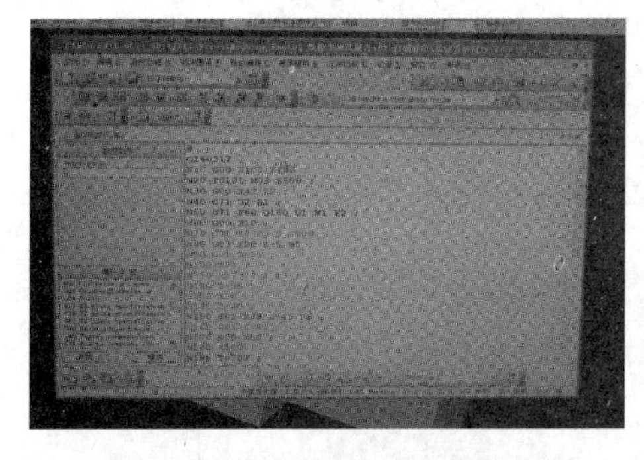

图 5-2-8　打开程序编辑软件

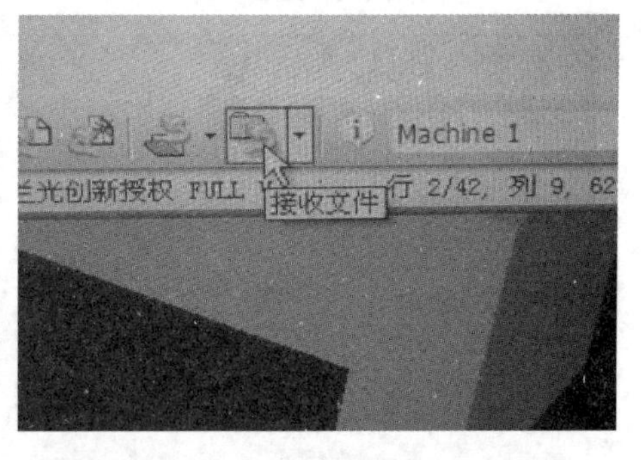

图 5-2-9　点击下方“接收文件”图标

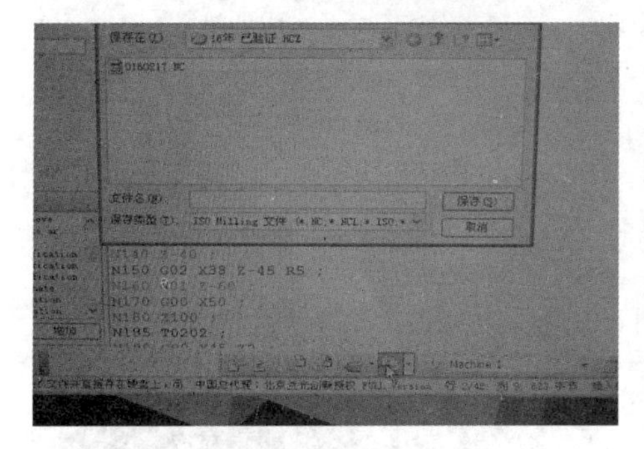

图 5-2-10　弹击“文件保存”对话窗

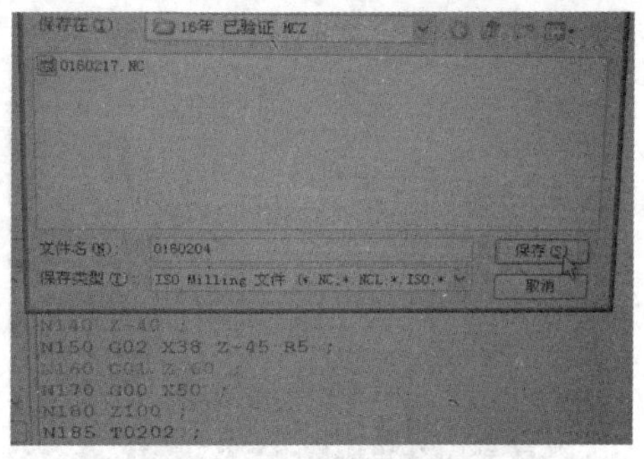

图 5-2-11　输入文件名“O160204”，点击“保存”

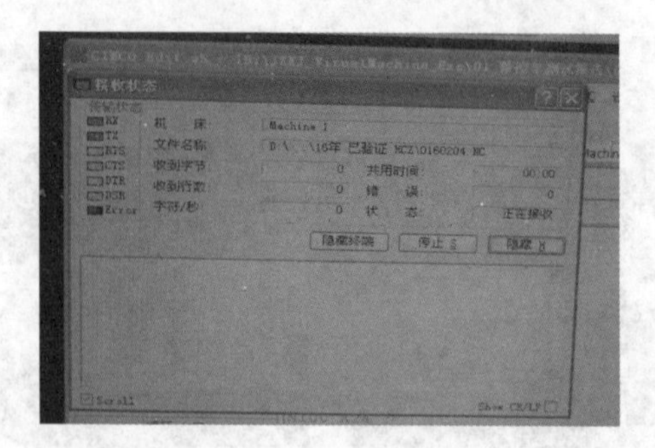

图 5-2-12　显示“接收状态”窗口

5.2.3　输出操作

输出操作的具体步骤如图 5-2-13 至图 5-2-25 所示。

图 5-2-13　在仿真器程序编辑区，按下字母键“O”

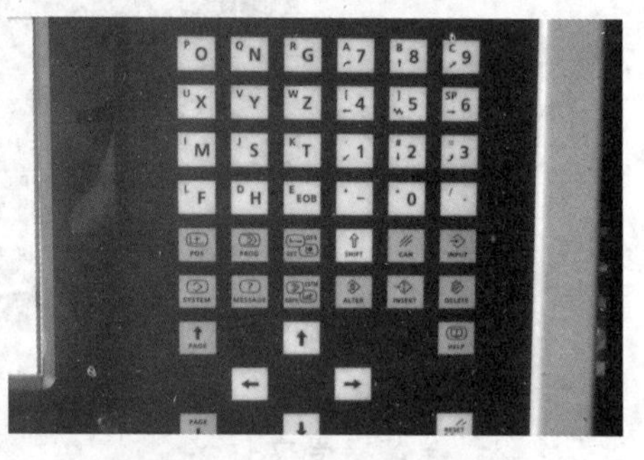

图 5-2-14　依次按下数字键“1”“6”“0”“2”“0”“4”

图 5-2-15　输入行显示“O160204”

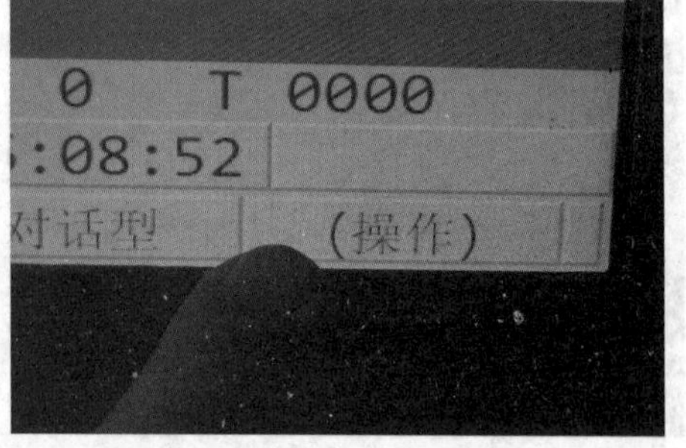

图 5-2-16　选择“操作”，并按下与之对应的键

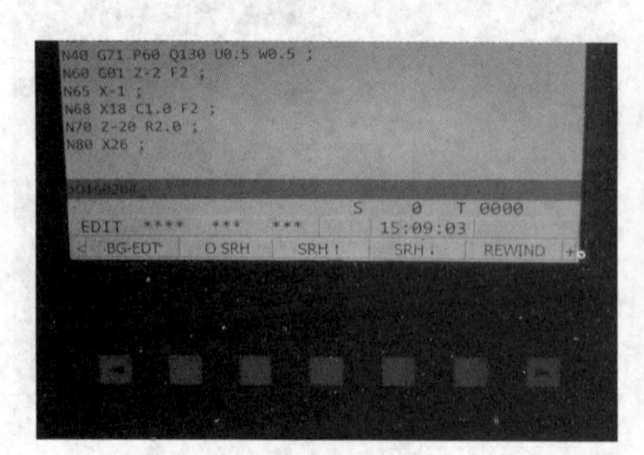

图 5-2-17　显示菜单条

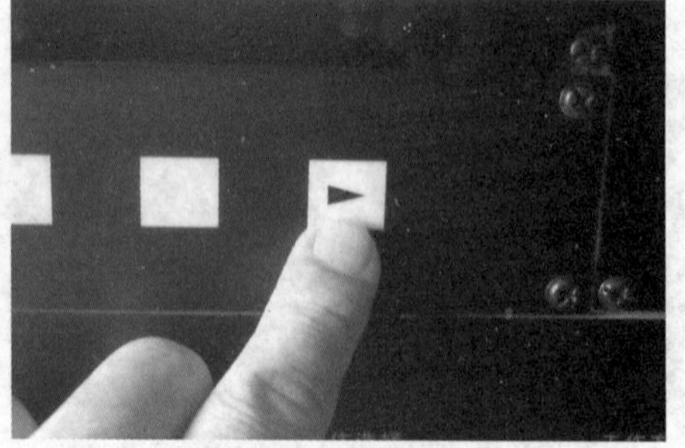

图 5-2-18　按下“►”键

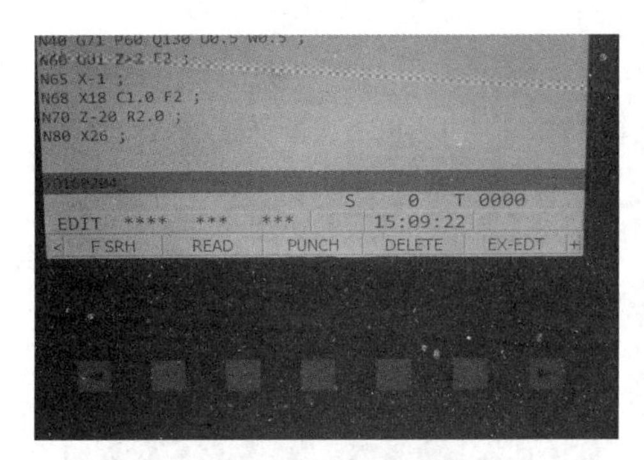

图 5－2－19　菜单条翻页

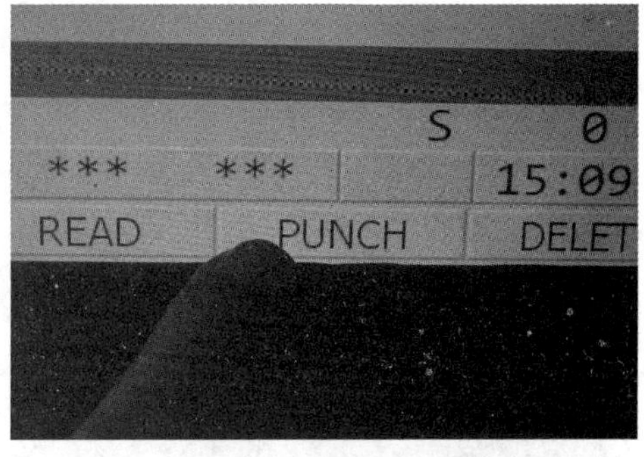

图 5－2－20　选择“PUNCH”

图 5－2－21　按下与“PUNCH”相对应的键

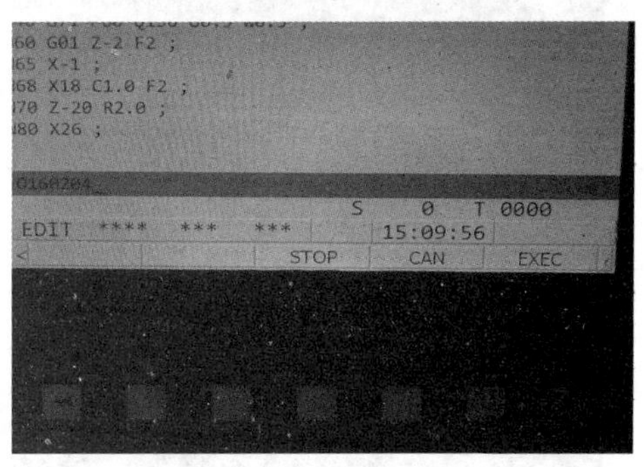

图 5－2－22　效果显示图

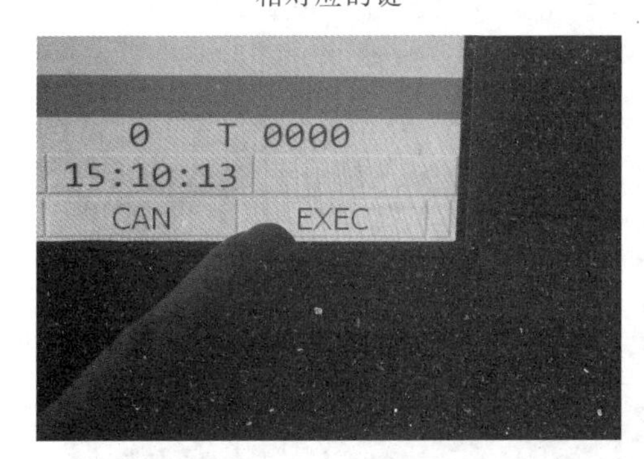

图 5－2－23　选择“EXEC”

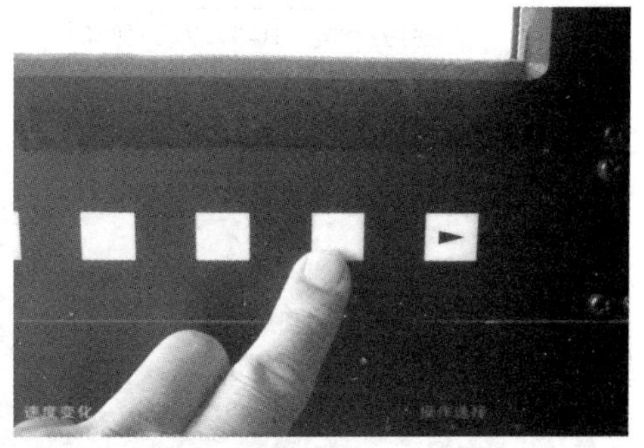

图 5－2－24　按下与“EXEC”相对应的键

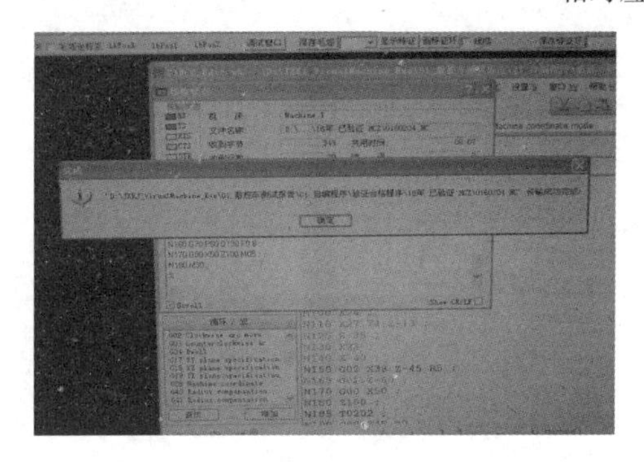

图 5－2－25　程序传出成功

5.2.4　检查及后处理

检查及后处理步骤如图 5-2-26 至图 5-2-32 所示。

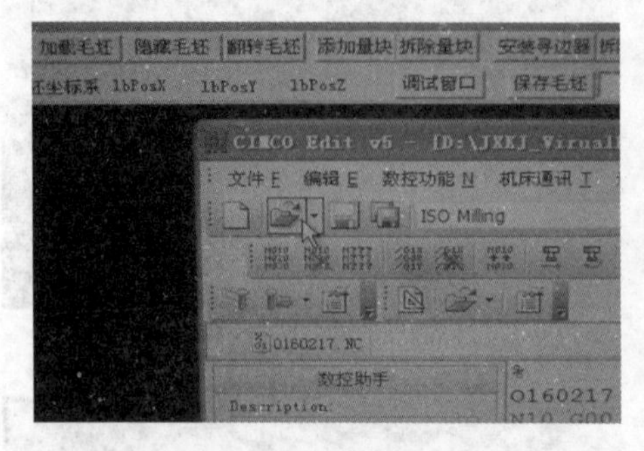

图 5-2-26　点击“打开文件”

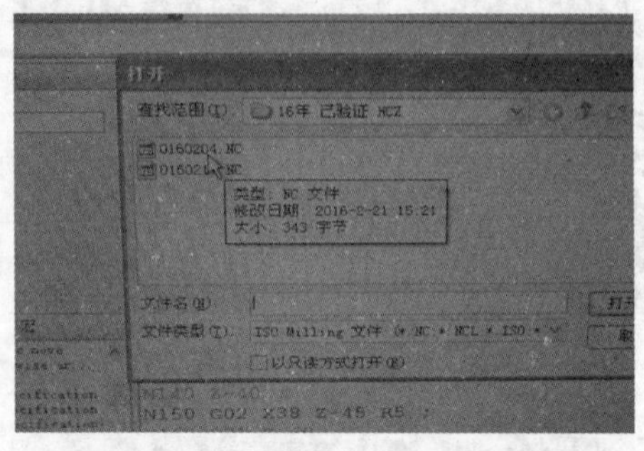

图 5-2-27　显示“打开”对话框

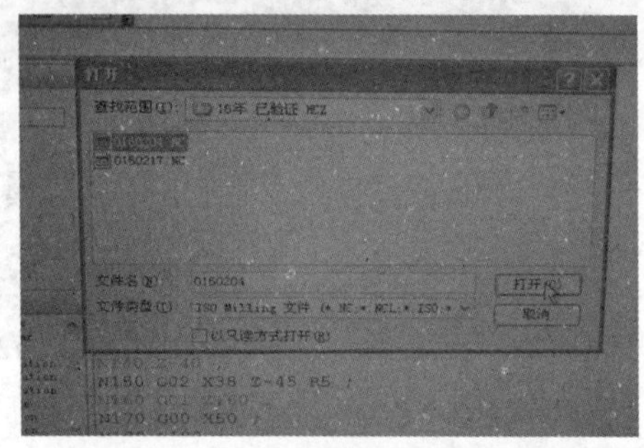

图 5-2-28　双击打开接收到的程序“O160204”

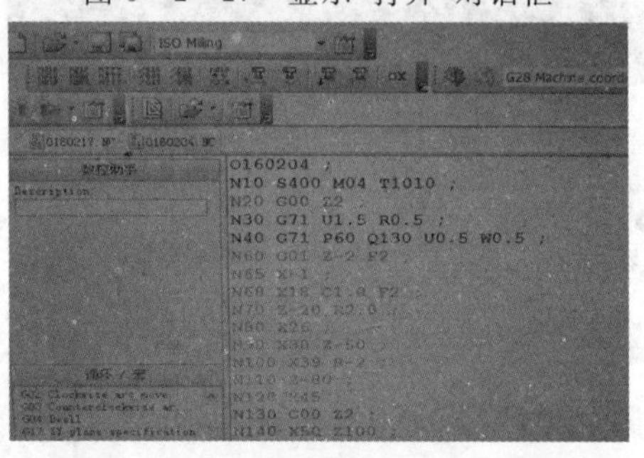

图 5-2-29　显示程序“O160204”（接收成功）

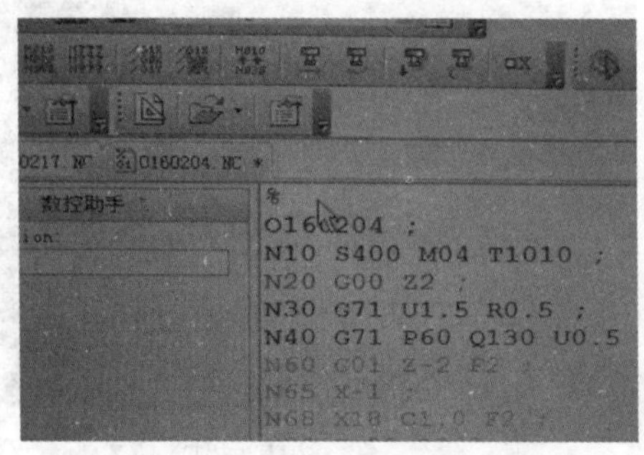

图 5-2-30　在程序号 O160204 之前输入“%”

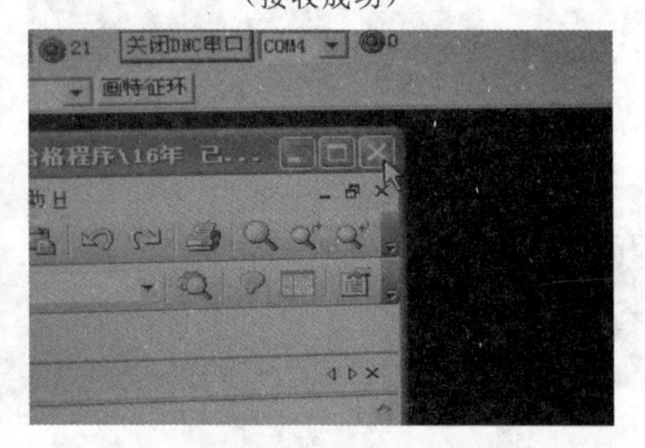

图 5-2-31　在程序尾部输入“%”，点击“关闭”

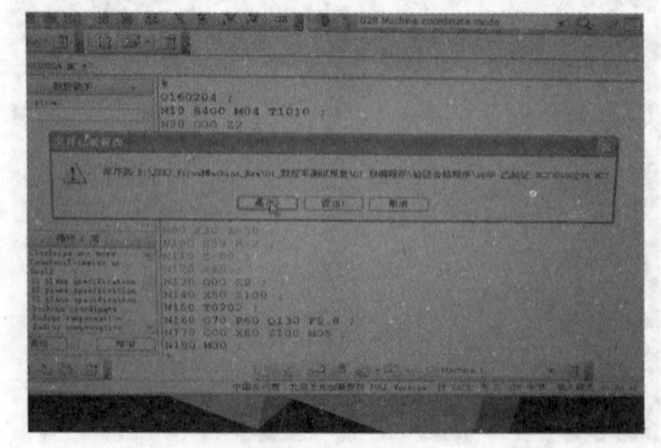

图 5-2-32　显示“保存”路径，点“是”保存完毕

备注：在程序起端和末端输入“%”，是 FRUNC 系统用于识别程序传输的引导符号

第 6 章　仿真铣设备及基本操作

仿真铣具有数控铣削加工中心的基本功能。通过学习和操作可以了解数控铣床和铣削加工中心的基本编程和操作技能，为操作真实机床打下良好基础。

6.1　设备的组成及连接

全套仿真铣设备由数控铣仿真器本体和计算机组成(图 1-1-1)。仿真器由真实的数控铣床面板和相关控制装置构成。按照训练目标要求，可以选择不同型号数控系统的操作面板。本指导教材选用了 FANUC 系统数控铣床的操作面板(图 6-1-1 至图 6-1-9)。

图 6-1-1　仿真铣设备由数控铣仿真器、计算机组成

图 6-1-2　连接总图

图 6-1-3　仿真器与计算机连接

图 6-1-4　仿真器数据线接口

图 6-1-5　仿真器数据接口接入计算机(灰色)

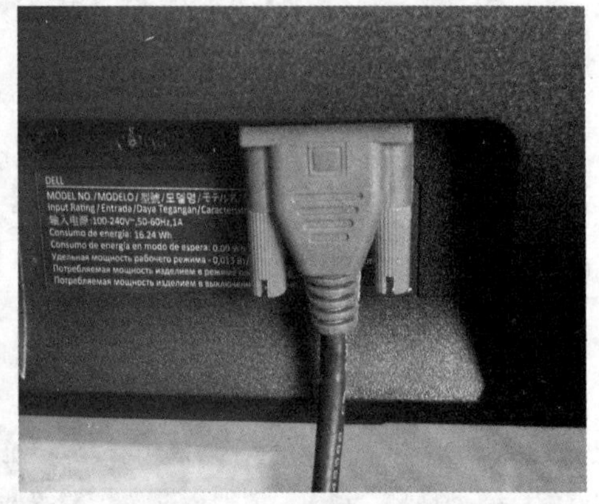

图 6-1-6　计算机视频输出与显示器连接(蓝色)

图 6-1-7　计算机视频输出接口(蓝色)

图 6-1-8　计算机电源接口(黑色,左上方)

图 6-1-9　显示器电源接口(黑色)

6.2　操作面板说明

操作面板说明如图 6-2-1 至图 6-2-4 所示。

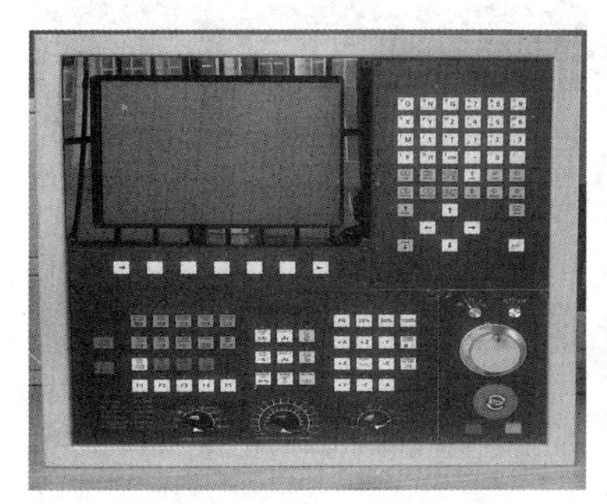

图 6-2-1　仿真铣面板

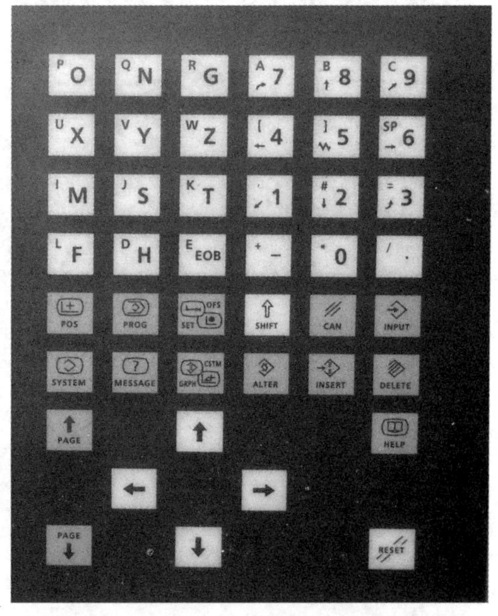

图 6-2-2　程序输入编辑区

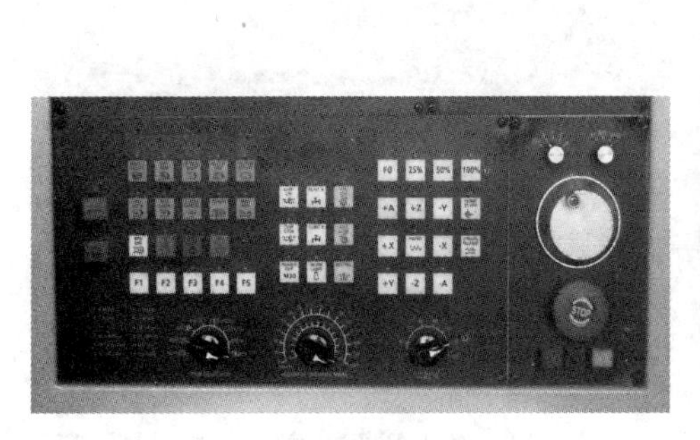

图 6-2-3　仿真铣床操作区

图 6-2-4　显示区及按键

6.3　开机

6.3.1　仿真器开机

仿真器开机步骤如图 6－3－1 至图 6－3－4 所示。

图 6－3－1　仿真铣背面电源开关

图 6－3－2　按下电源开关，指示灯点亮

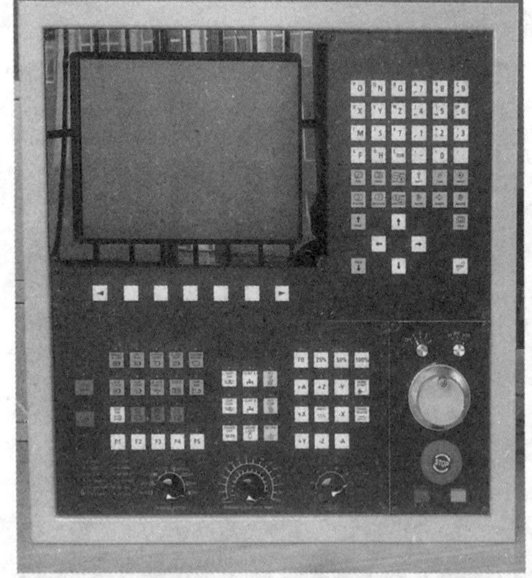

图 6－3－3　仿真铣启动

图 6－3－4　仿真铣启动完毕，显示机床当前状态

6.3.2　计算机开机

计算机开机步骤如图 6－3－5 至图 6－3－9 所示。

图 6－3－5　计算机开机按键

图 6－3－6　按下开机按键，电源指示灯点亮

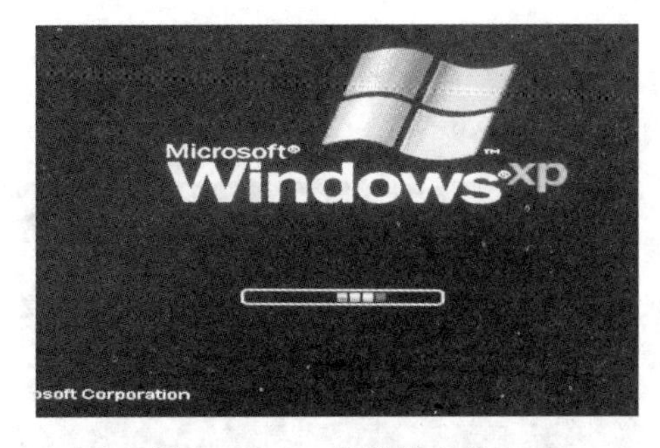

图 6-3-7　计算机启动中

图 6-3-8　计算机启动完毕

图 6-3-9　注意屏幕上的这三个软键图标，下面将经常使用

6.4　打开仿真软件

6.4.1　打开编程软件

打开编程软件步骤如图 6-4-1 至图 6-4-4 所示。

图 6-4-1　点击“CIMCOEdit”图标

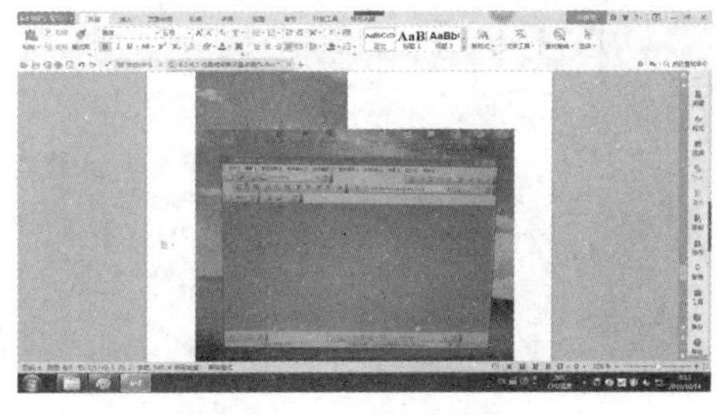

图 6-4-2　打开编程界面

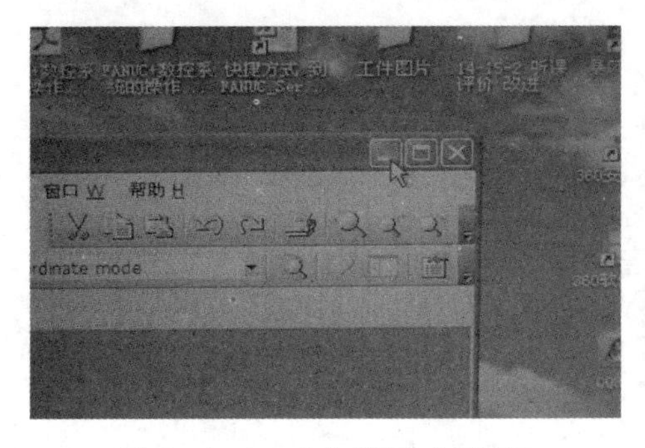

图 6-4-3　点击“最小化”按钮

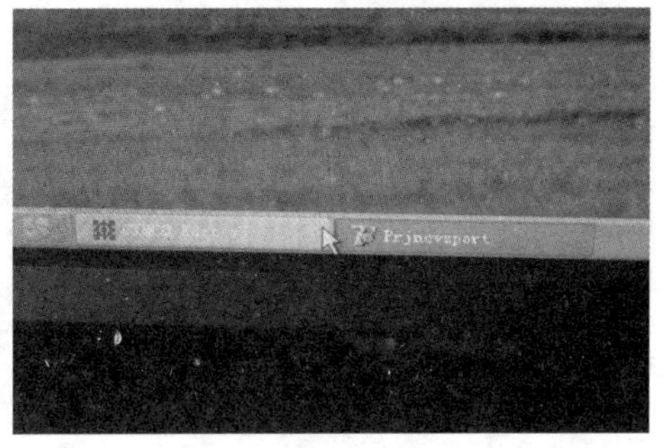

图 6-4-4　编程软件保留在显示屏底部

6.4.2　打开、最小化传输软件

打开、最小化传输软件的步骤如图 6-4-5 至图 6-4-12 所示。

图 6-4-5　点击“PrjNCVSport”图标

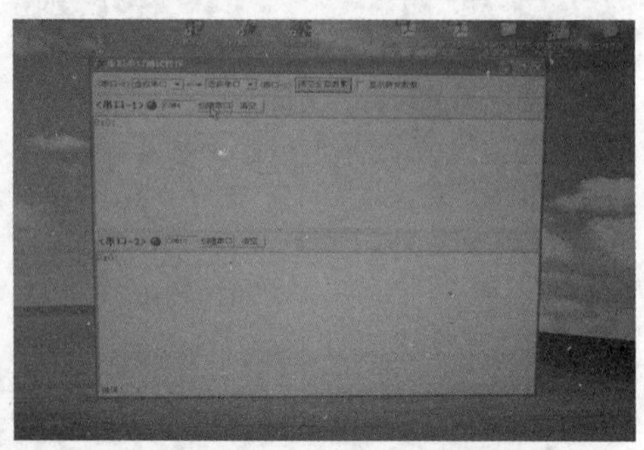

图 6-4-6　打开传输软件

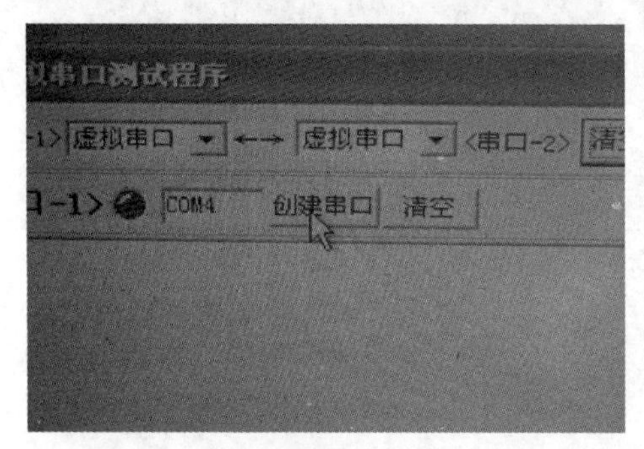

图 6-4-7　点击“COM4　创建串口”

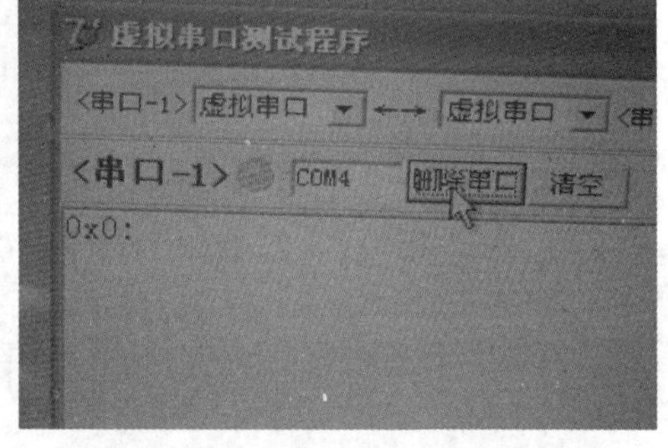

图 6-4-8　串口打开，指示灯亮起

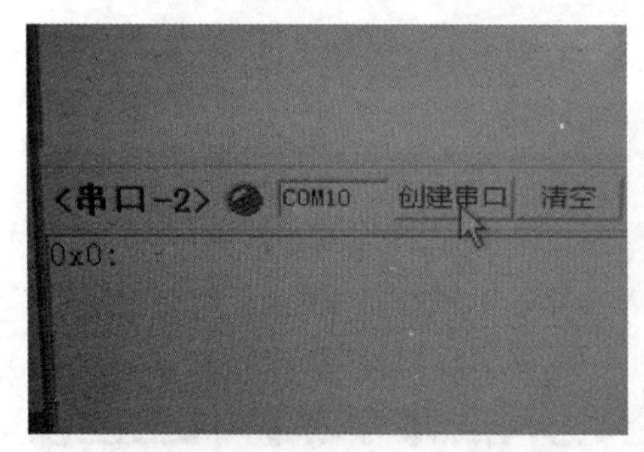

图 6-4-9　点击“COM410　创建串口”

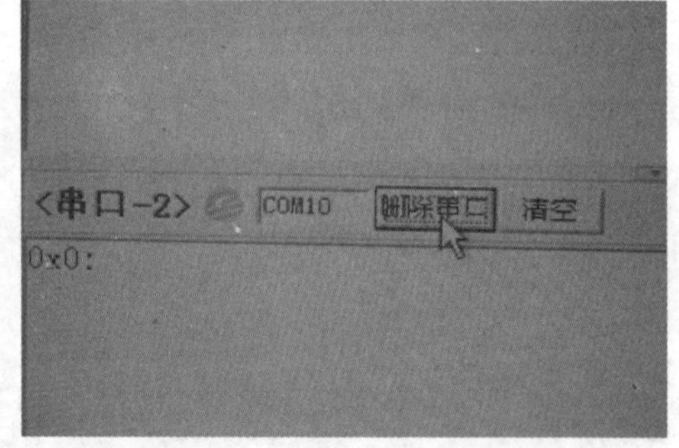

图 6-4-10　串口打开，指示灯亮起

图 6-4-11　点击“最小化”按钮

图 6-4-12　传输软件保留在显示屏底部

6.4.3　打开虚拟铣床

打开虚拟铣床步骤如图 6-4-13 至图 6-4-27 所示。

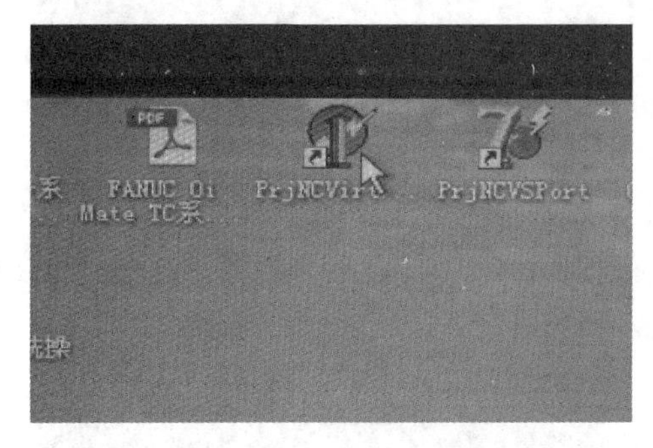

图 6-4-13　点击"PrjNCVirtualMachineMain"图标

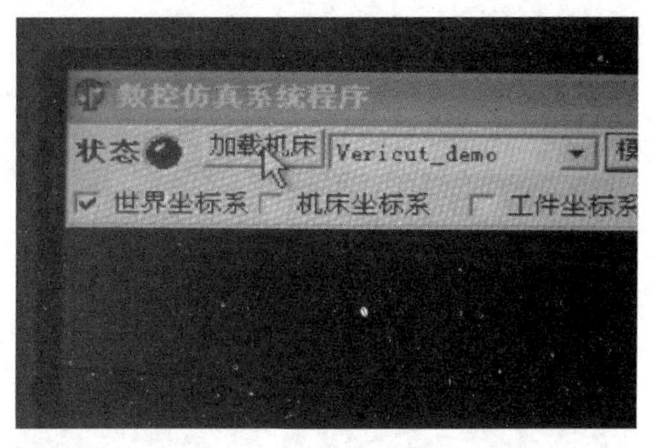

图 6-4-14　点击"加载机床"

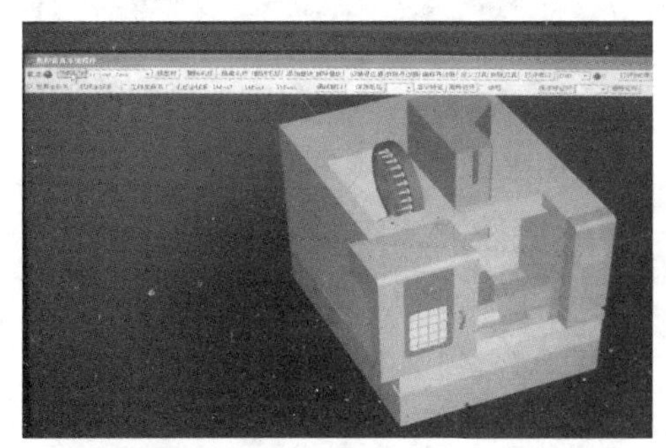

图 6-4-15　显示数控加工中心

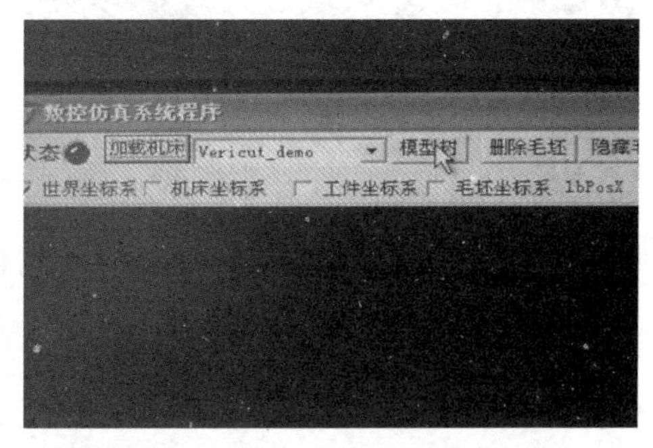

图 6-4-16　点击"模型树"

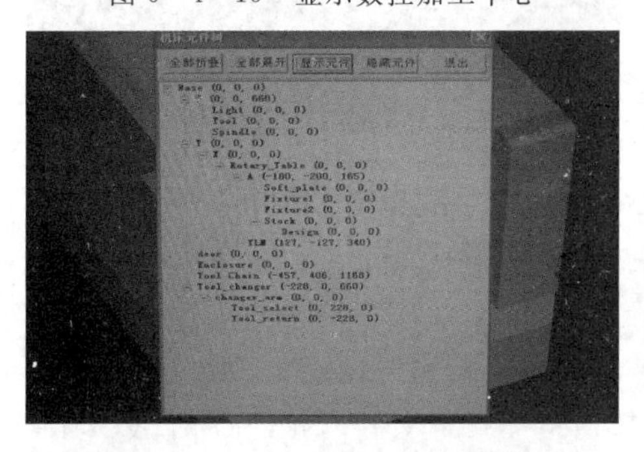

图 6-4-17　显示机床元件树

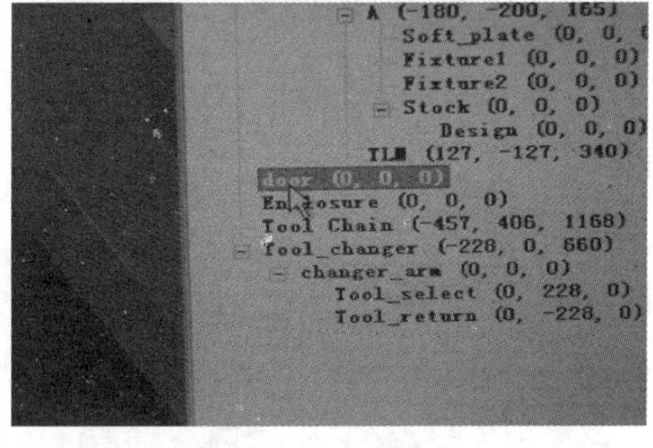

图 6-4-18　点击"door"

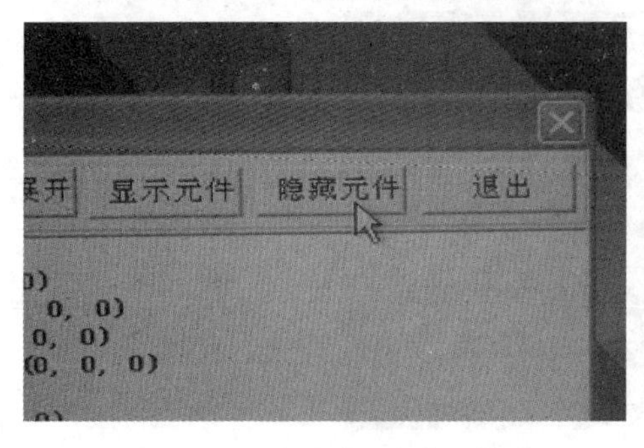

图 6-4-19　点击"隐藏元件"，机床安全门消失

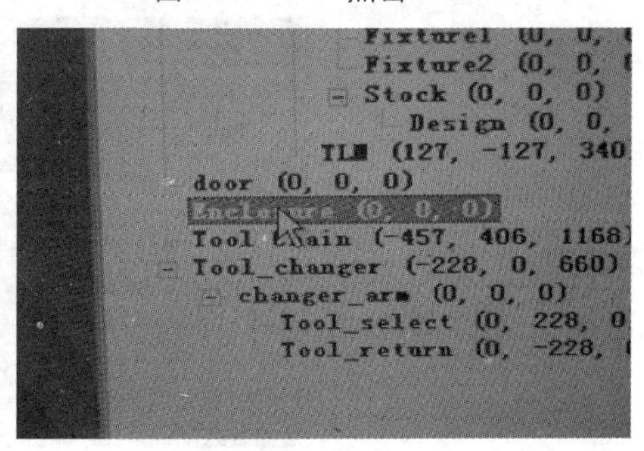

图 6-4-20　点击"Enclosure"

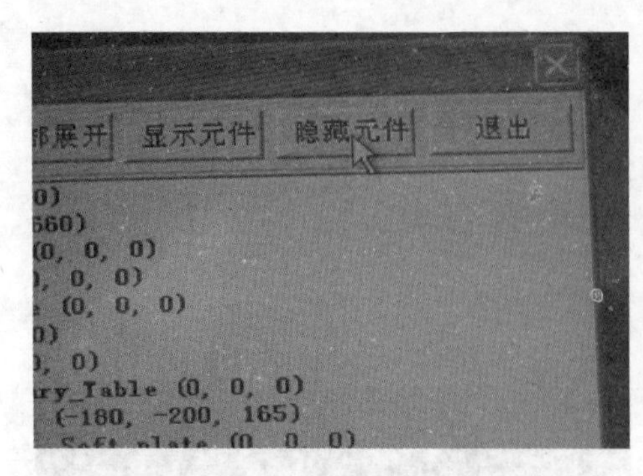

图 6-4-21　点击“隐藏元件”,机床挡板消失

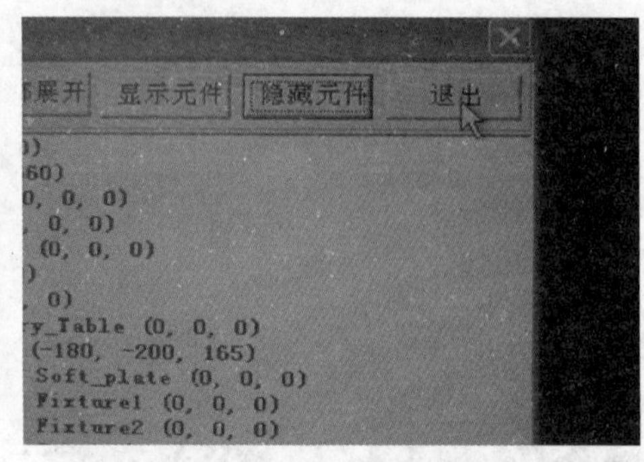

图 6-4-22　点击“退出”

图 6-4-23　显示隐藏“安全门和挡板”的机床,便于观察操作过程

图 6-4-24　点击“打开串口 COM1”

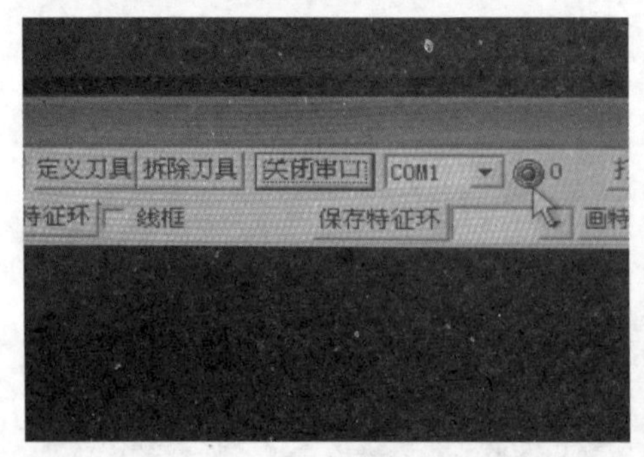

图 6-4-25　“COM1”指示灯亮起

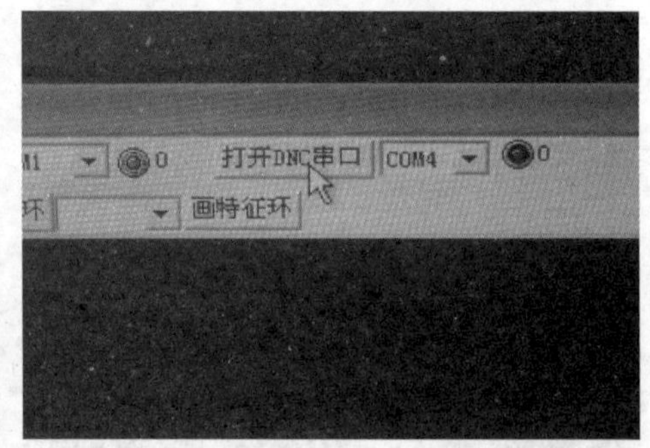

图 6-4-26　点击“打开 DNC 串口 COM4”

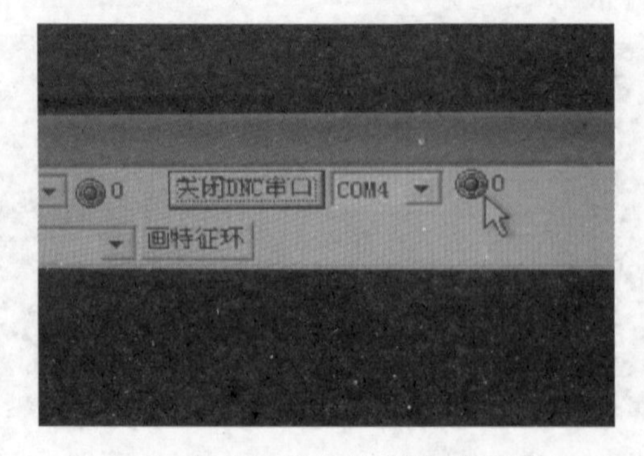

图 6-4-27　“COM4”指示灯亮起

6.5　调节机床位置

调节机床位置的步骤如图 6－5－1、图 6－5－2 所示。

图 6－5－1　利用鼠标上的左、右按钮和滚轮

图 6－5－2　调整后的机床显示状态，可平移、旋转和放大缩小机床

6.6　手摇-刀架微量步进

6.6.1　*X* 方向微量步进

X 方向微量步进的步骤如图 6－6－1 至图 6－6－12 所示。

图 6－6－1　工作模式旋到 HANDLE(手轮)

图 6－6－2　手轮操作区图

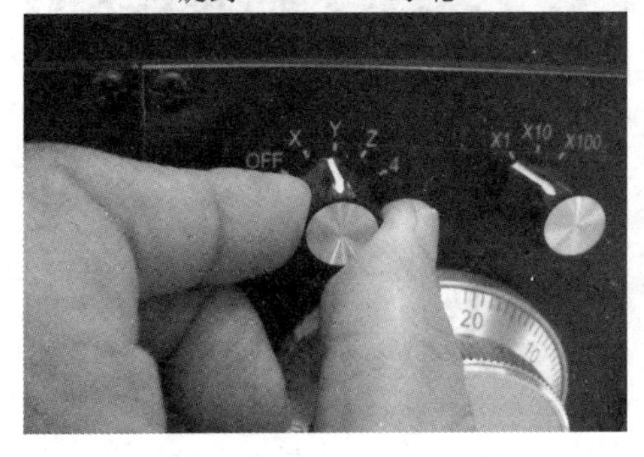

图 6－6－3　旋转坐标轴选择旋钮到 X

图 6－6－4　选择旋钮位于 X1

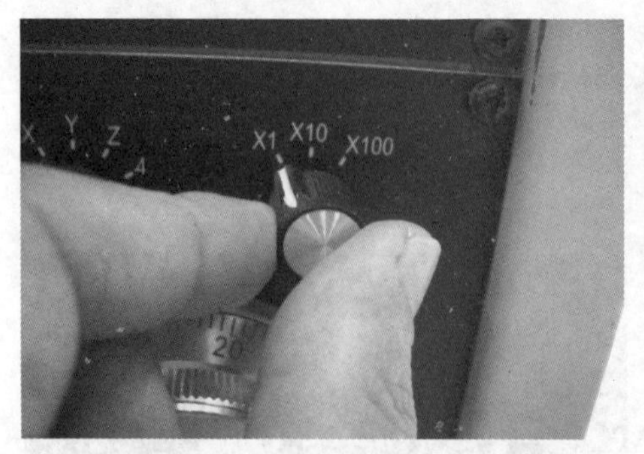

图 6-6-5　选择旋钮位于 X1

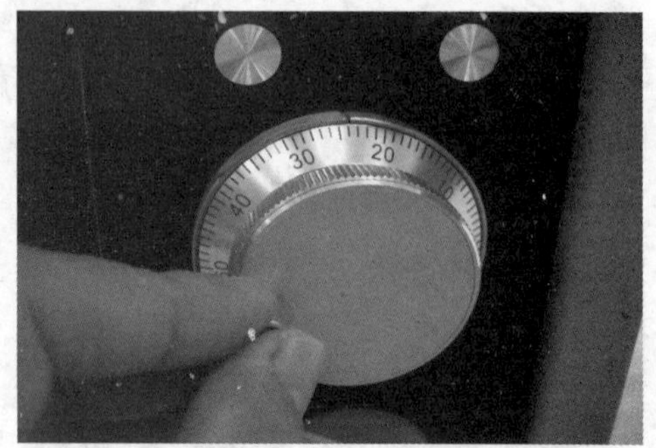

图 6-6-6　顺时针旋转手轮几圈后

图 6-6-7　旋转步进值选择旋钮至 X100
(表示手轮转动一格,X 轴移动 100μm)

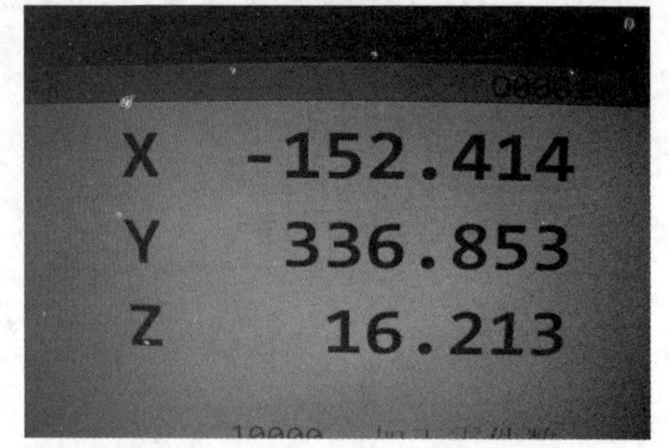

图 6-6-8　步进前“X －152.414”

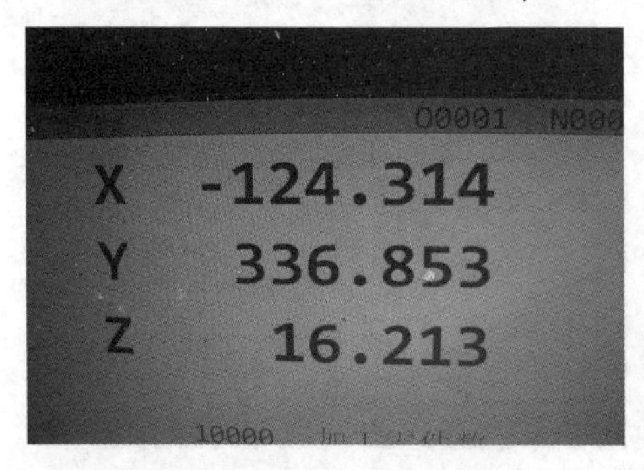

图 6-6-9　步进后“X －124.314”

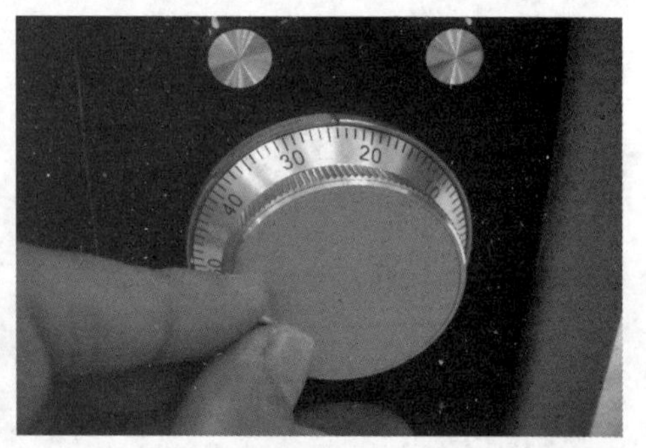

图 6-6-10　逆时针旋转手轮 3 格

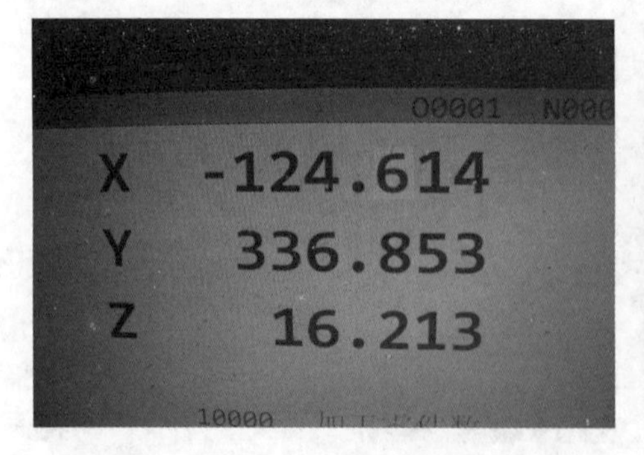

图 6-6-11　显示“X －124.614”

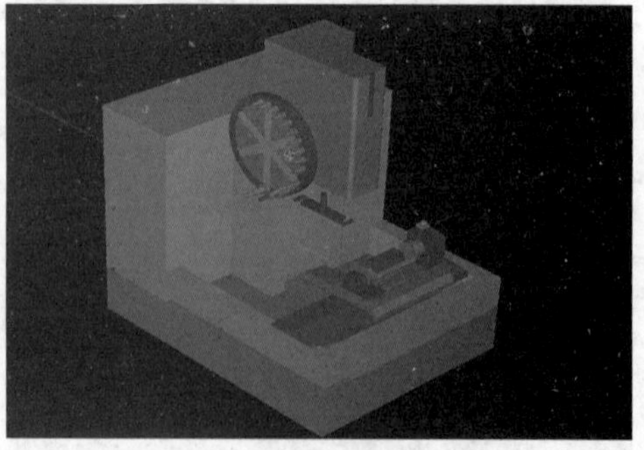

图 6-6-12　各轴位置图

6.6.2　*Y* 方向微量步进

Y 方向微量步进的操作步骤如图 6－6－13 至图 6－6－17 所示。

图 6－6－13　坐标轴选择旋钮位于 Y，步进量置于 X10

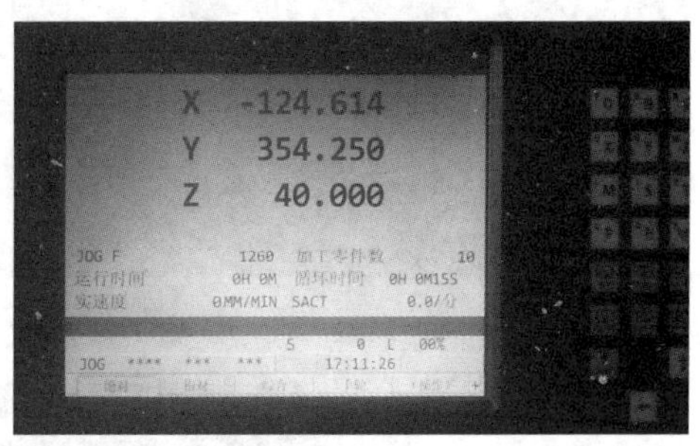

图 6－6－14　显示“Y 345.250”

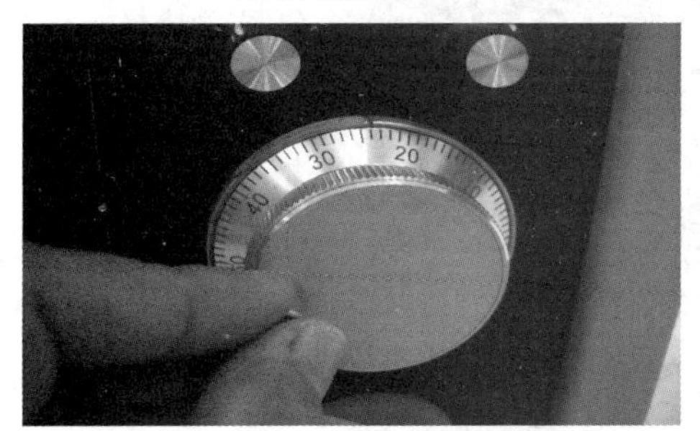

图 6－6－15　顺时针旋转手轮 2 格

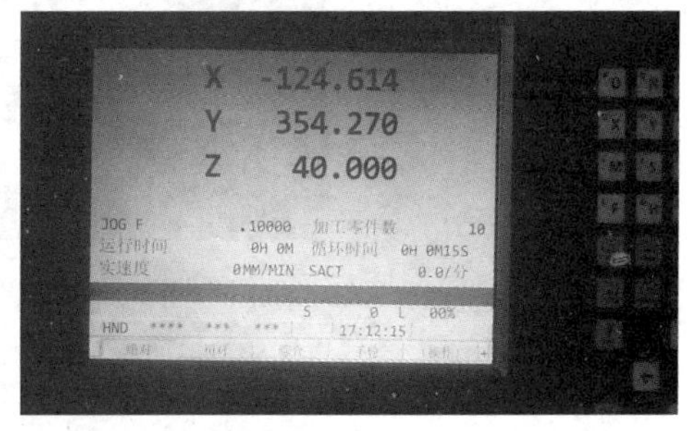

图 6－6－16　显示“Y 345.270”

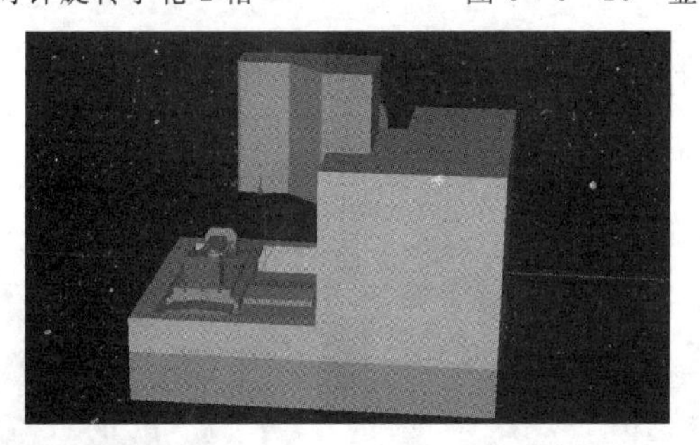

图 6－6－17　各轴位置如图

6.6.3　*Z* 方向微量步进

Z 方向微量步进操作步骤如图 6－6－18 至图 6－6－22 所示。

图 6－6－18　坐标轴选择旋钮位于 Z，步进量置于 X1

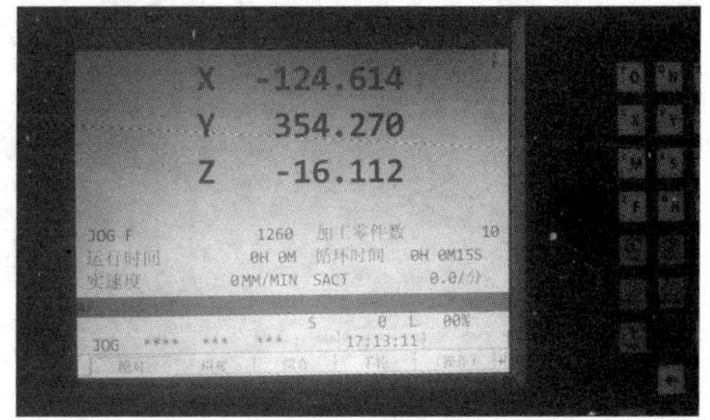

图 6－6－19　显示“Z －16.112”

图 6－6－20　顺时针旋转手轮 1 格

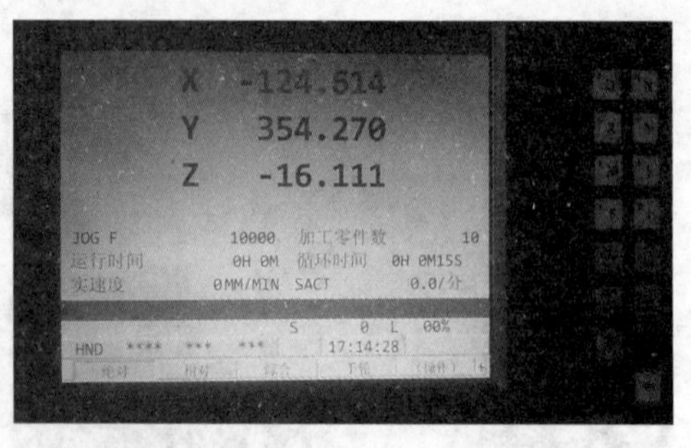

图 6－6－21　显示“Z －16.111”

图 6－6－22　各轴位置如图

6.7　运行参考点

6.7.1　设置工作台移动速度 *F*

设置工作台移动速度 *F* 的具体步骤如图 6－7－1 至图 6－7－7 所示。

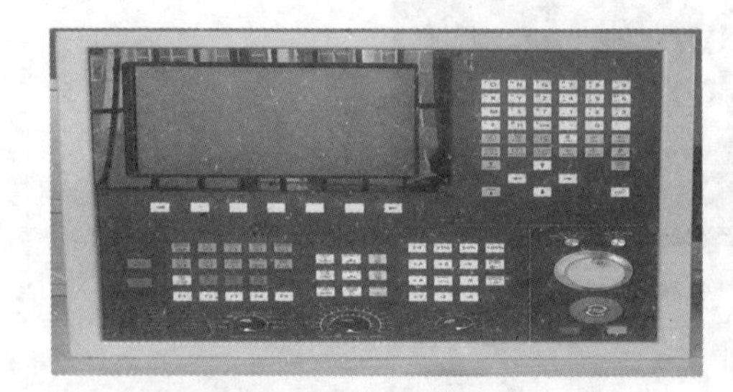

图 6－7－1　仿真铣面板

图 6－7－2　下方为操作旋钮区

图 6－7－3　进给速度调节旋钮

图 6－7－4　进给速度调节旋钮至最大

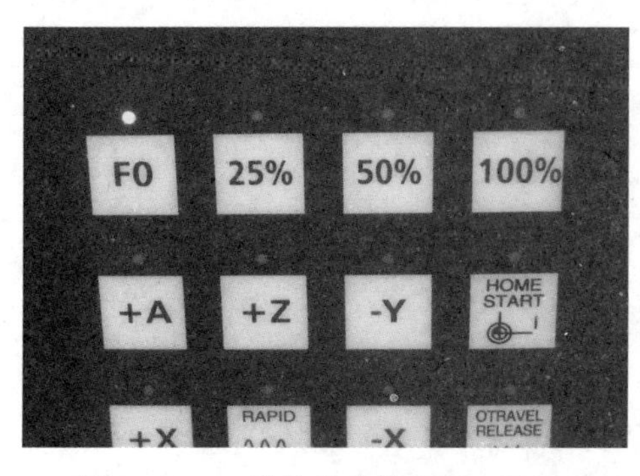

图 6-7-5　进给速度倍率 F0～F100

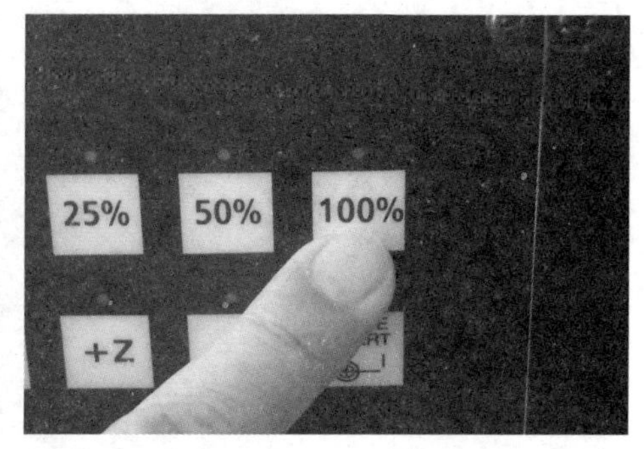

图 6-7-6　按下“100%”键

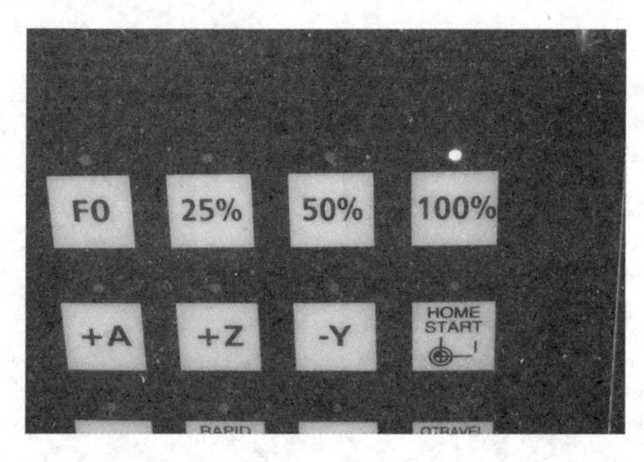

图 6-7-7　“100%”指示灯亮起

6.7.2　运行参考点

运行参考点的具体步骤如图 6-7-8 至图 6-7-28 所示。

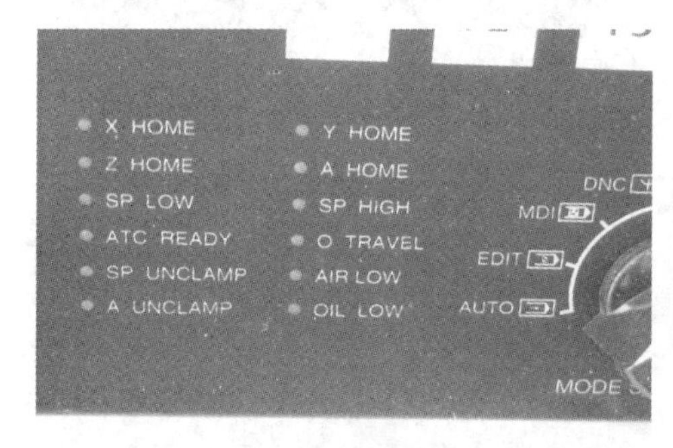

图 6-7-8　运行前面板指示灯状态

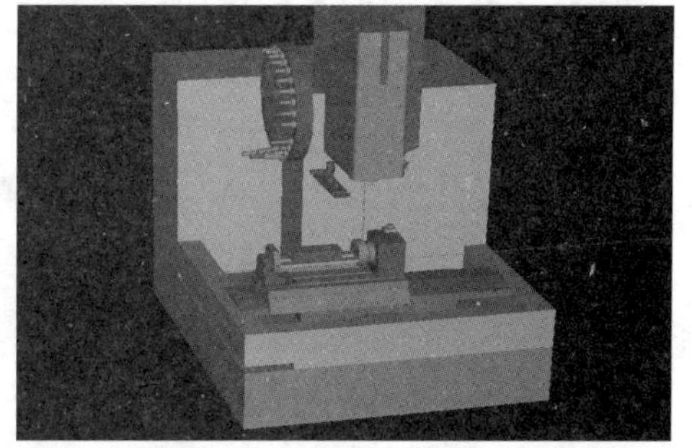

图 6-7-9　运行前面铣刀与工件的位置

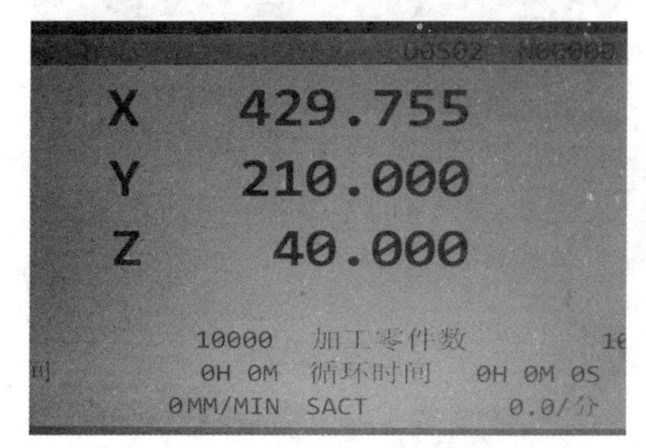

图 6-7-10　运行前面铣刀的坐标值

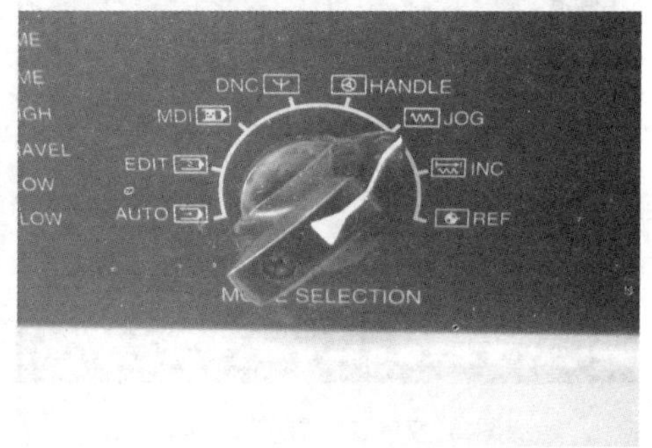

图 6-7-11　操作模式选择旋钮

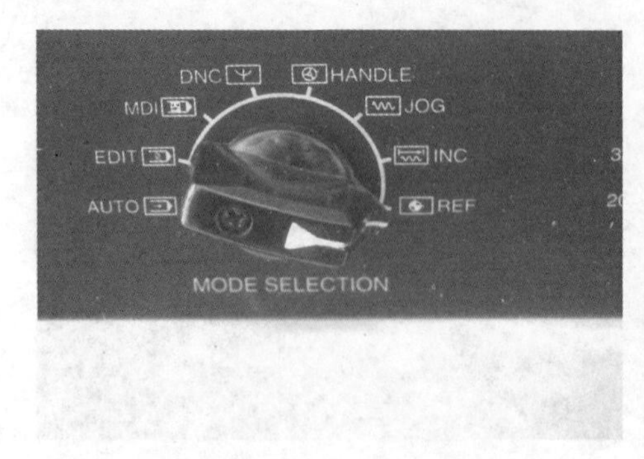

图 6－7－12　旋钮旋到“REF”

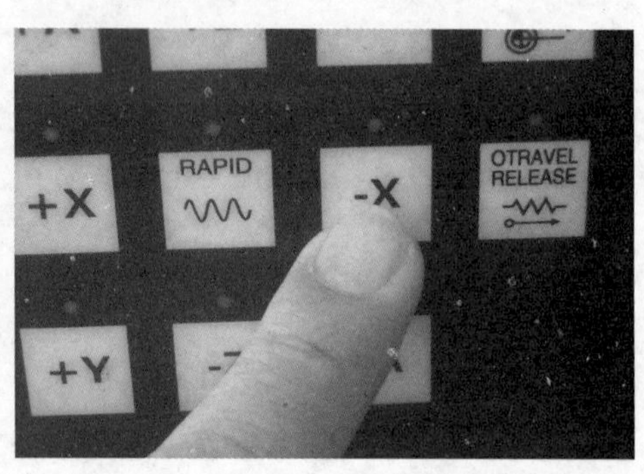

图 6－7－13　按下“－X”键(铣刀沿－*X* 轴方向移动)

图 6－7－14　工作台沿 *X* 轴向右移动

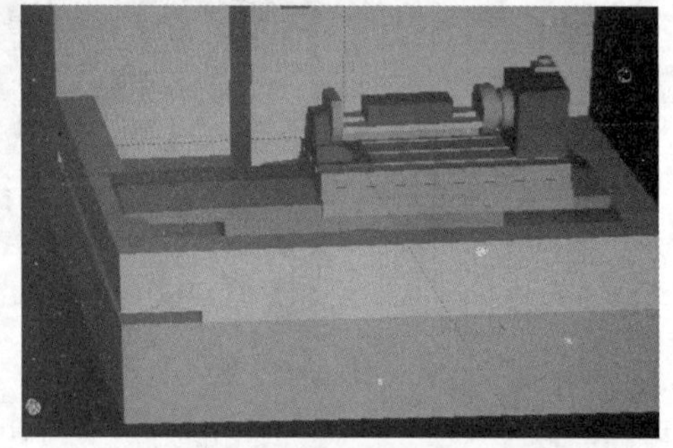

图 6－7－15　工作台沿 *X* 轴移动至最右端

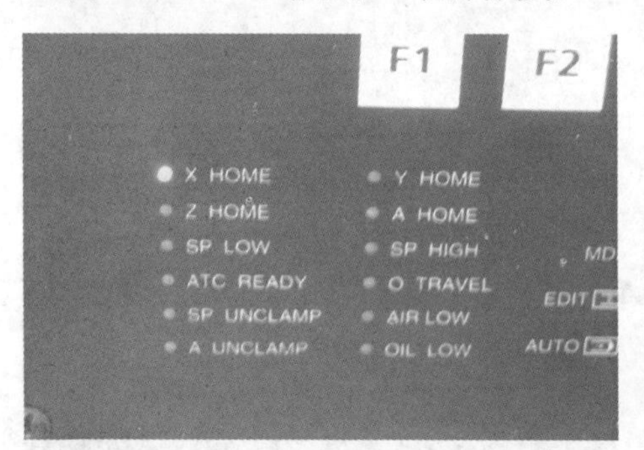

图 6－7－16　面板上“X HOME”指示灯亮起

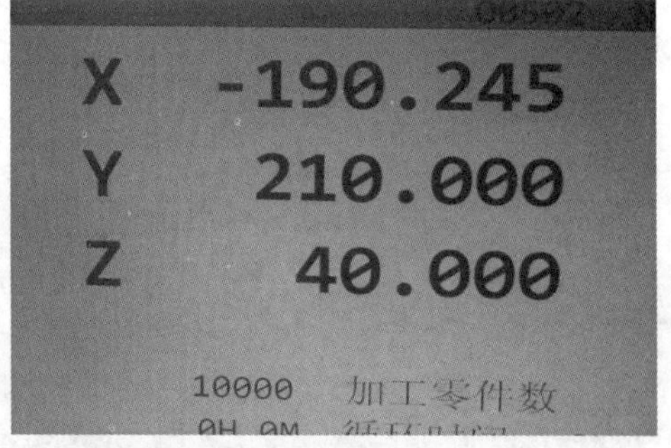

图 6－7－17　刀具零点与机床零点 *X* 方向距离为“X －199.245”

图 6－7－18　注意刀具与工作台 *Y* 方向位置

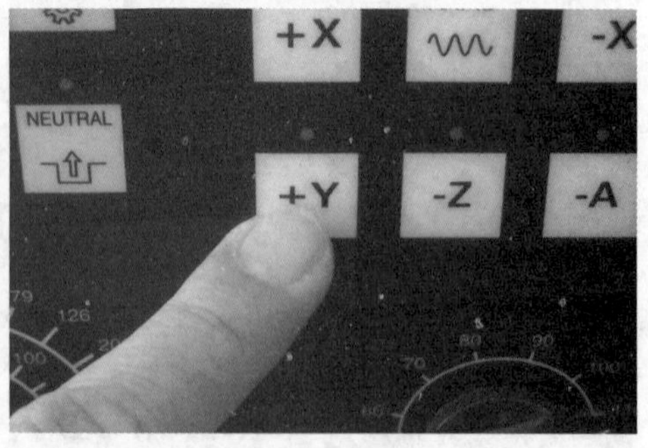

图 6－7－19　按下“＋Y”键

图 6-7-20　工作台沿 Y 轴方向外移动

图 6-7-21　工作台沿 Y 轴移动至最外端

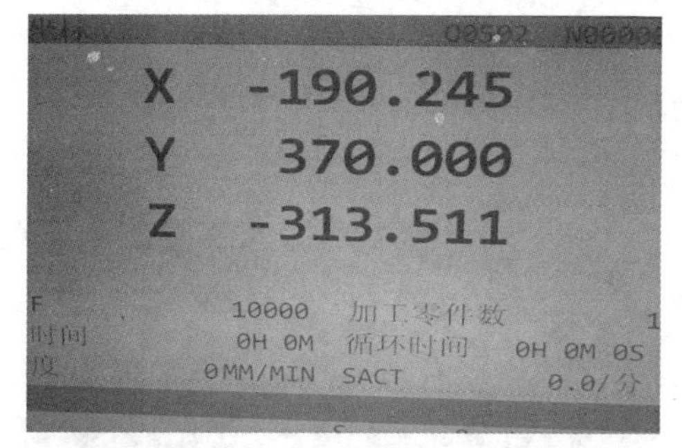

图 6-7-22　刀具零点与机床零点 Y 方向距离为“Y 370.000”

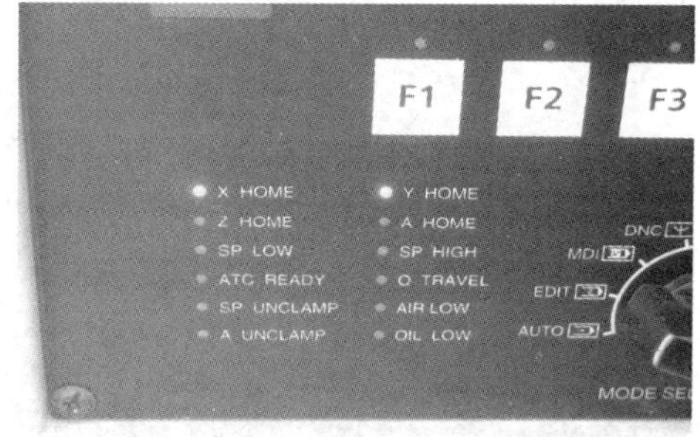

图 6-7-23　面板上“Y HOME”指示灯亮起

图 6-7-24　注意刀具与工作台 Z 方向位置

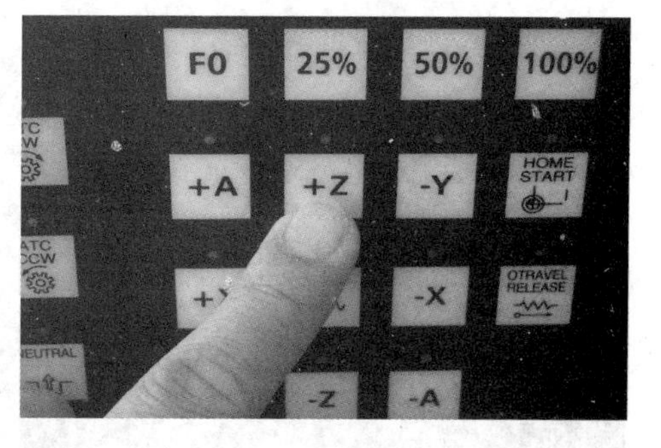

图 6-7-25　按下“+Z”键

图 6-7-26　工作台沿 Z 轴方向上移动至最高点

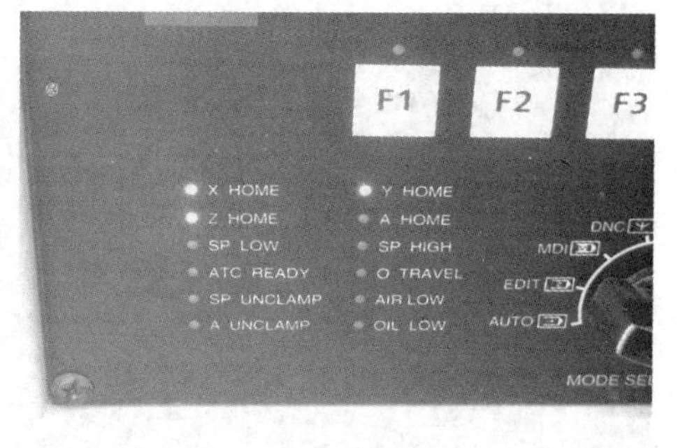

图 6-7-27　面板上“Z HOME”指示灯亮起

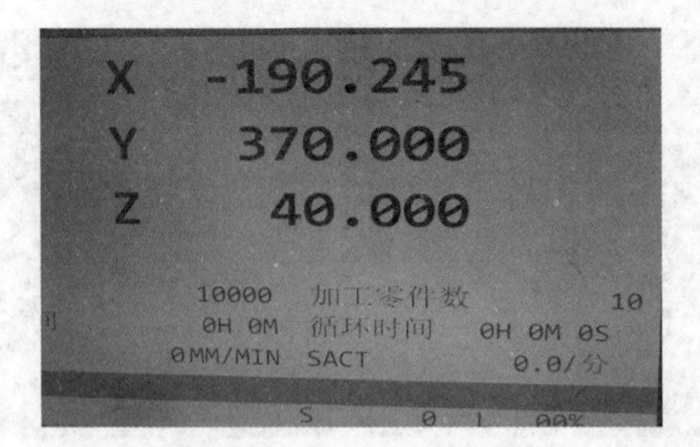

图 6-7-28　刀具零点与机床零点 Z 方向距离为“Z 40.000”

6.8　手动移动 X、Y、Z 轴

手动移动 X、Y、Z 轴的具体步骤如图 6-8-1 至图 6-8-26 所示。

图 6-8-1　目前操作旋钮位于“REF”

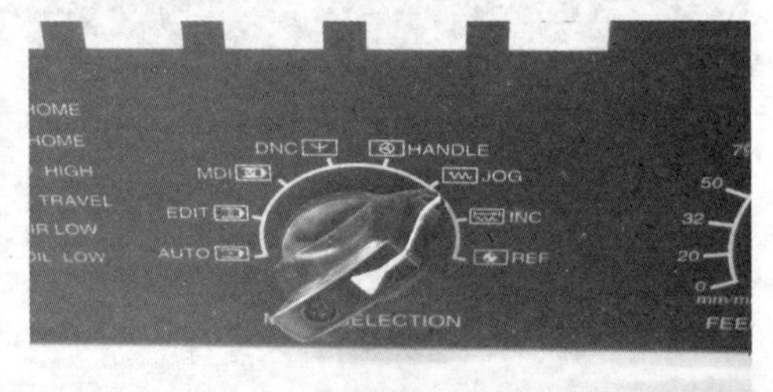

图 6-8-2　把旋钮旋到“JOG”(手动)操作

图 6-8-3　注意观察主轴与工作台 X、Y、Z 三个方向的距离

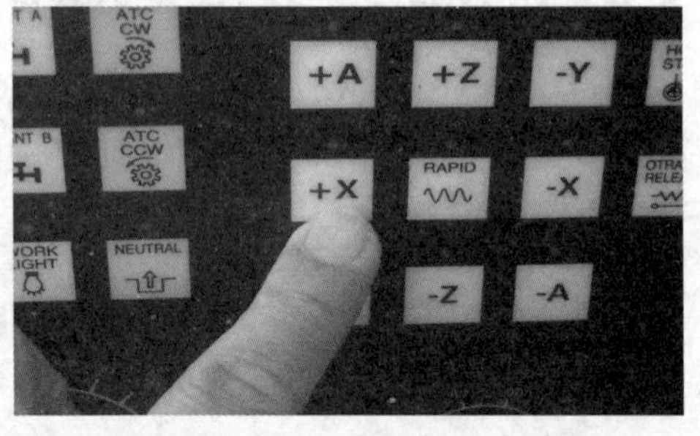

图 6-8-4　按下“+X”键

图 6-8-5　工作台沿 X 轴向左移动

图 6-8-6　双指分别按住“+X”和“RAPID”键，工作台快速向左移动

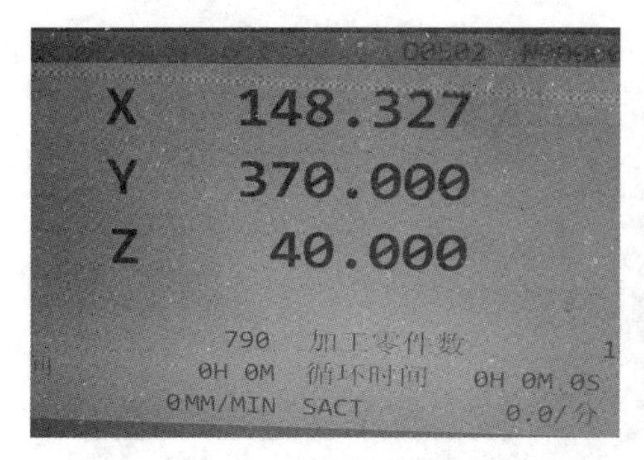

图 6-8-7　工作台从“X －190.245”移动至“X 148.327”

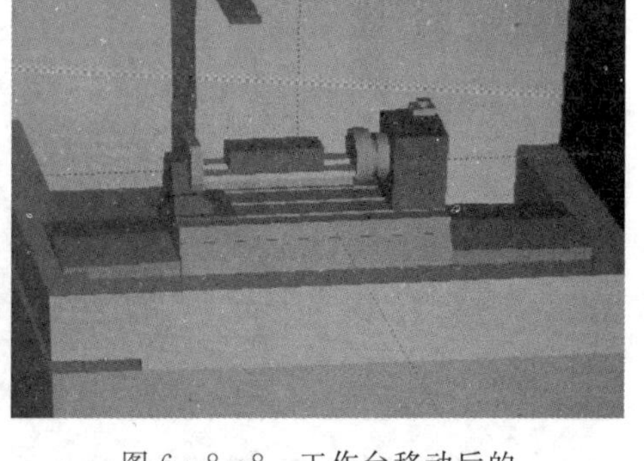

图 6-8-8　工作台移动后的新位置

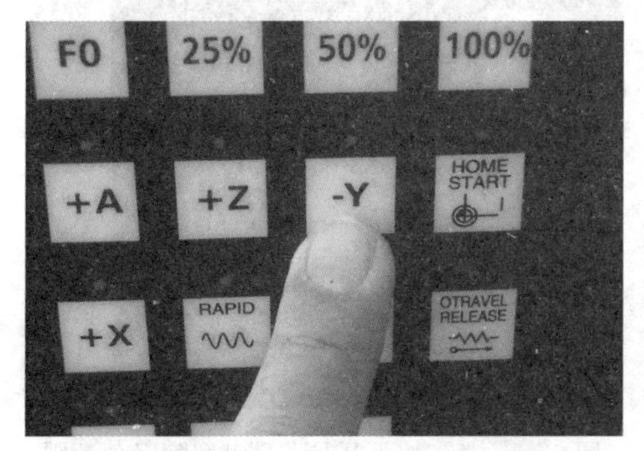

图 6-8-9　按下“－Y”键

图 6-8-10　工作台沿 Y 轴向内移动

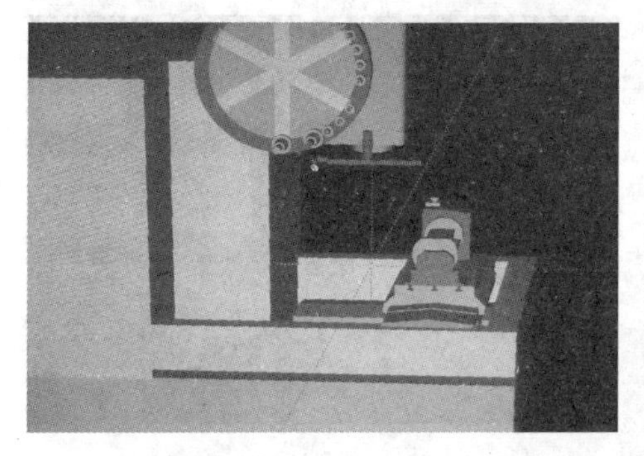

图 6-8-11　工作台沿 Y 轴向内移动，于侧面观察

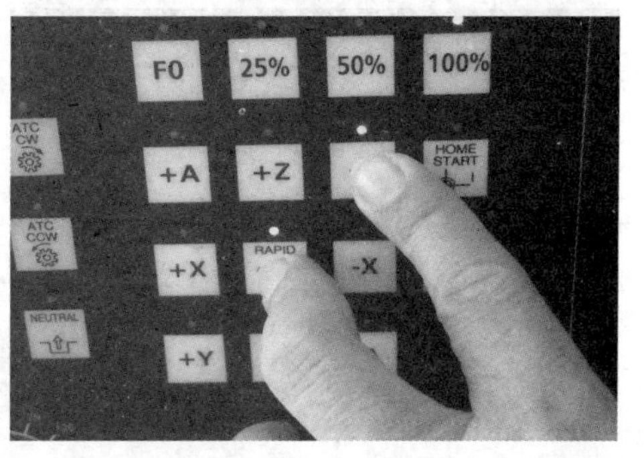

图 6-8-12　双指分别按住“＋Y”和“RAPID”键，工作台快速向内移动

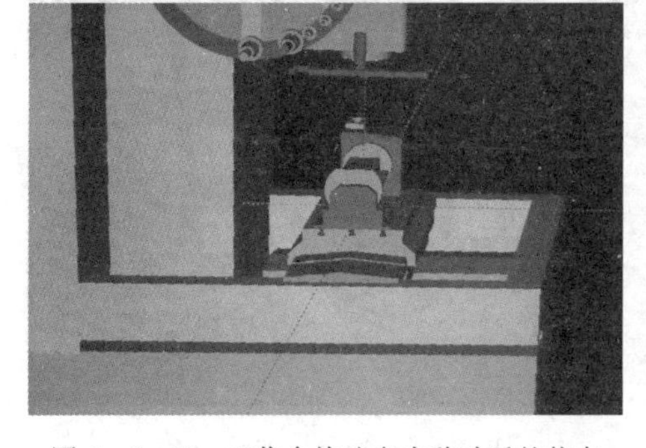

图 6-8-13　工作台快速向内移动后的状态

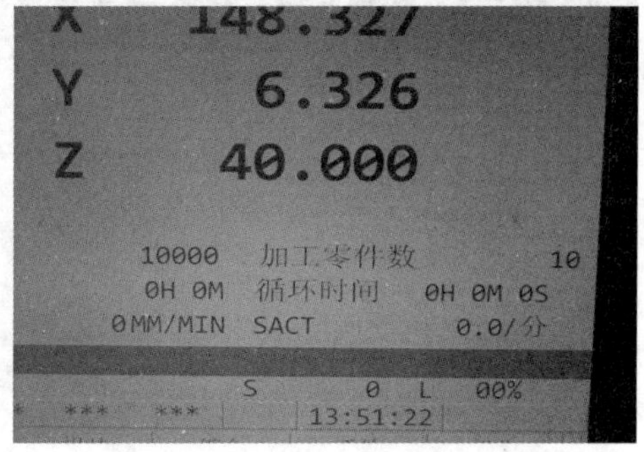

图 6-8-14　工作台 Y 轴坐标值

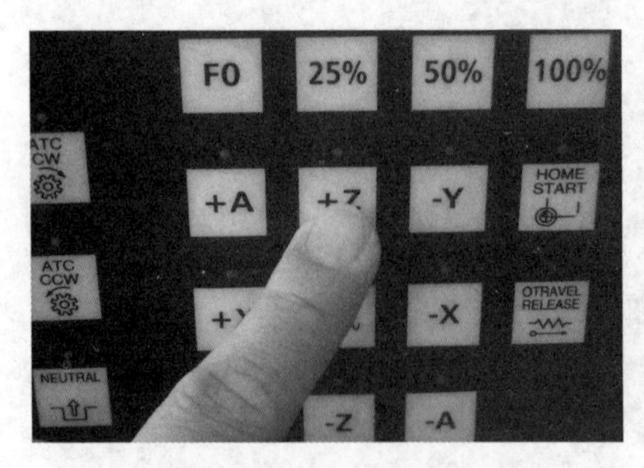

图 6-8-15　按下“＋Z”键

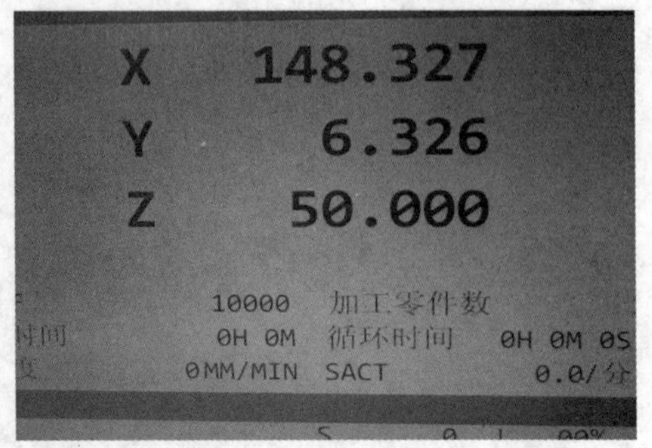

图 6-8-16　Z 值从“40”变成“50”

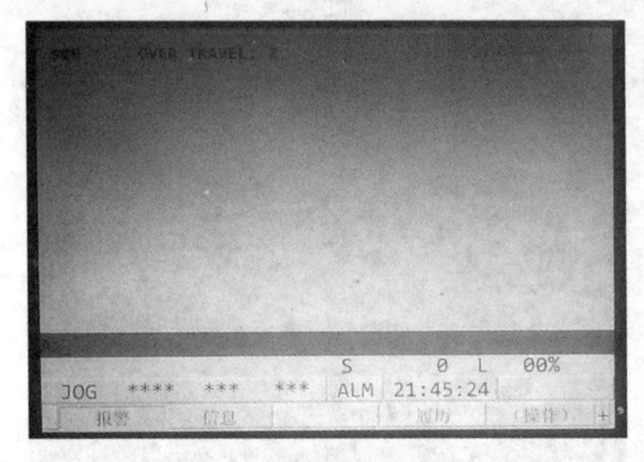

图 6-8-17　Z 值超限，显示为 ALM 闪烁

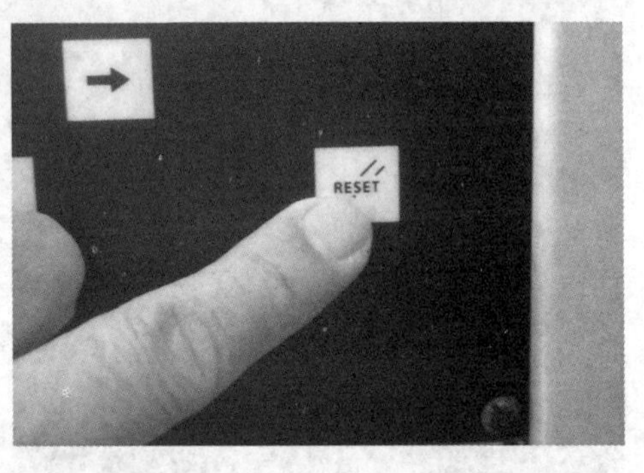

图 6-8-18　按下“RESET”键解除 Z 值超限

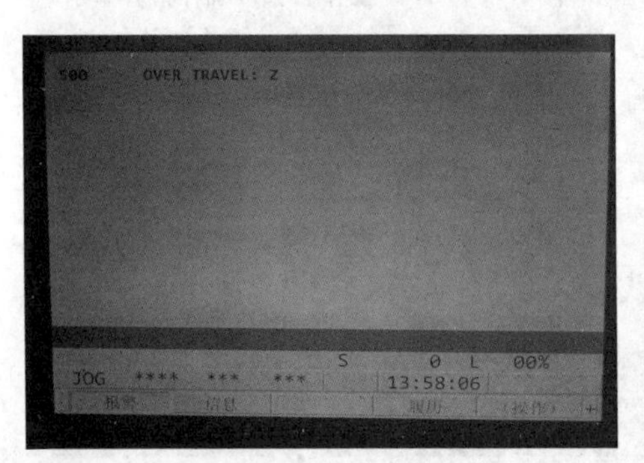

图 6-8-19　报警，按下“ALM”解除消失

图 6-8-20　按下“POS”键，返回坐标显示界面

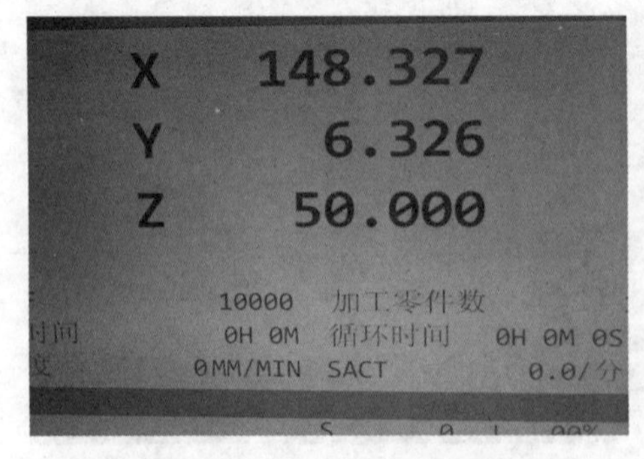

图 6-8-21　Z 值为“50”

图 6-8-22　按下“－Z”键

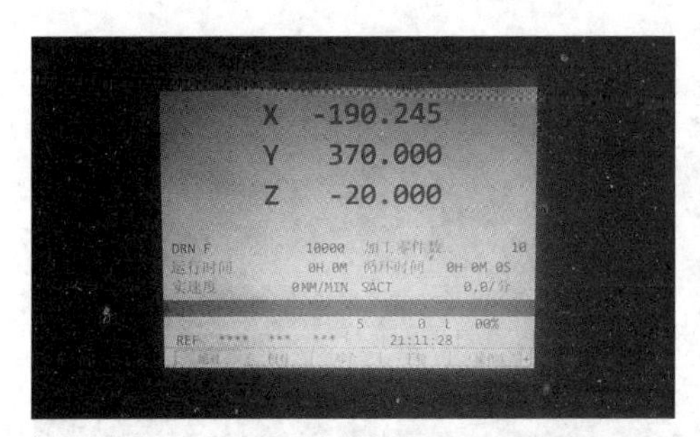

图 6-8-23　Z 值从“50”变成“-20”

图 6-8-24　双指分别按住“-Z”键和“RAPID”键，工作台快速向下移动

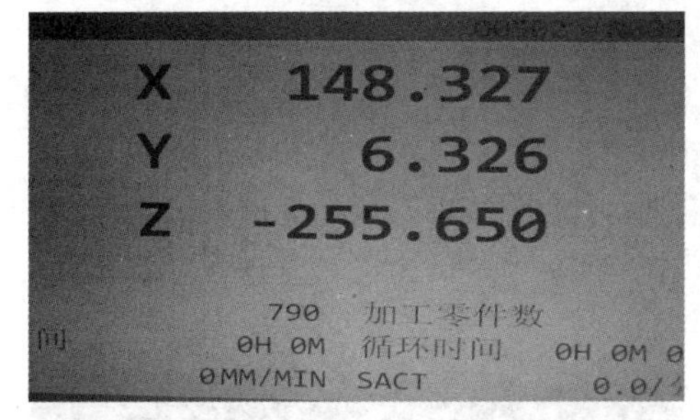

图 6-8-25　Z 值从“-20”快速变成“-225.650”

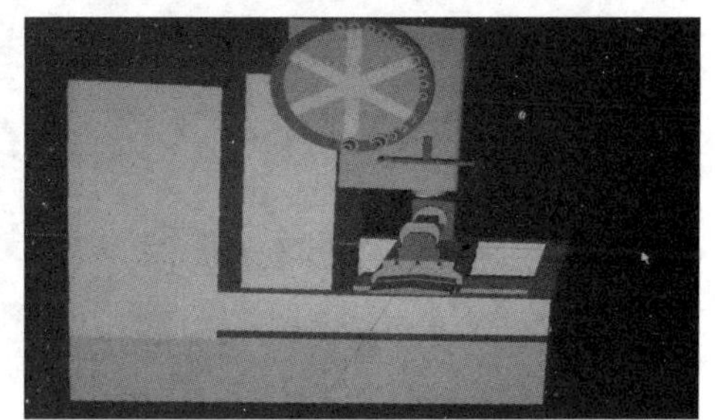

图 6-8-26　Z 值为“-225.650”时的主轴位置图

6.9　编辑区的输入基本操作

6.9.1　功能键操作

功能键操作步骤如图 6-9-1 至图 6-9-16 所示。

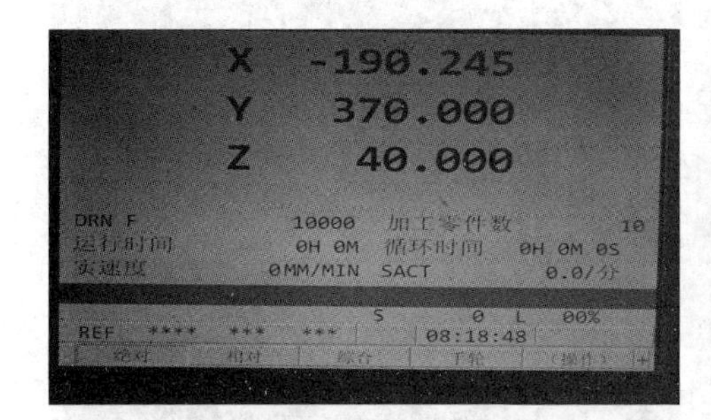

图 6-9-1　功能键操作

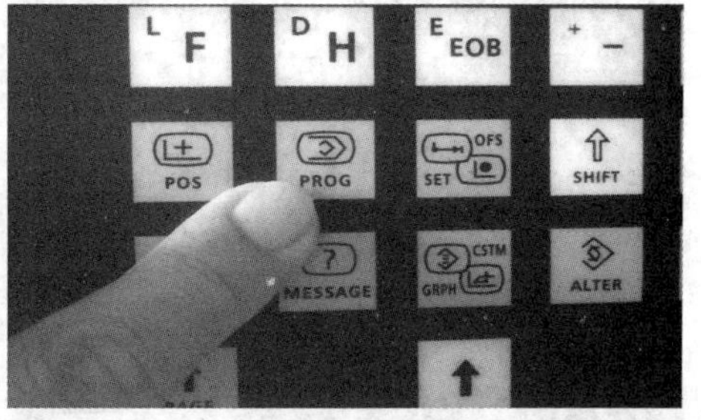

图 6-9-2　按下“PROG”键

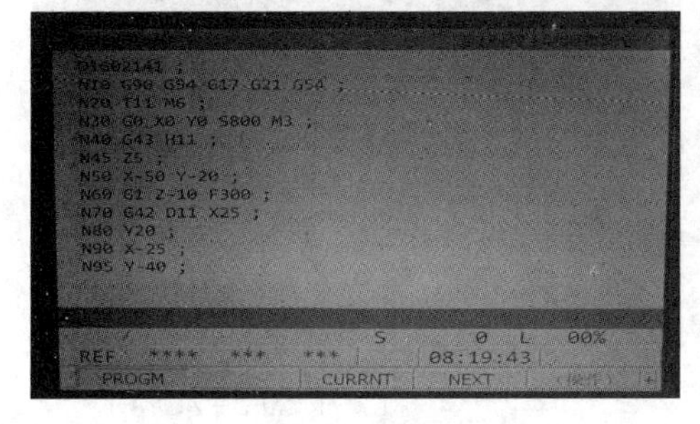

图 6-9-3　显示可执行的程序

图 6-9-4　按下“SET-OFS”键

图 6-9-5 显示“工件零点”设置界面

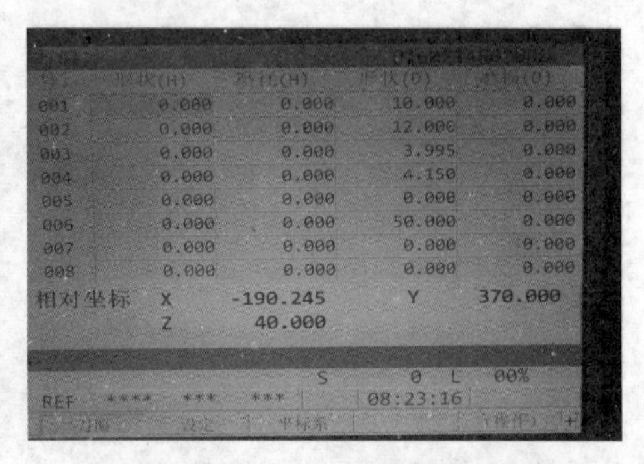

图 6-9-6 显示“刀偏”设置界面

图 6-9-7 找到“刀偏”键

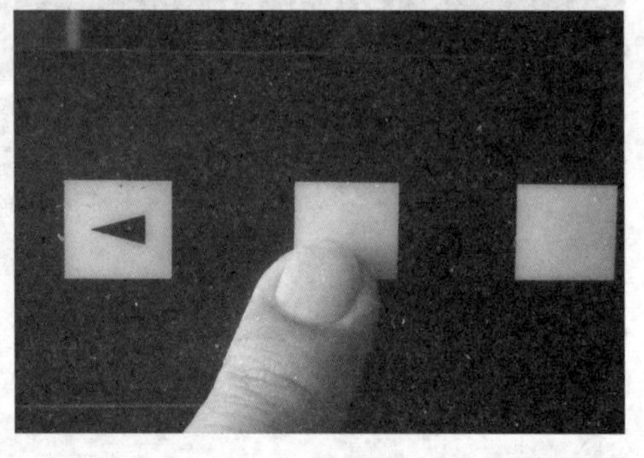

图 6-9-8 点击与“刀偏”相对应的键

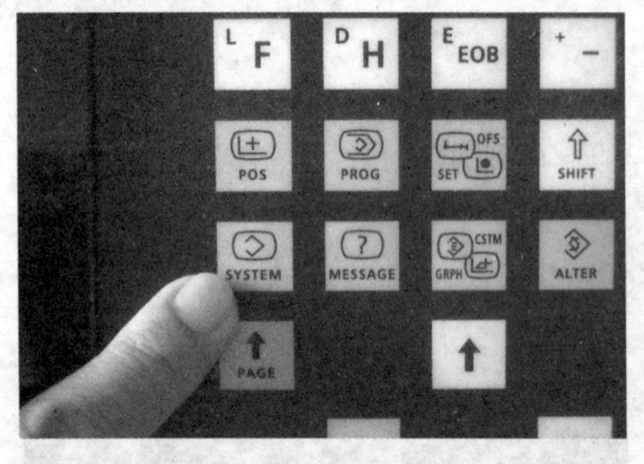

图 6-9-9 按下“SYSTEM”按钮

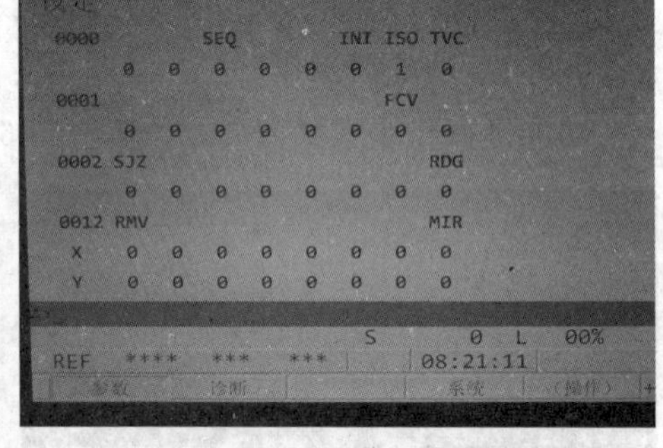

图 6-9-10 显示“系统参数”界面

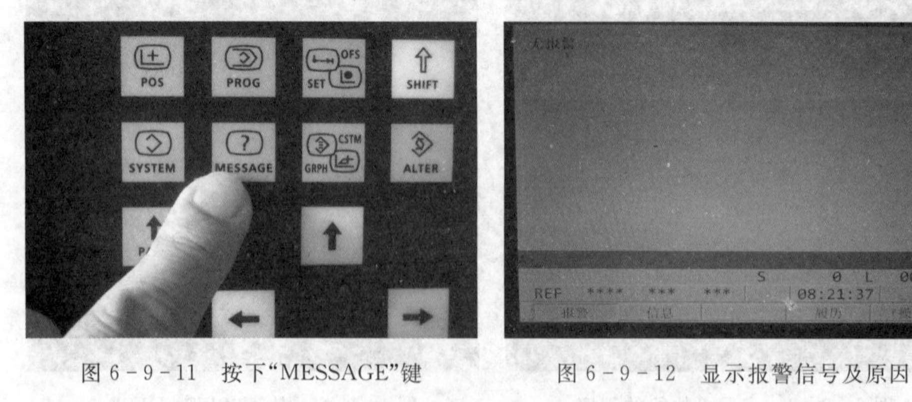

图 6-9-11 按下“MESSAGE”键

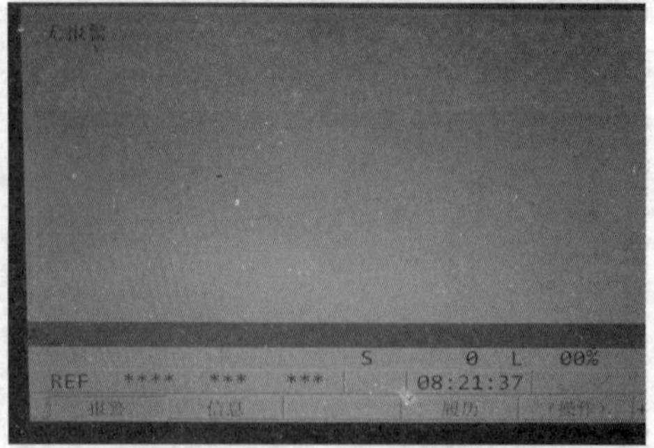

图 6-9-12 显示报警信号及原因

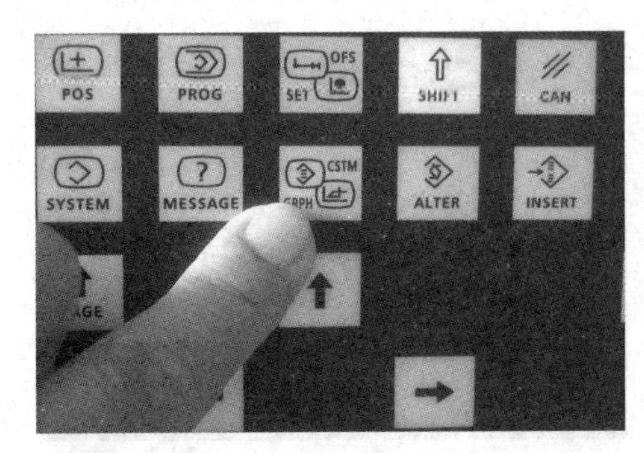

图 6-9-13　按下“CSTM-GRPH”键

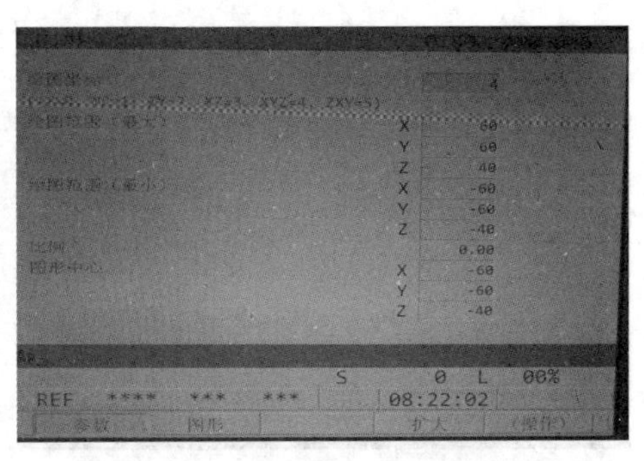

图 6-9-14　显示图形界面

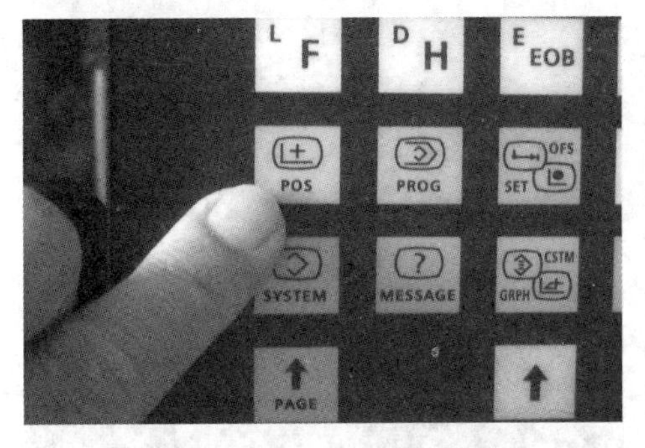

图 6-9-15　按下“POS”(刀具实时坐标)键

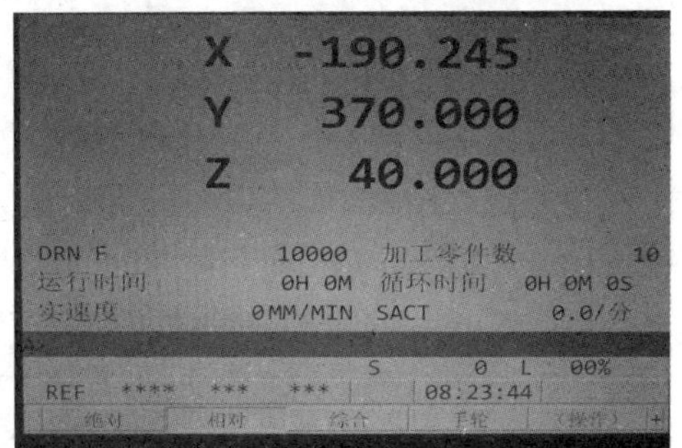

图 6-9-16　显示刀具当前实时坐标

6.9.2　输入编辑操作

输入编辑操作的具体步骤如图 6-9-17 至图 6-9-44 所示。

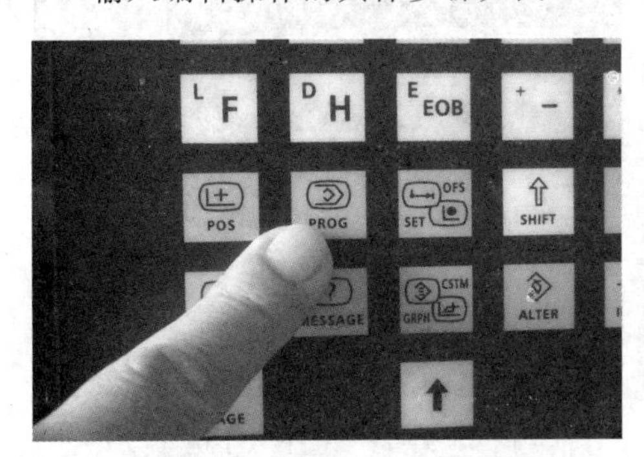

图 6-9-17　按下“PROG”键

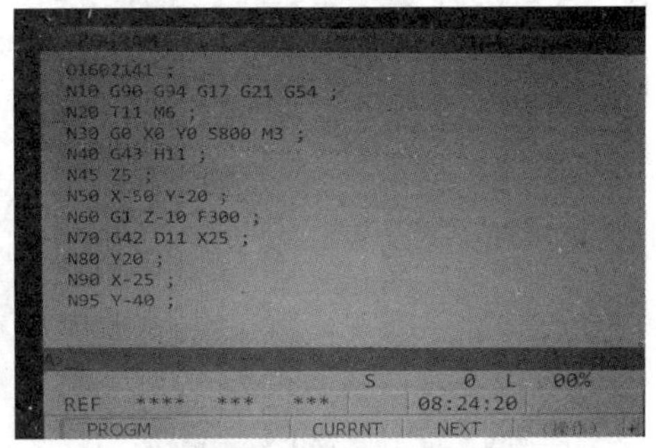

图 6-9-18　显示当前程序
(左下方工作模式为 REF)

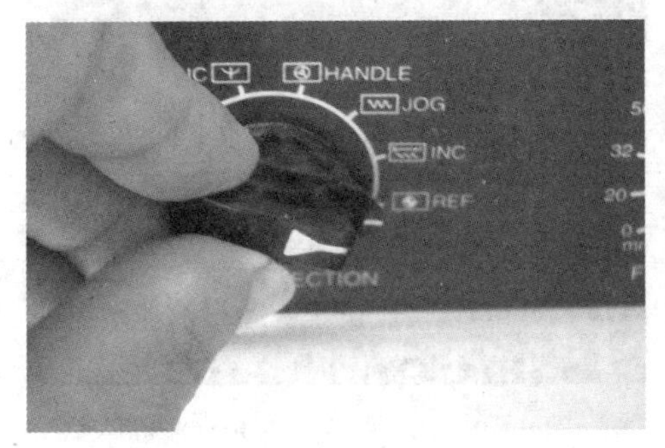

图 6-9-19　工作模式选择

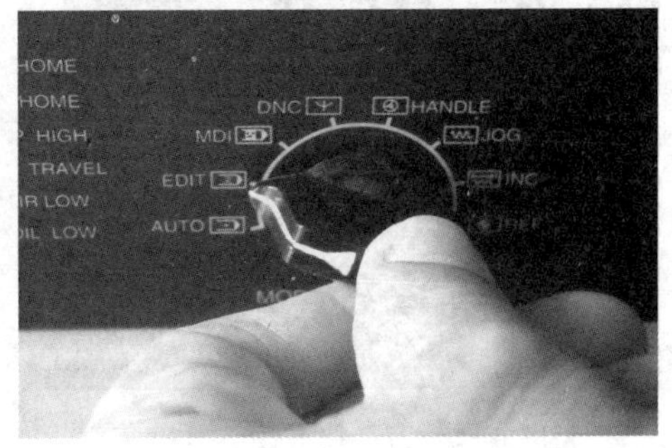

图 6-9-20　工作模式旋到“EDIT”

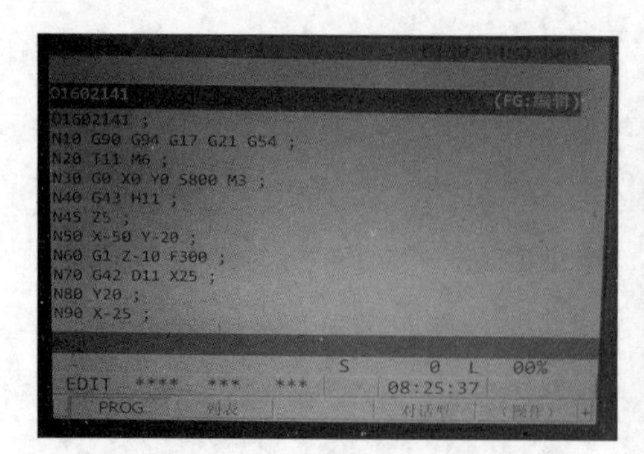

图 6－9－21　显示当前程序
（左下方工作模式为 EDIT）

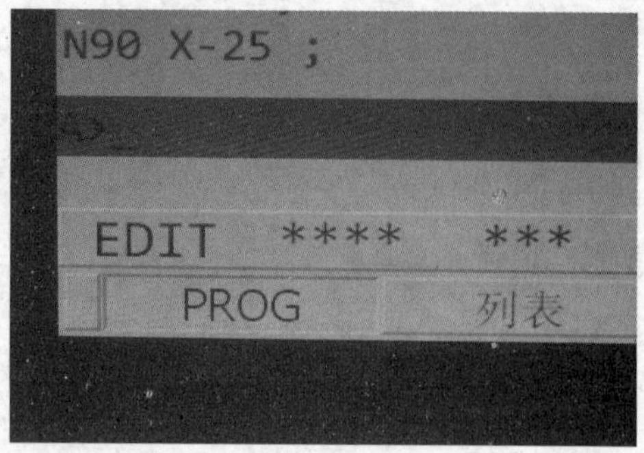

图 6－9－22　注意输入行"－A>_"

图 6－9－23　按下字母键"O"

图 6－9－24　按下数字键"1"

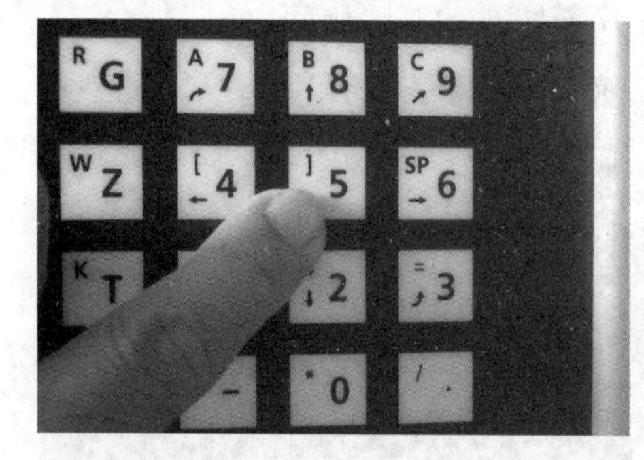

图 6－9－25　按下数字键"5"

图 6－9－26　按下数字键"6"

图 6－9－27　按下数字键"0"

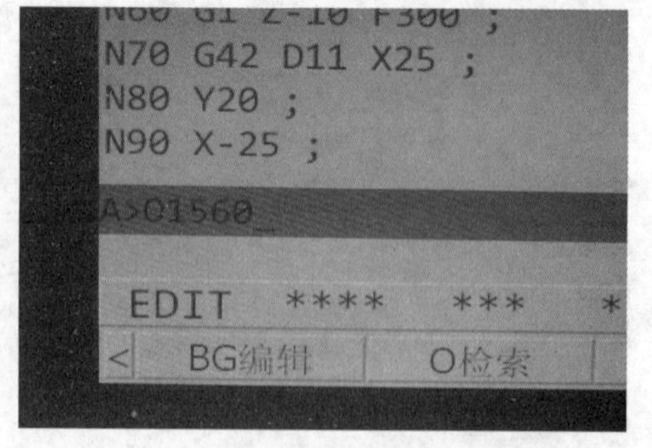

图 6－9－28　输入行显示"O1560"

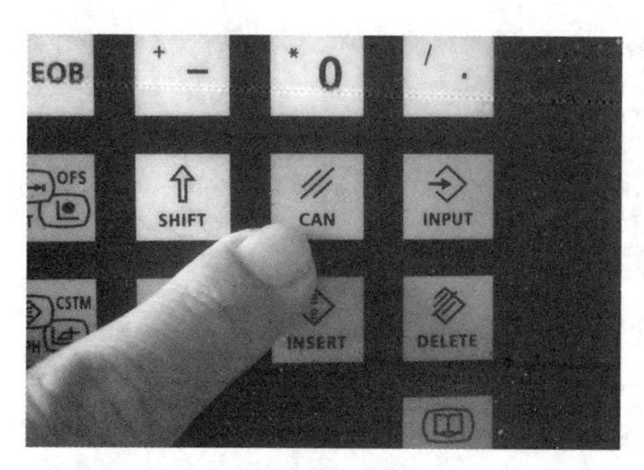

图 6-9-29　按下“CAN”(单字删除)键

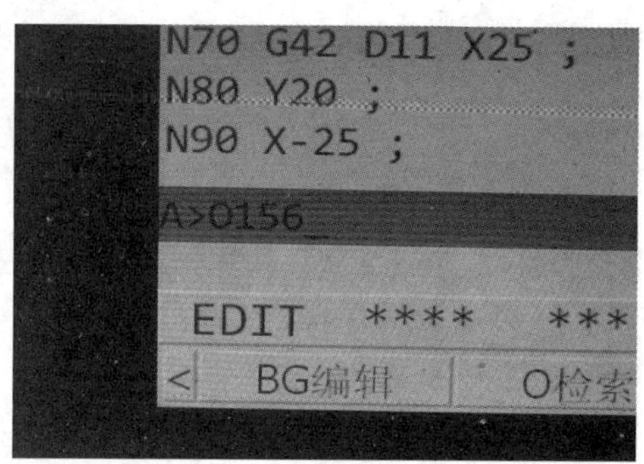

图 6-9-30　删除“0”

图 6-9-31　按下字母键“Y”

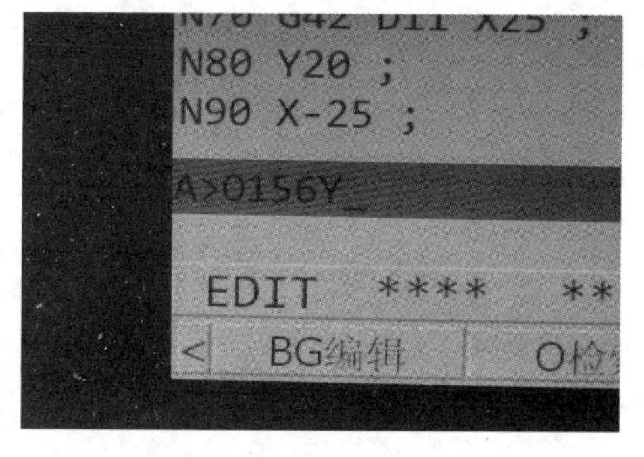

图 6-9-32　输入“Y”

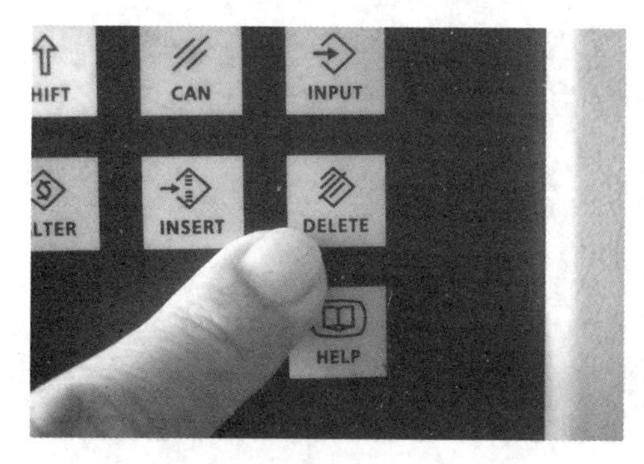

图 6-9-33　按下“DELETE”键

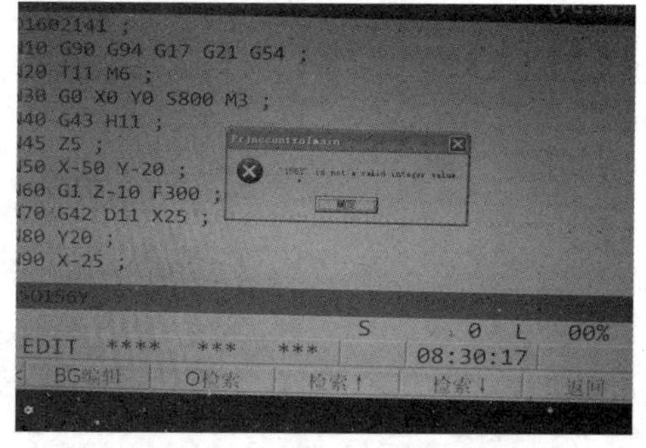

图 6-9-34　显示操作不合法

图 6-9-35　把无线鼠标插入仿真器背面

图 6-9-36　仿真器背面

图 6-9-37　仿真器背面 U 盘插口

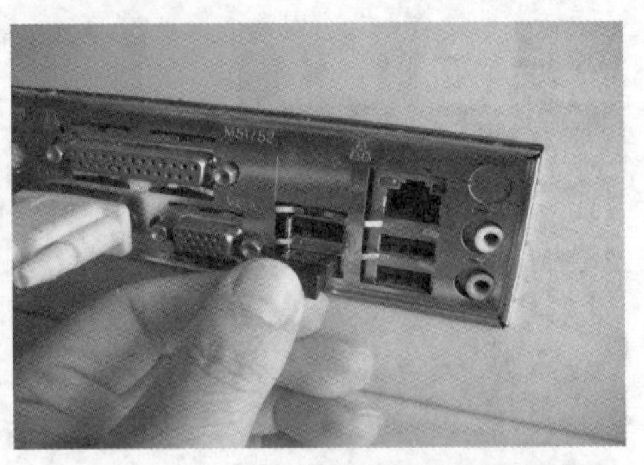

图 6-9-38　插入鼠标无线接收器

图 6-9-39　鼠标无线接收器已经插入

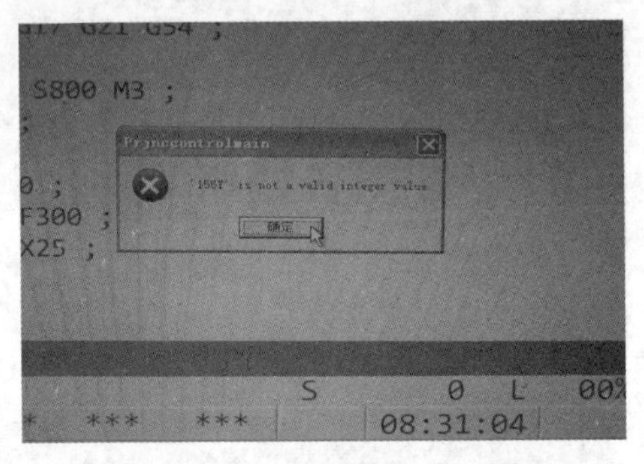

图 6-9-40　使用鼠标去除报警

图 6-9-41　按鼠标左键确认后取出报警

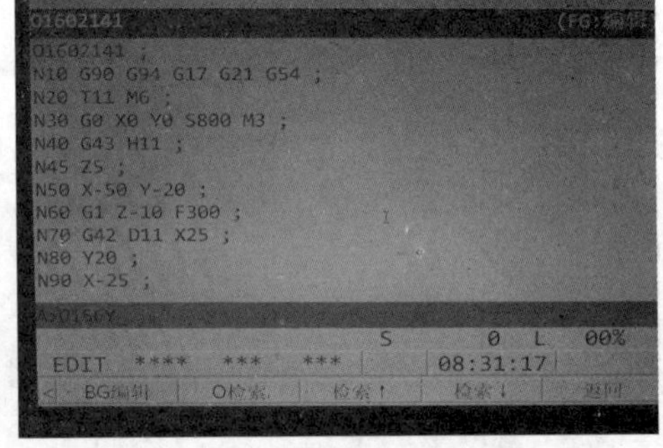

图 6-9-42　输入没有被删除

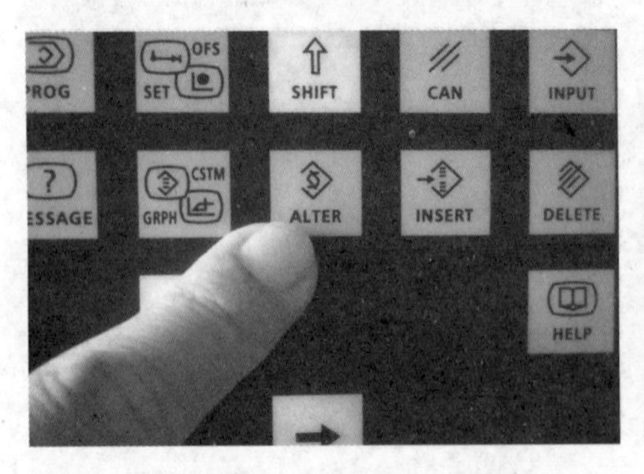

图 6-9-43　按下"ALTER"键

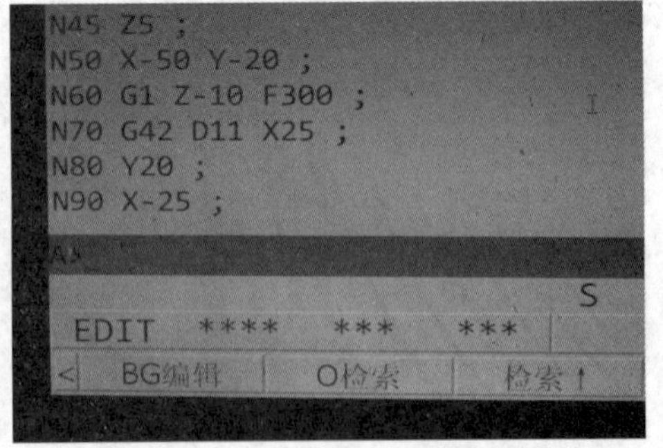

图 6-9-44　删除全部输入

6.9.3　程序编辑操作

程序编辑操作步骤如图 6-9-45 至图 6-9-88 所示。

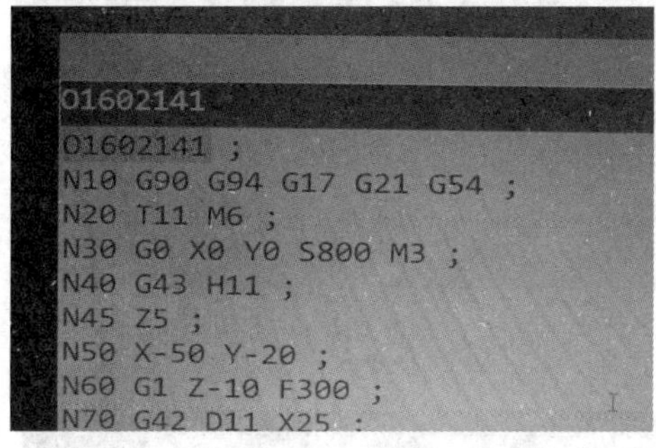

图 6-9-45　准备编辑程序内容，注意黄色光标位置

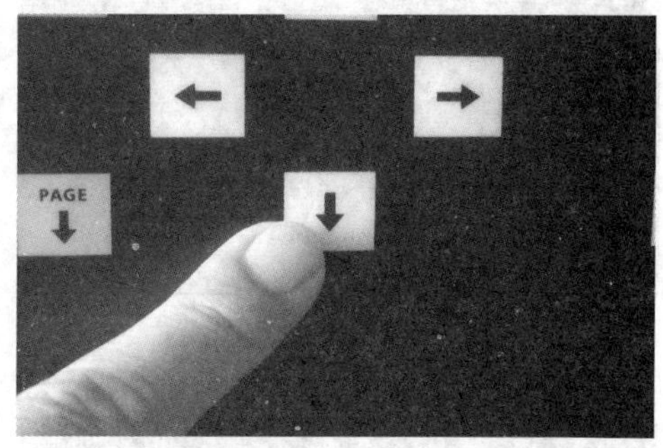

图 6-9-46　根据需要按下行键“↓”3 次

图 6-9-47　按右移键“→”2 次

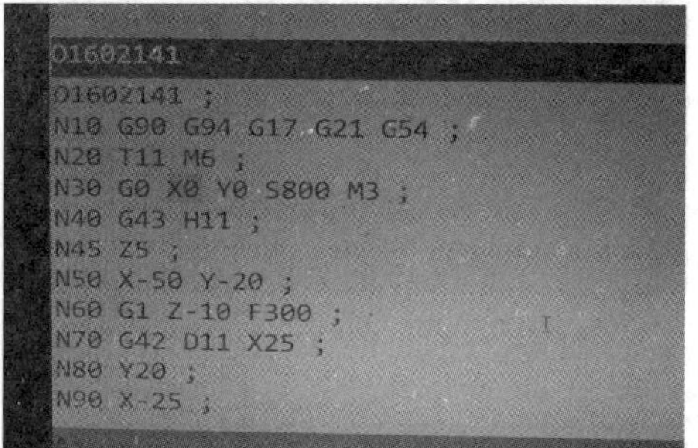

图 6-9-48　黄色光标位于“N30”的“X0”

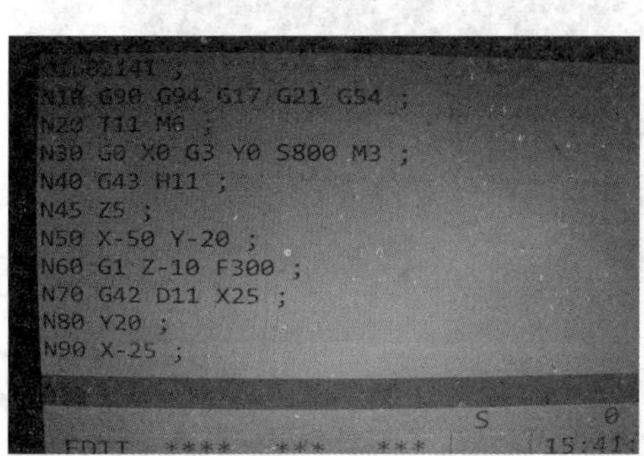

图 6-9-49　选定“G3”

图 6-9-50　按下字母键“X”

图 6-9-51　按下数字键“2”

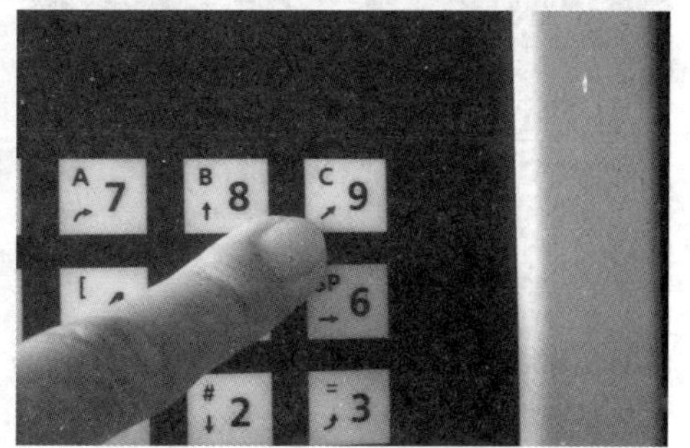

图 6-9-52　按下数字键“9”

```
O1602141 ;
N10 G90 G94 G17 G21 G54 ;
N20 T11 M6 ;
N30 G0 X0 Y0 S800 M3 ;
N40 G43 H11 ;
N45 Z5 ;
N50 X-50 Y-20 ;
N60 G1 Z-10 F300 ;
N70 G42 D11 X25 ;
N80 Y20 ;
N90 X-25 ;
A>X29_
                                S      0
EDIT  ****  ***  ***          08:34:
<  BG编辑  O检索  检索↑  检索↓
```

图 6-9-53　输入“X29”

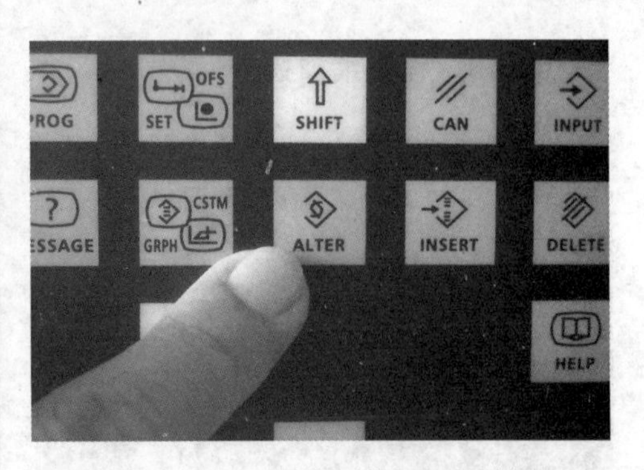

图 6-9-54　按下“ALTER”键

```
O1602141 ;
N10 G90 G94 G17 G21 G54 ;
N20 T11 M6 ;
N30 G0 X29 Y0 S800 M3 ;
N40 G43 H11 ;
N45 Z5 ;
N50 X-50 Y-20 ;
N60 G1 Z-10 F300 ;
N70 G42 D11 X25 ;
N80 Y20 ;
N90 X-25 ;
A>_
                                S      0
EDIT  ****  ***  ***          08:35
```

图 6-9-55　用“X29”替换“X0”

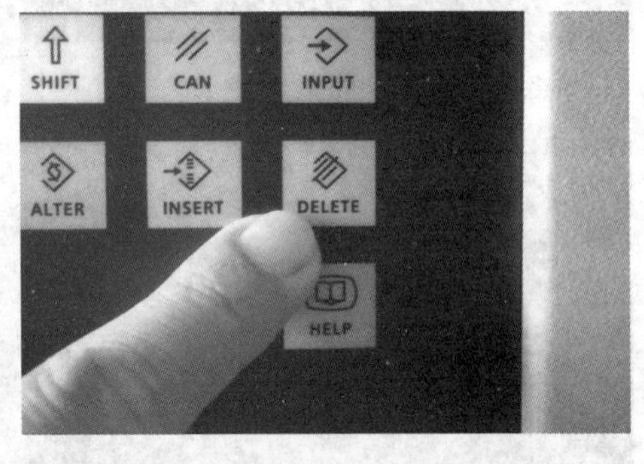

图 6-9-56　按下“CAN”键

```
O1602141
O1602141 ;
N10 G90 G94 G17 G21 G54 ;
N20 T11 M6 ;
N30 G0 X29 Y0 S800 M3 ;
N40 G43 H11 ;
N45 Z5 ;
N50 X-50 Y-20 ;
N60 G1 Z-10 F300 ;
N70 G42 D11 X25 ;
```

图 6-9-57　不能删除“X29”

图 6-9-58　按下“DELETE”键

```
O1602141
O1602141 ;
N10 G90 G94 G17 G21 G54 ;
N20 T11 M6 ;
N30 G0 Y0 S800 M3 ;
N40 G43 H11 ;
N45 Z5 ;
N50 X-50 Y-20 ;
N60 G1 Z-10 F300 ;
N70 G42 D11 X25 ;
N80 Y20 ;
```

图 6-9-59　删除“X29”

图 6-9-60　按下字母键“X”

图 6-9-61　按下数字键“0”

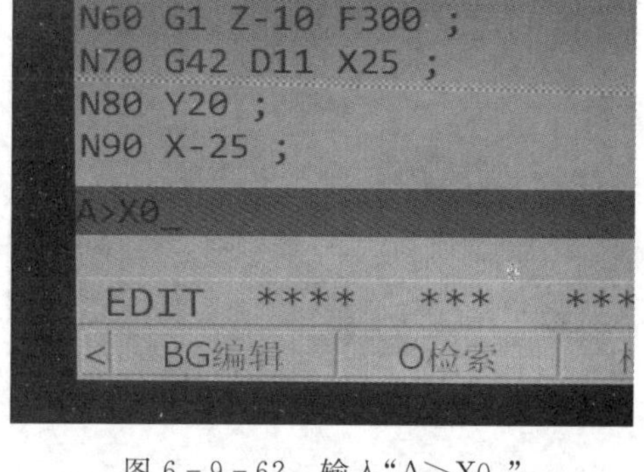

图 6-9-62　输入“A>X0_”

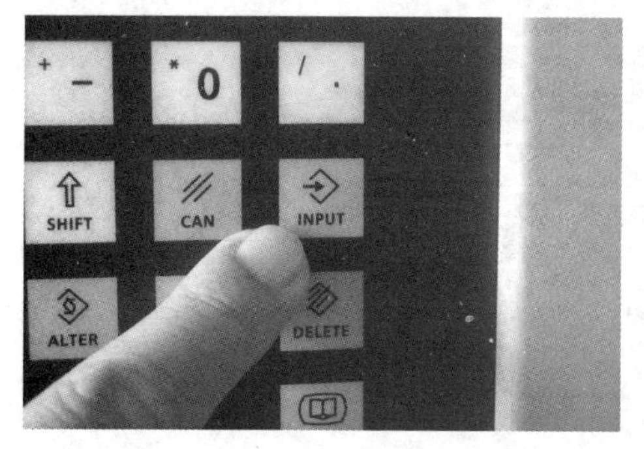

图 6-9-63　按下“INPUT”键

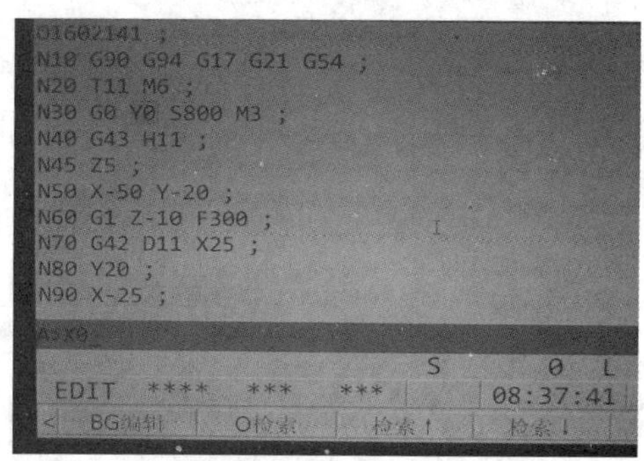

图 6-9-64　不能用“INPUT”录入

图 6-9-65　按下“DELETE”键

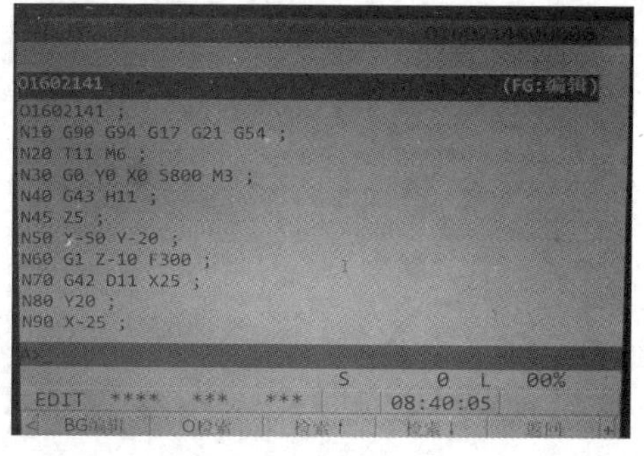

图 6-9-66　插入至“Y0”后面，不符合要求

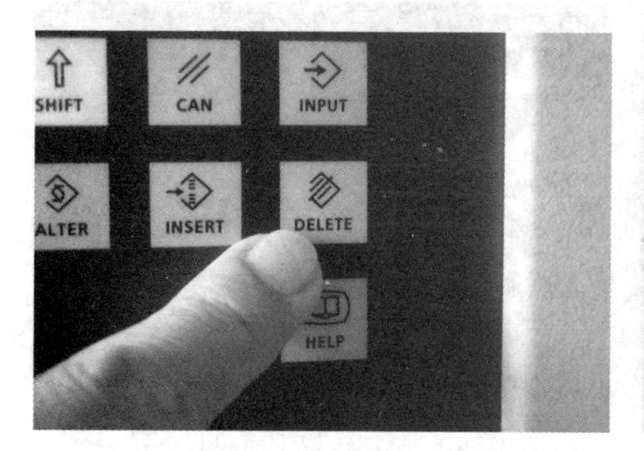

图 6-9-67　按下“DELETE”键

图 6-9-68　删除“X0”

图 6-9-69　按下"←"键

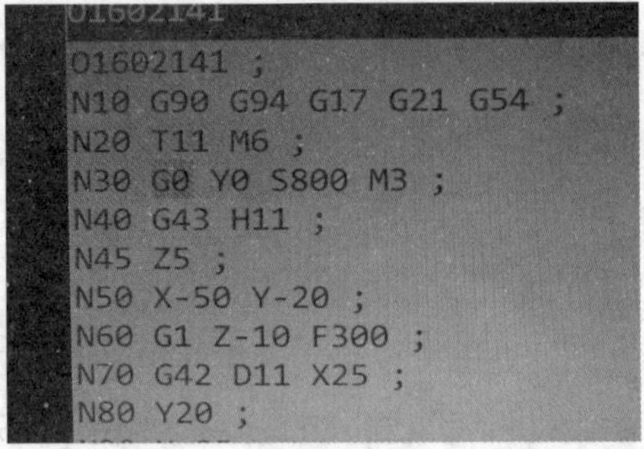

图 6-9-70　光标移至"G0"

图 6-9-71　按下字母键"X"

图 6-9-72　按下数字键"0"

图 6-9-73　输入"A>X0_"

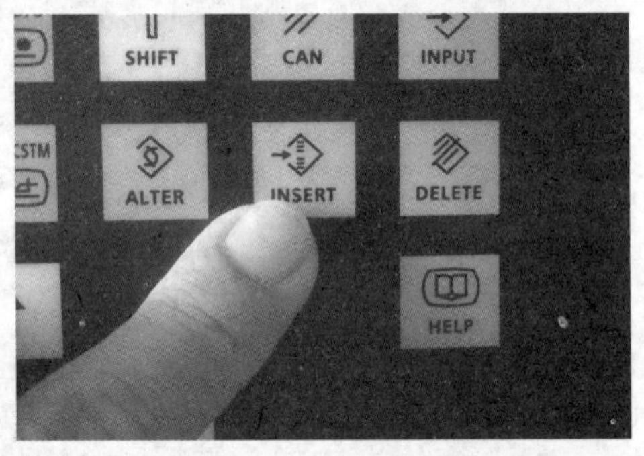

图 6-9-74　按下"INSERT"键

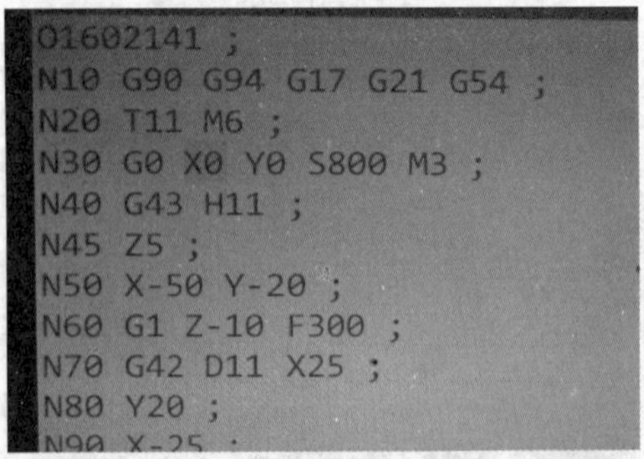

图 6-9-75　"X0"插入至"G0"后面

图 6-9-76　按下字母键"G"

图 6-9-77　按下数字键“3”

图 6-9-78　按下“SHIFT”键

图 6-9-79　按下字母键“G”

图 6-9-80　按下数字键“5”

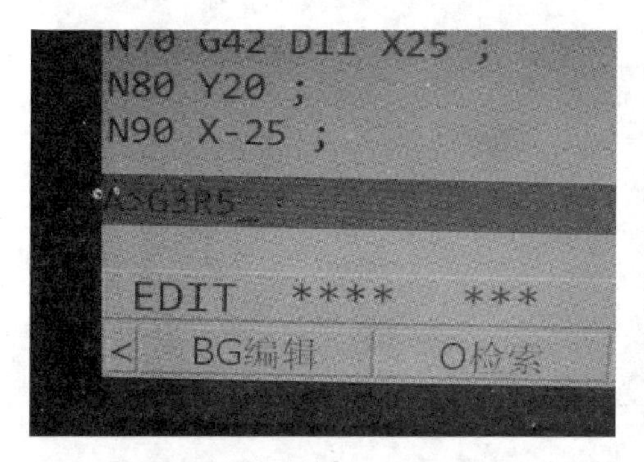

图 6-9-81　输入“G3R5”

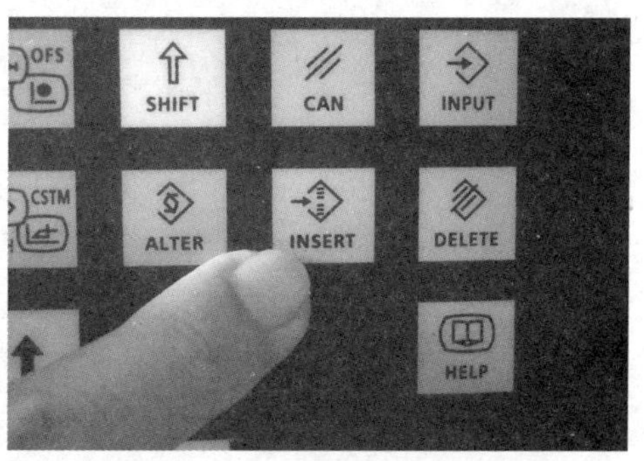

图 6-9-82　按下“INSERT”键

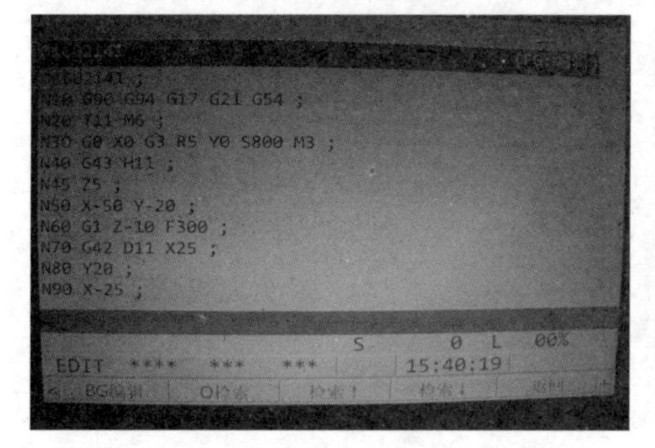

图 6-9-83　在“X0”后面插入“G3R5”

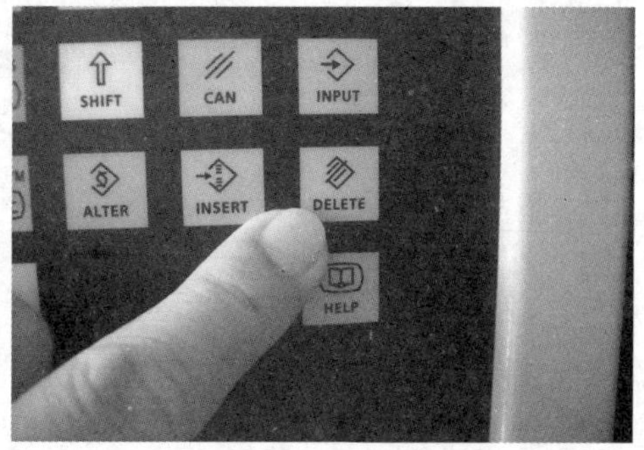

图 6-9-84　按下“DELETE”键

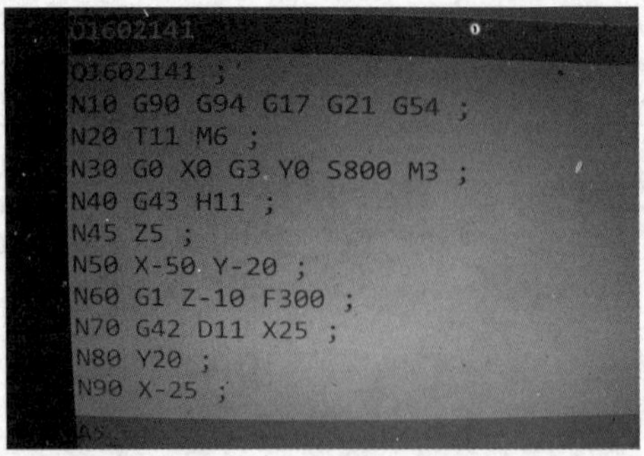

图 6-9-85　删除“R5”

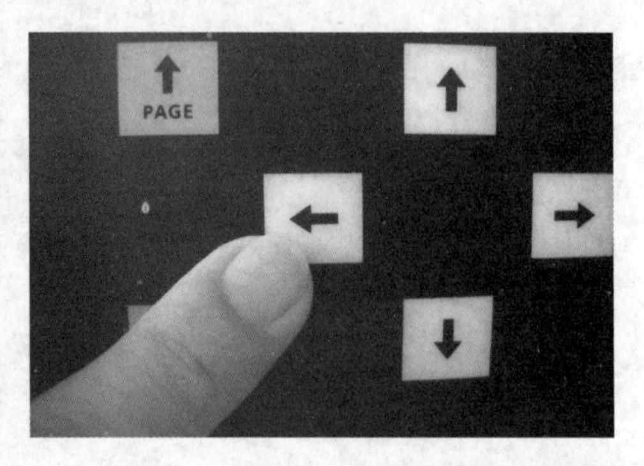

图 6-9-86　按下“←”键

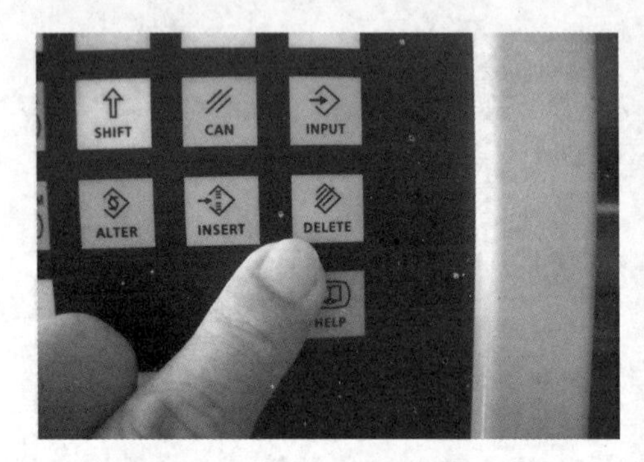

图 6-9-87　按下“DELETE”键

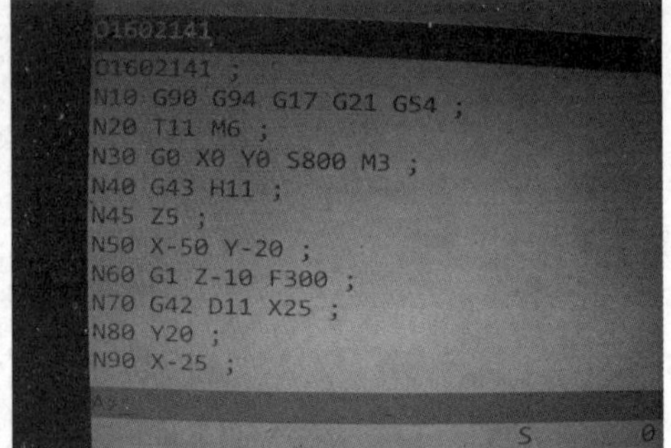

图 6-9-88　删除“G3”

第 7 章　MDI 手动输入及单段程序执行

7.1　MDI 换刀

MDI 换刀步骤如图 7－1－1 至图 7－1－21 所示。

图 7－1－1　仿真器操作区面板

图 7－1－2　工作模式旋钮旋至“MDI”

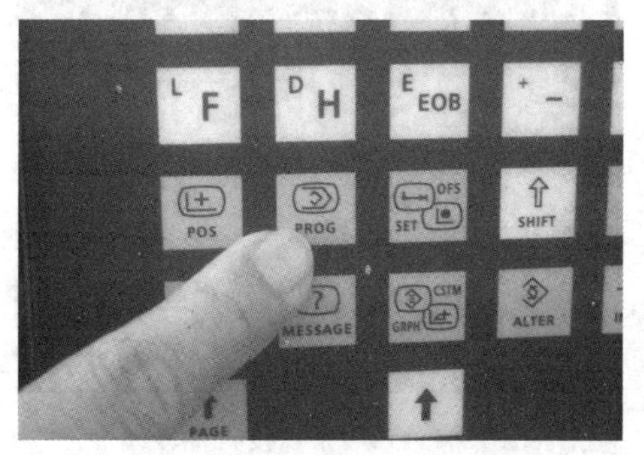

图 7－1－3　按下“PROG”键

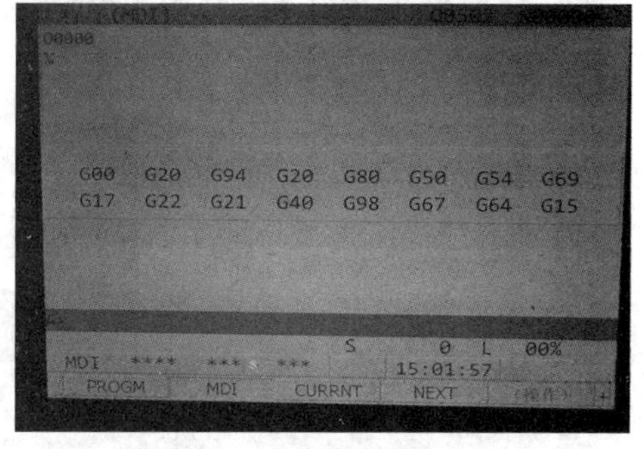

图 7－1－4　显示“PROG MDI”界面

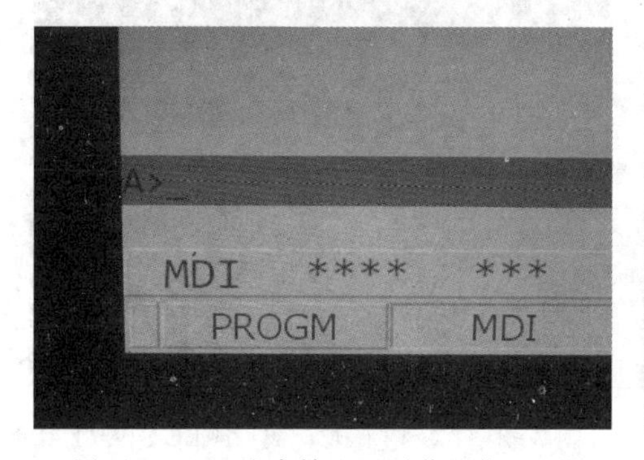

图 7－1－5　注意输入显示位置“A>_”

图 7－1－6　按下字母键“M”

图 7-1-7　按下数字键“3”

图 7-1-8　按下数字键“6”

图 7-1-9　按下字母键“T”

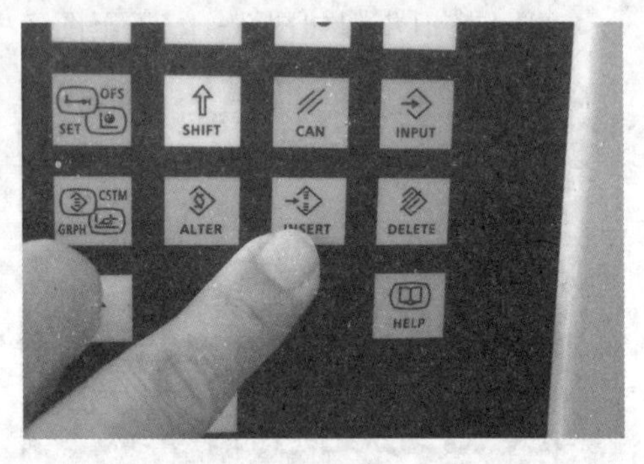

图 7-1-10　按下“INSERT”键

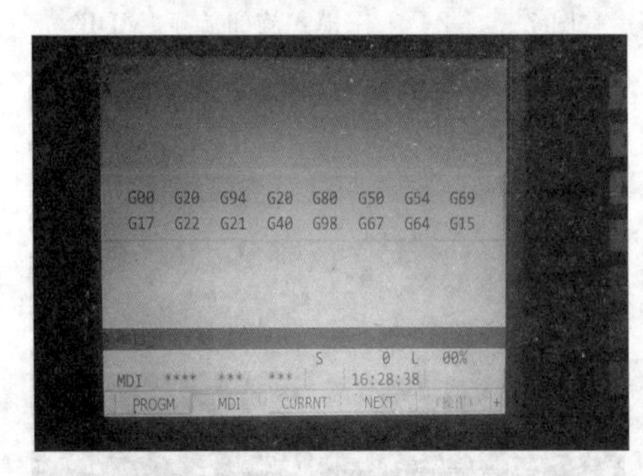

图 7-1-11　输入“M6T3”

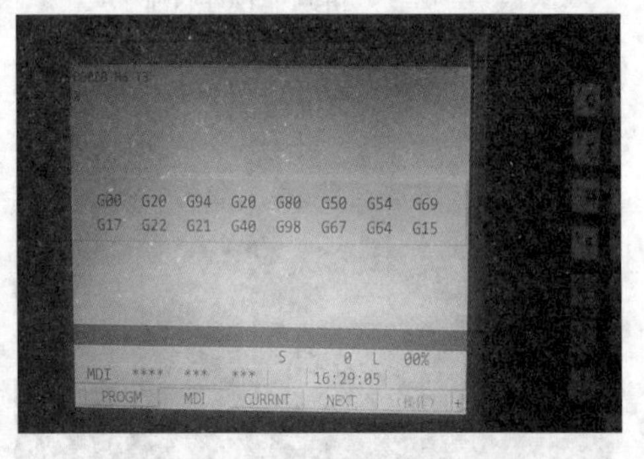

图 7-1-12　系统接收“M6T3”

图 7-1-13　装刀前主轴及刀库状态

图 7-1-14　按下执行键“CYCLE START”

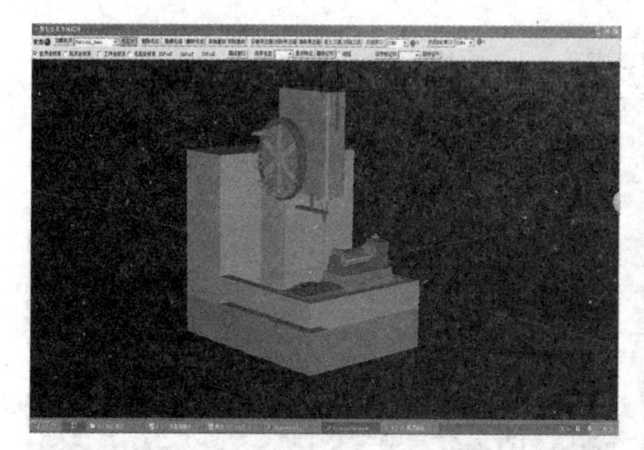

图 7-1-15　刀库上 3 号铣刀安装至主轴端部

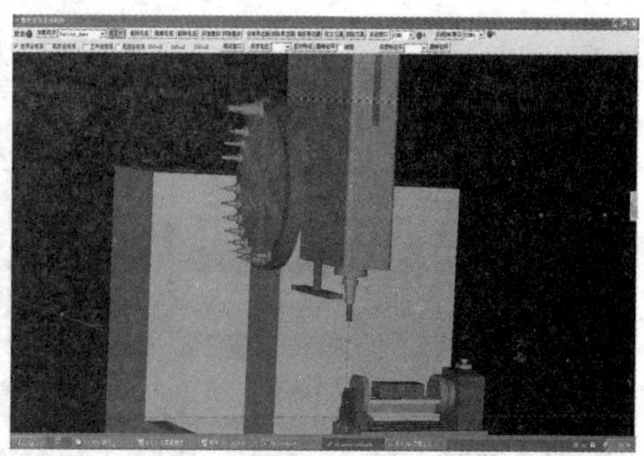

图 7-1-16　3 号铣刀安装至主轴端部（放大）

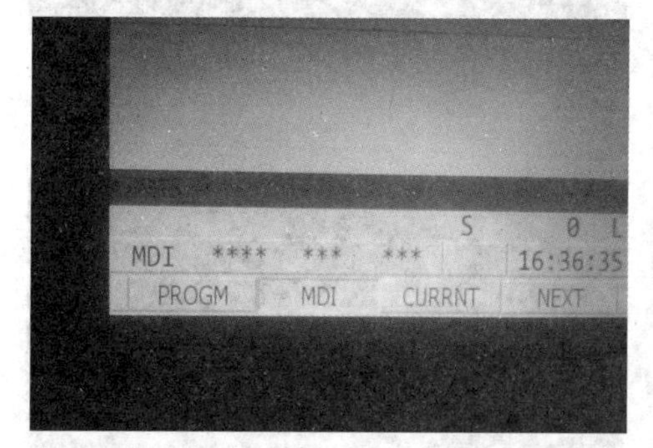

图 7-1-17　按 M6T5(换刀)

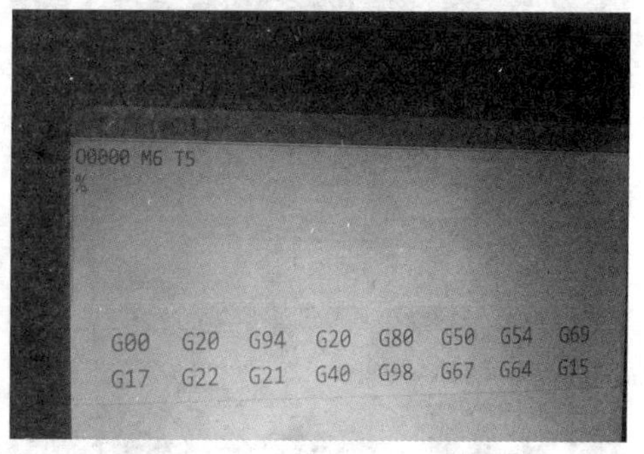

图 7-1-18　系统接收了“M6T5”

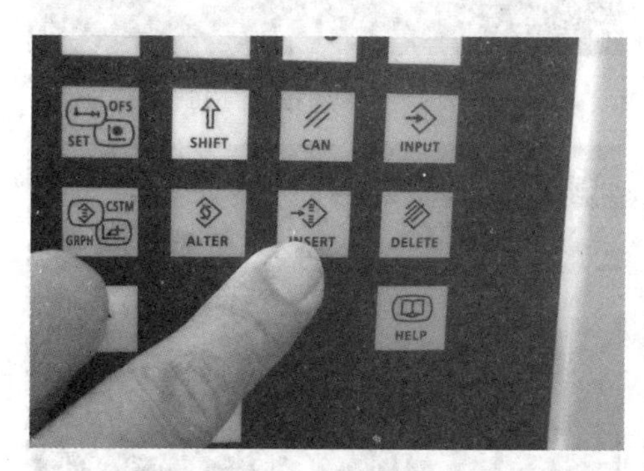

图 7-1-19　按下“INSERT”键

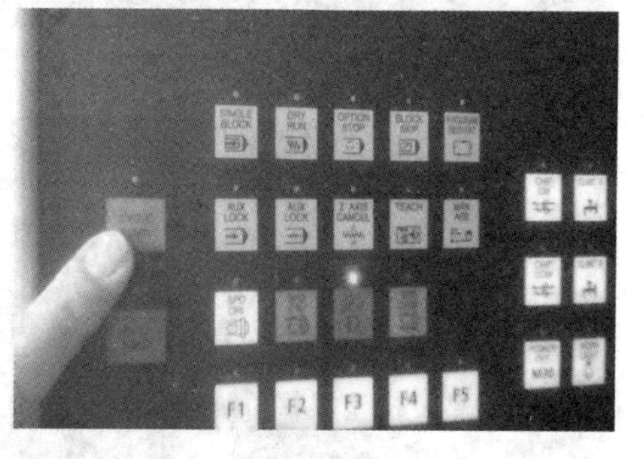

图 7-1-20　按下执行键“CYCLE START”

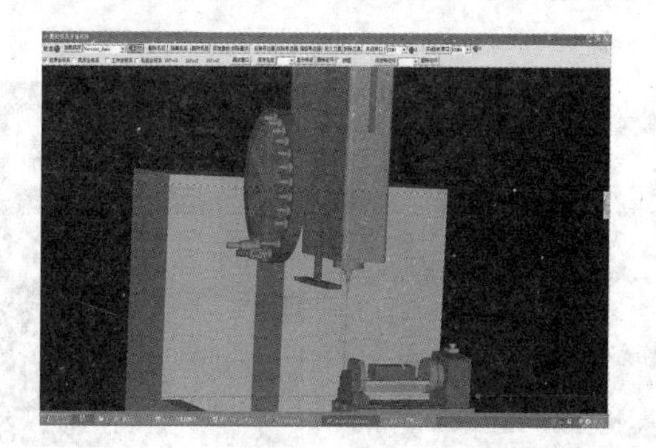

图 7-1-21　取下 3 号刀放回刀库，换上 5 号铣刀

7.2 MDI 设置主轴转速

MDI 设置主轴转速的步骤如图 7-2-1 至图 7-2-17 所示。

图 7-2-1 为便于观察，依次按下“M”“6”“T”“0”“3”换刀

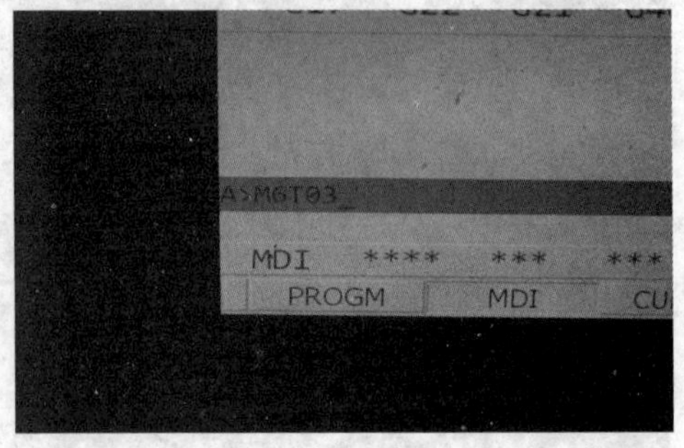

图 7-2-2 输入行显示“M6T03”

图 7-2-3 按下“INSERT”键

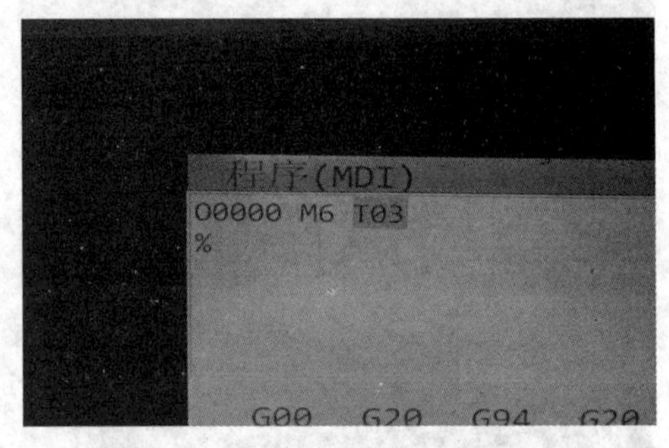

图 7-2-4 系统接收“M6 T03”

图 7-2-5 按下执行键“CYCLE START”

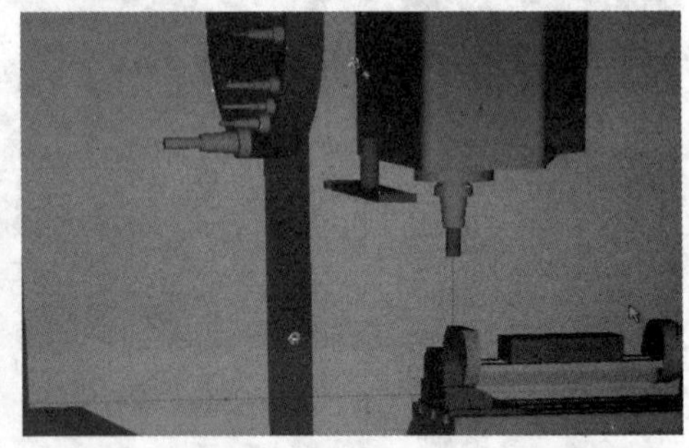

图 7-2-6 换上 3 号铣刀

图 7-2-7 按下字母键“M”

图 7-2-8 按下数字键“0”

图 7-2-9　按下数字键“3”

图 7-2-10　按下字母键“S”

图 7-2-11　按下数字键“8”

图 7-2-12　按两次数字键“0”

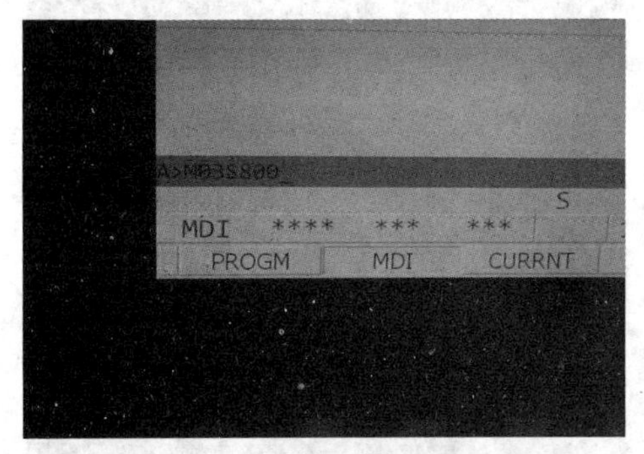

图 7-2-13　输入行显示“M03S800”

图 7-2-14　按下“INSERT”键

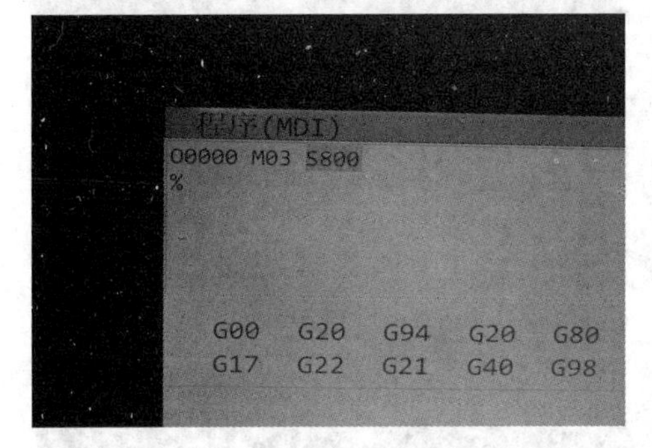

图 7-2-15　系统接收“M03 S800”

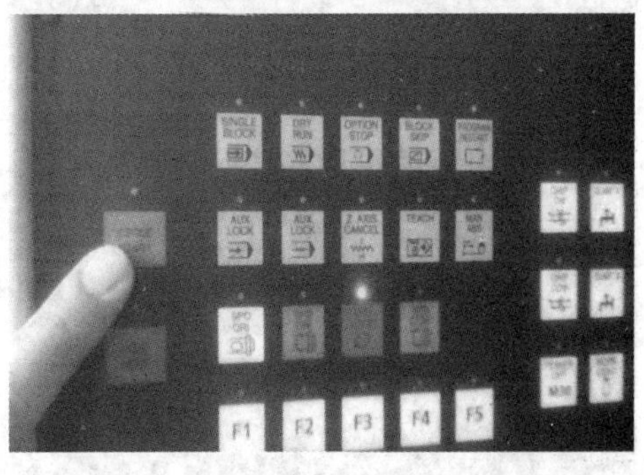

图 7-2-16　按下执行键“CYCLE START”

图 7-2-17　M3 主轴正转

7.3　毛坯设置、安装及删除

毛坯设置、安装及删除的步骤如图 7-3-1 至图 7-3-8 所示。

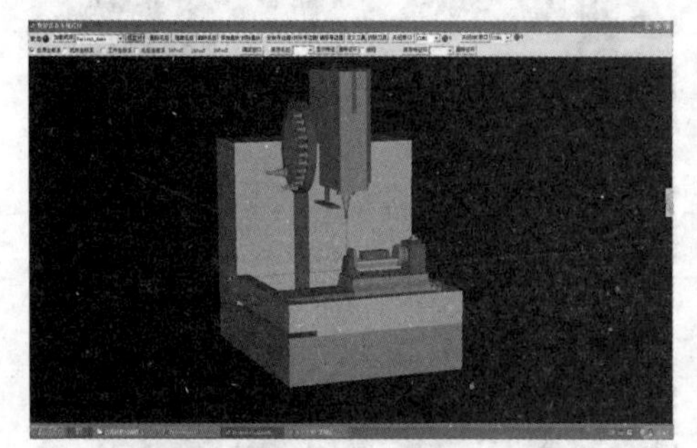

图 7-3-1　开机后毛坯默认状态

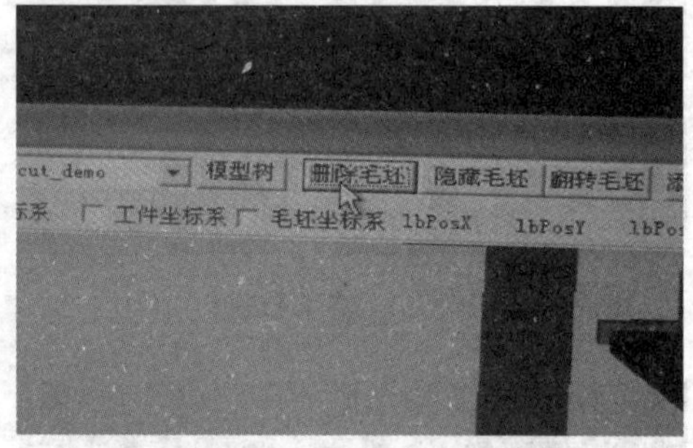

图 7-3-2　点击“删除毛坯”

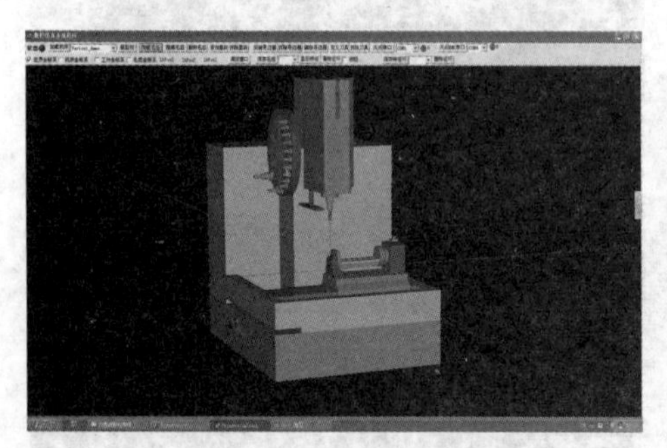

图 7-3-3　毛坯被删除

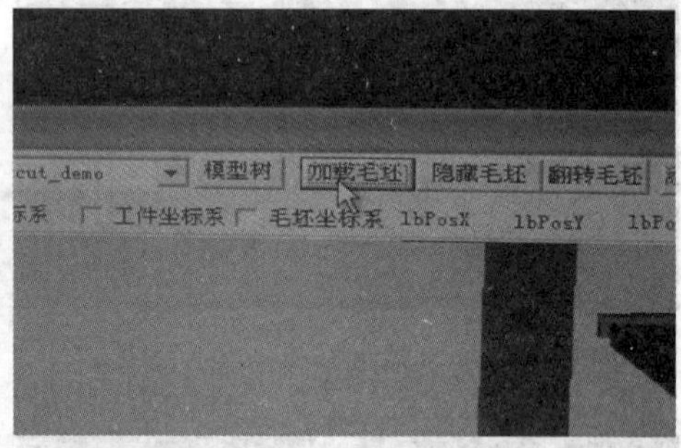

图 7-3-4　点击“加载毛坯”

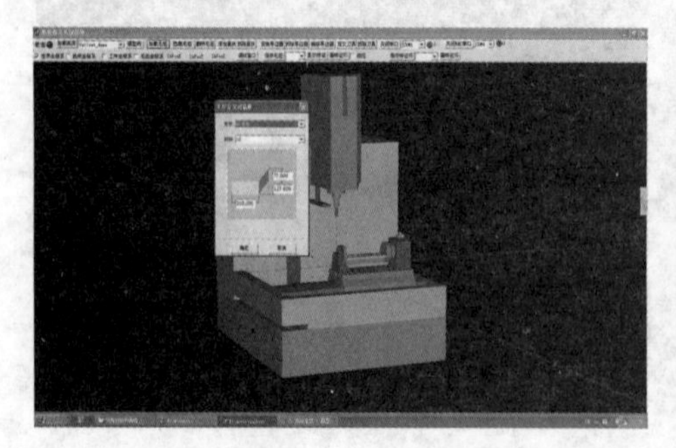

图 7-3-5　显示“毛坯设置对话框”

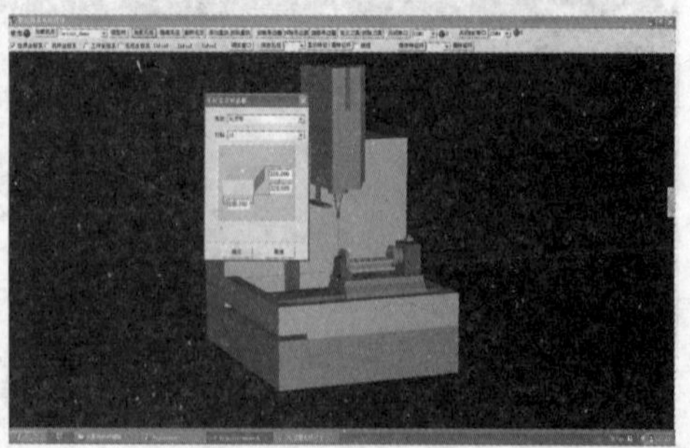

图 7-3-6　设置毛坯尺寸，点击“确认”

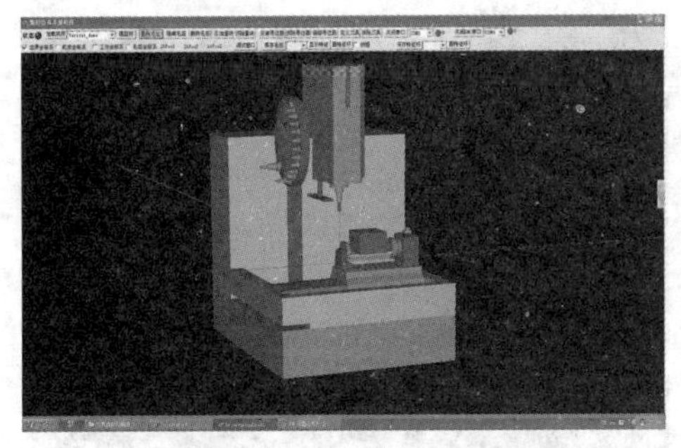

图 7-3-7　显示新加载的毛坯

图 7-3-8　放大后，观察新加载的毛坯

7.4　主轴定点移动

主轴定点移动的步骤如图 7-4-1 至图 7-4-20 所示。

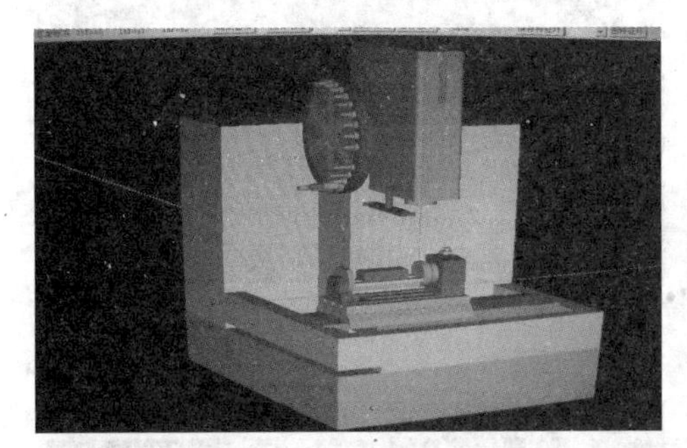

图 7-4-1　继续操作前状态

图 7-4-2　点击“删除毛坯”

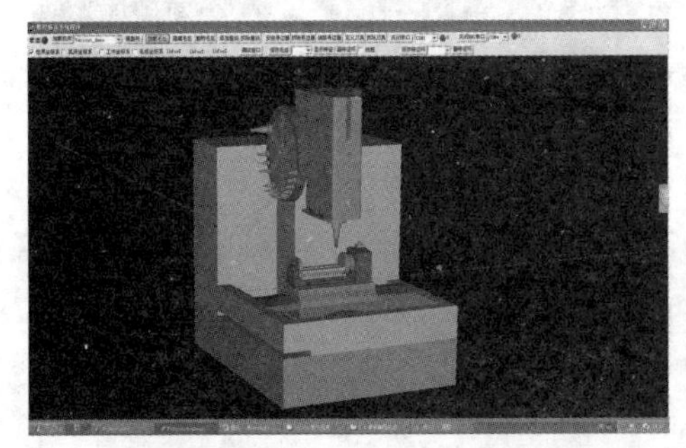

图 7-4-3　毛坯被删除

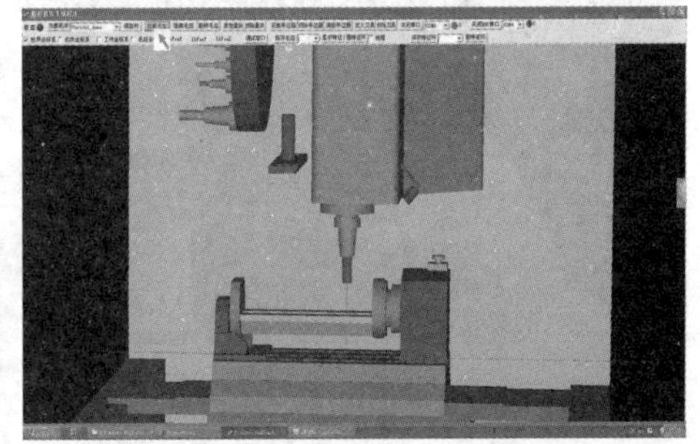

图 7-4-4　点击“加载毛坯”

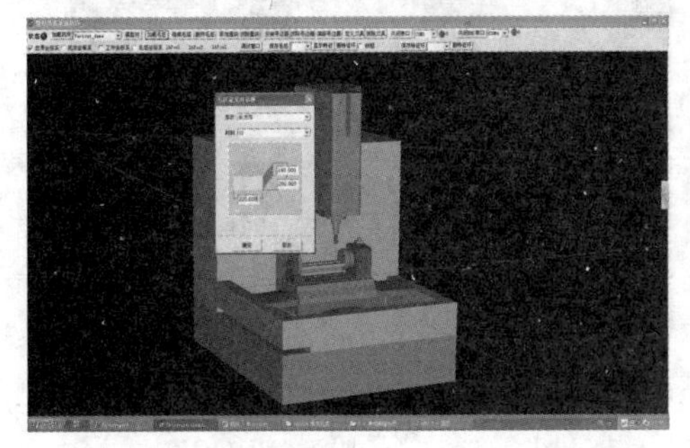

图 7-4-5　毛坯“220×200×160”加载完毕

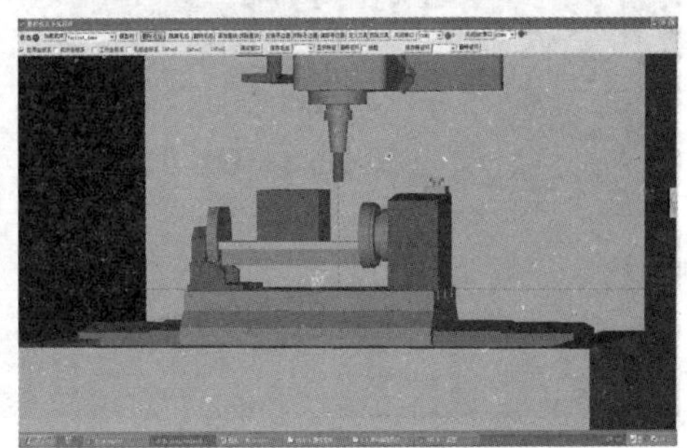

图 7-4-6　用鼠标把机床和工件调整到便于观察的大小和方位

图 7-4-7　按下“PROG”键

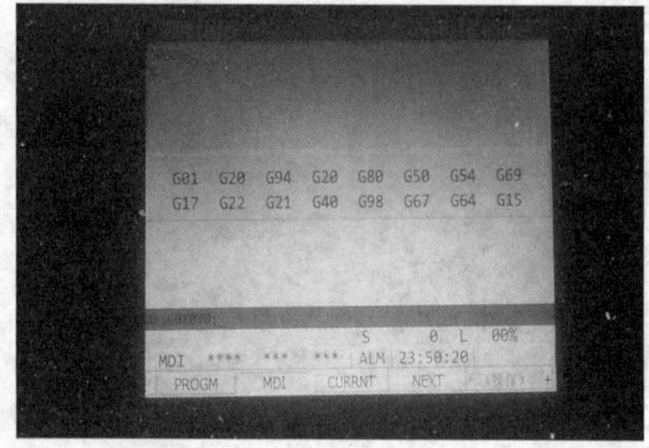

图 7-4-8　输入“;G0X0Y0 ;”

图 7-4-9　按下“INSERT”键

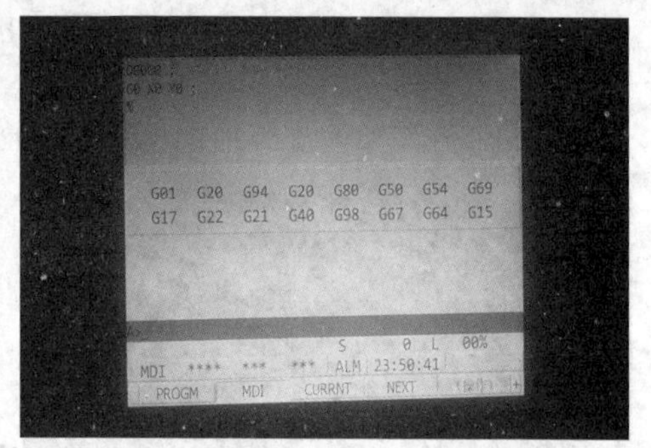

图 7-4-10　输入“;G0X0Y0 ;”

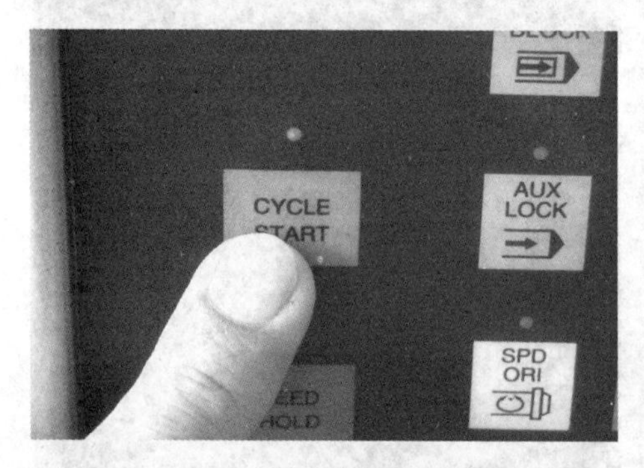

图 7-4-11　按下执行键“CYCLE START”

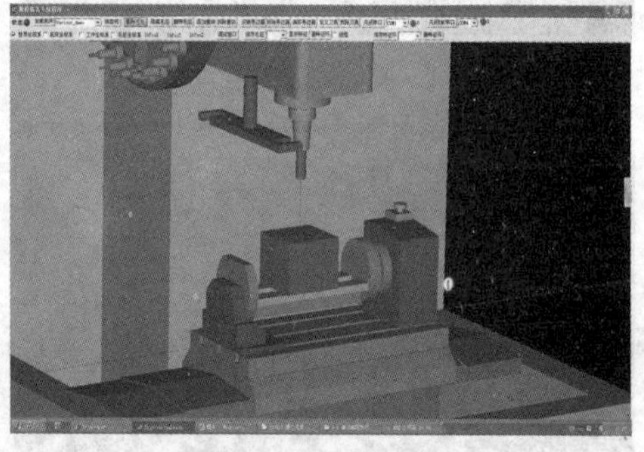
图 7-4-12　铣刀移到指令点“X0 Y0”

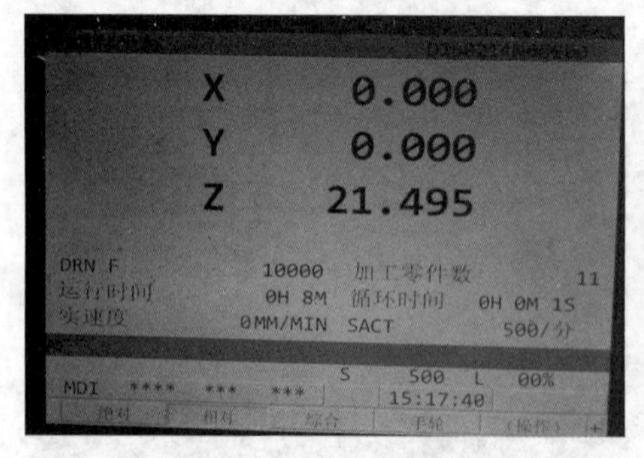

图 7-4-13　铣刀位置坐标
“X 0 Y 0 Z 21.495”

图 7-4-14　按下“PROG”键

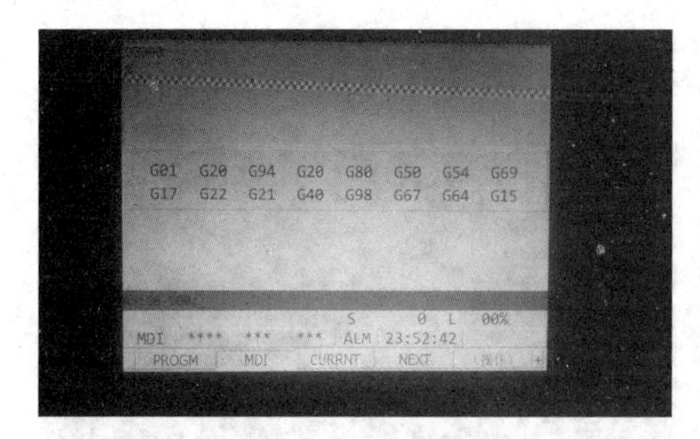

图 7-4-15　输入“;G0Z−100 ;”

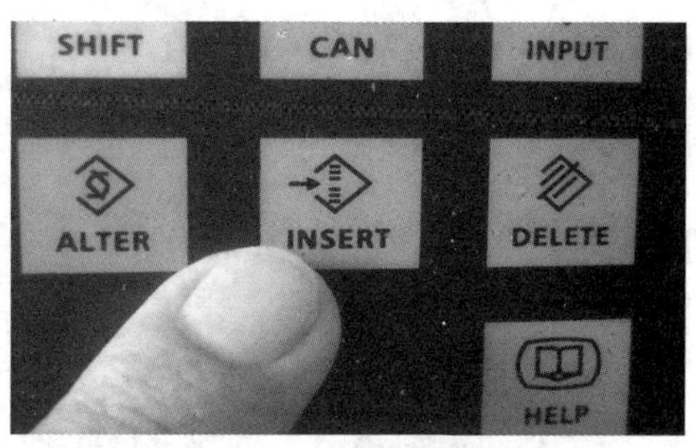

图 7-4-16　按下“INSERT”键

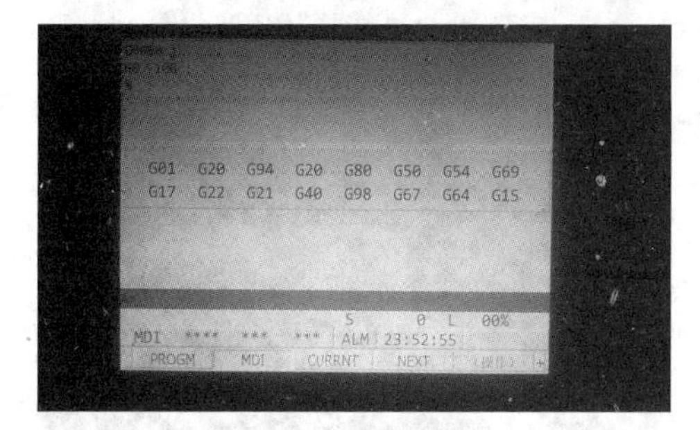

图 7-4-17　系统接收指令

图 7-4-18　按下执行键“CYCLE START”

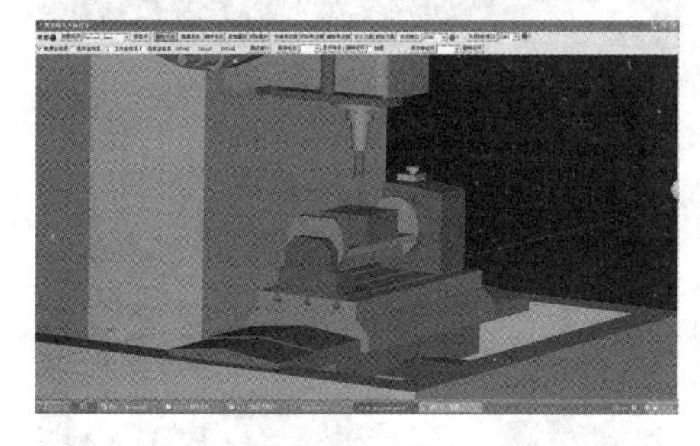

图 7-4-19　铣刀移到指令点“Z −100”

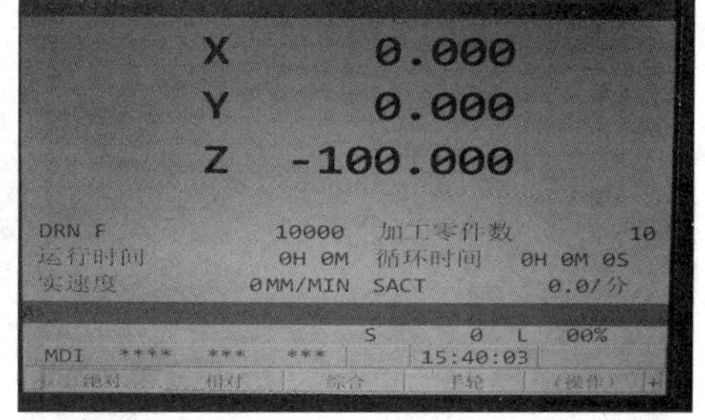

图 7-4-20　铣刀位置坐标“X 0 Y 0 Z −100”

7.5　MDI 现场编程执行

7.5.1　单句编程执行

单句编程执行步骤如图 7-5-1 至图 7-5-2 所示。

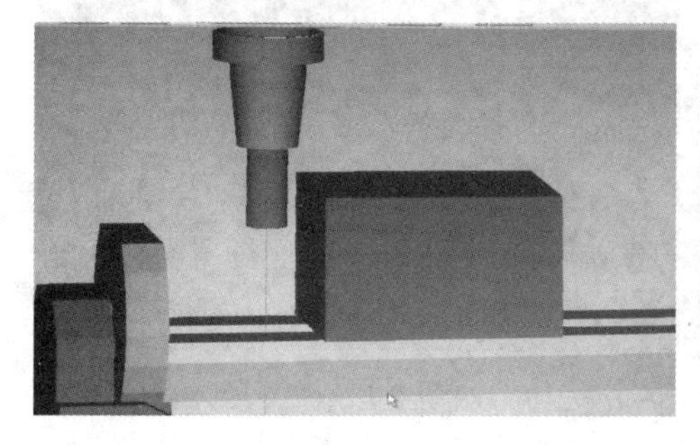

图 7-5-1　在此毛坯上铣出一个槽

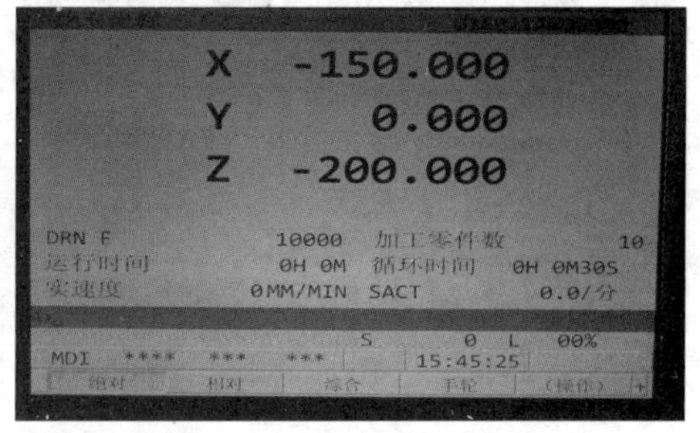

图 7-5-2　铣刀位置坐标“X −150 Y 0 Z −200”

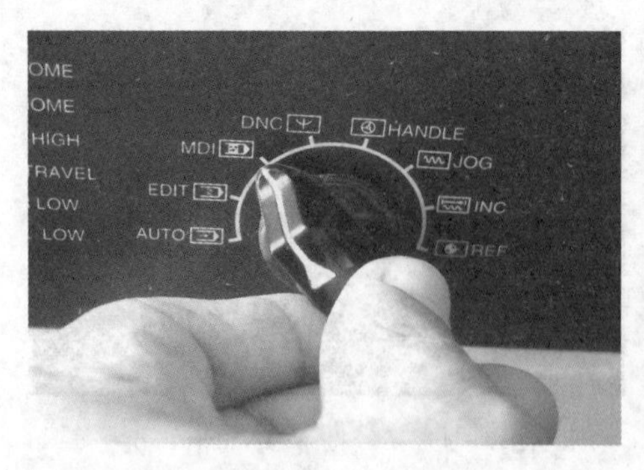

图 7－5－3　选择“MDI”

图 7－5－4　按下“PROG”键

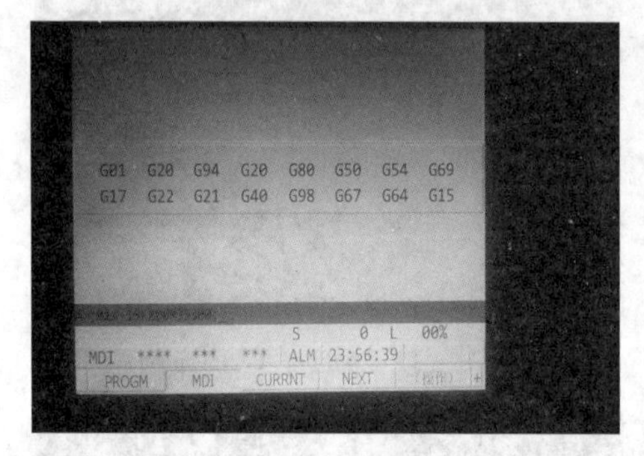

图 7－5－5　输入如图所示

图 7－5－6　按下“INSERT”键

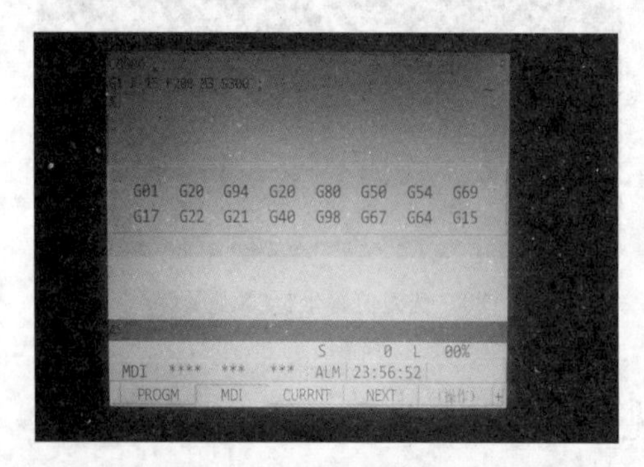

图 7－5－7　系统接收指令

图 7－5－8　按下执行键“CYCLE START”

图 7－5－9　铣槽完毕

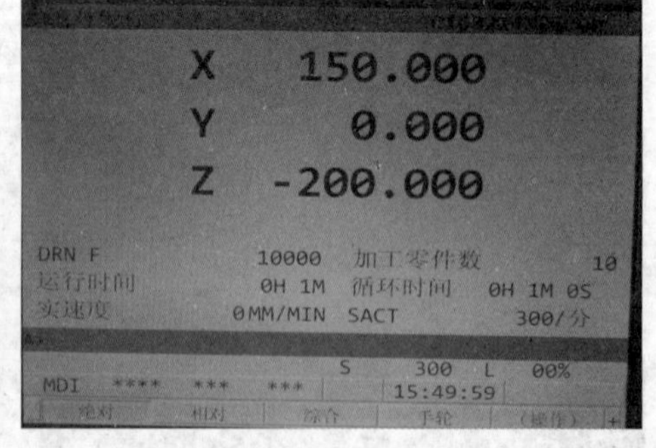

图 7－5－10　铣削结束坐标 X 150 Y 0 Z －200

7.5.2　多句编程执行

多句编程执行步骤如图 7-5-11 至图 7-5-20 所示。

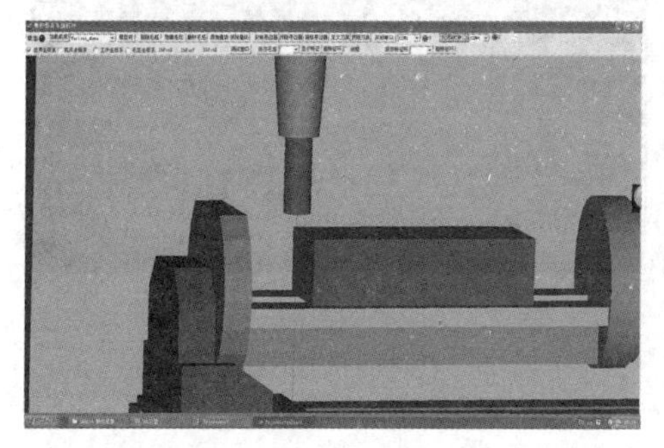

图 7-5-11　待加工工件及刀具位置

图 7-5-12　旋到“MDI”模式

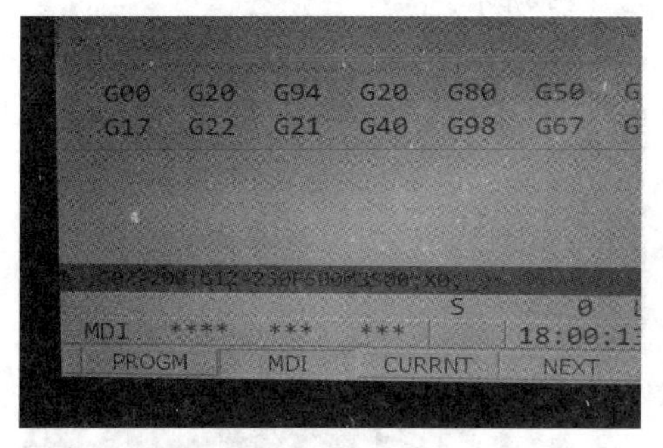

图 7-5-13　输入 3 句程序

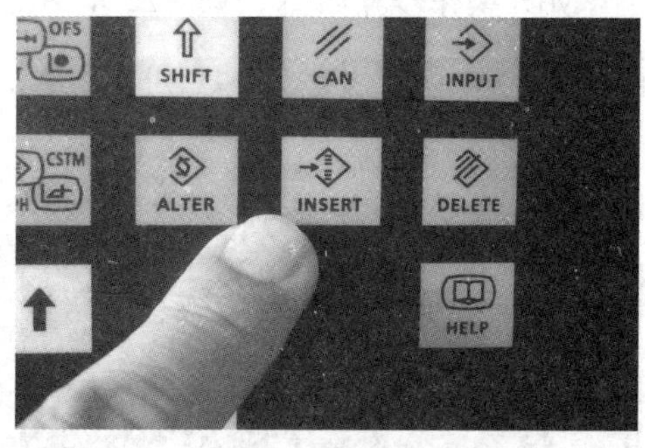

图 7-5-14　按下“INSERT”键

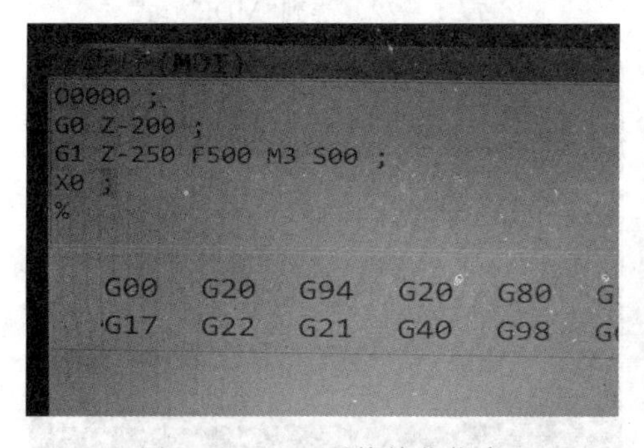

图 7-5-15　系统接收指令

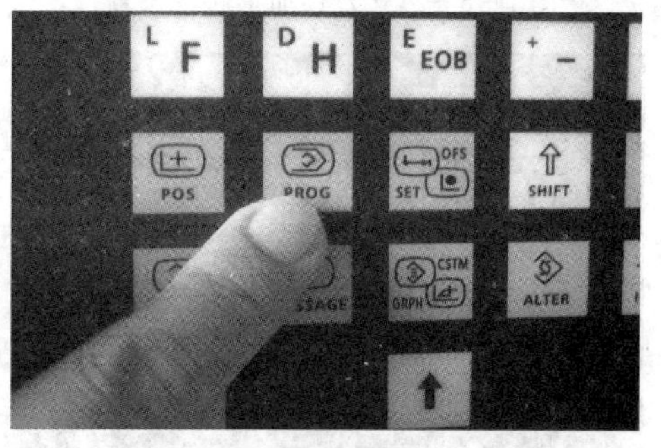

图 7-5-16　按下“PROG”键

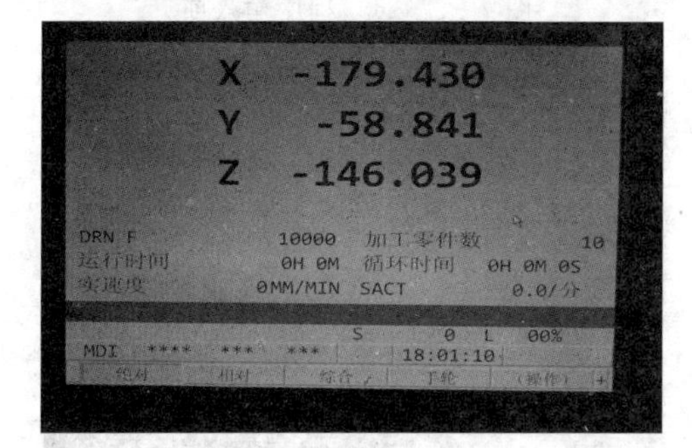

图 7-5-17　显示程序运行前刀具坐标

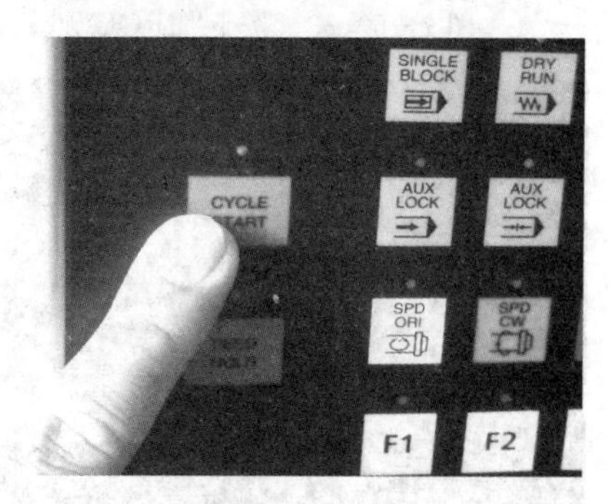

图 7-5-18　按下自动执行键“CYCLE START”

图 7-5-19　程序运行完毕时刀具的位置

图 7-5-20　程序运行完毕时刀具的位置坐标

7.5.3　MDI 操作实例

MDI 操作步骤如图 7-5-21 至图 7-5-33 所示。

图 7-5-21　刀具加工起始位置

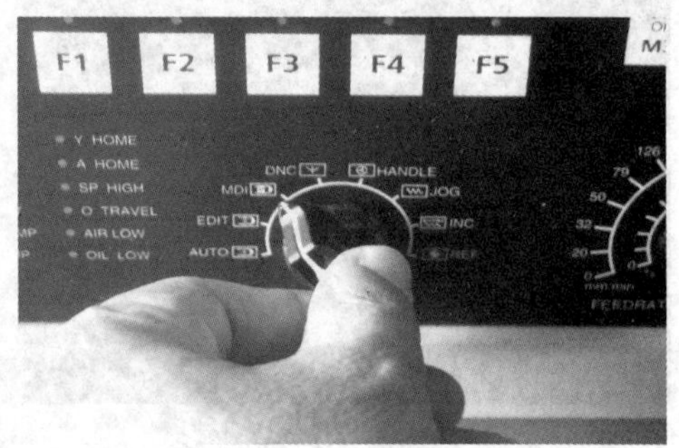

图 7-5-22　旋到“MDI”模式

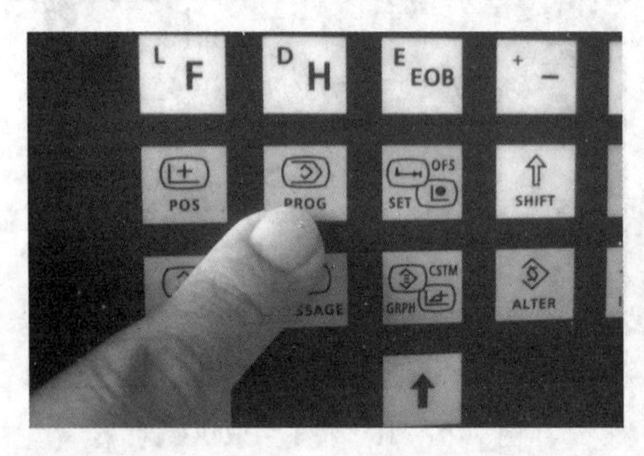

图 7-5-23　按下“PROG”键

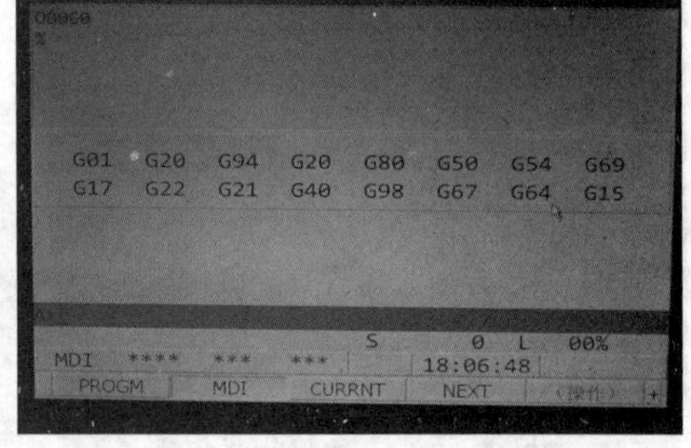

图 7-5-24　程序输入前

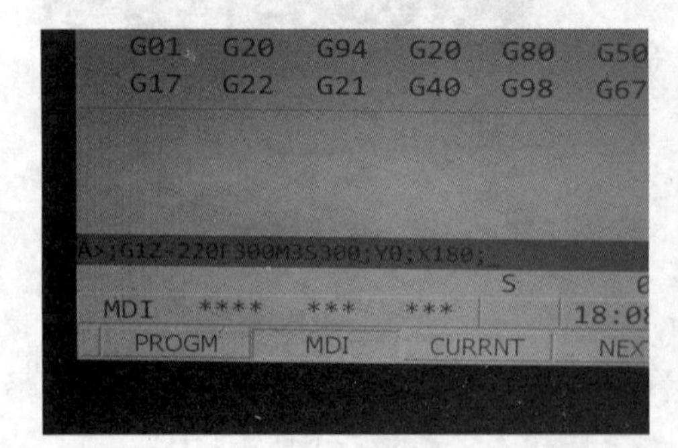

图 7-5-25　程序输入如图(自由编辑)

图 7-5-26　按下“INSERT”键

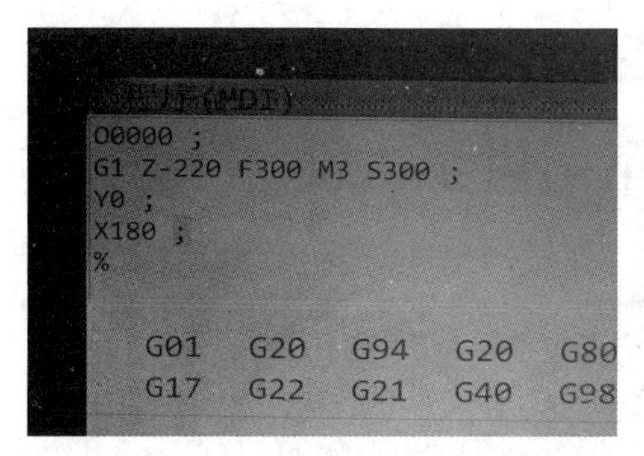

图 7－5－27　系统接收编辑的程序

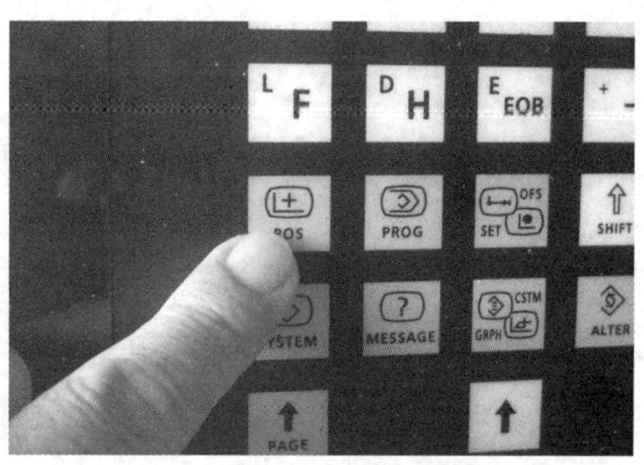

图 7－5－28　按下“POS”键

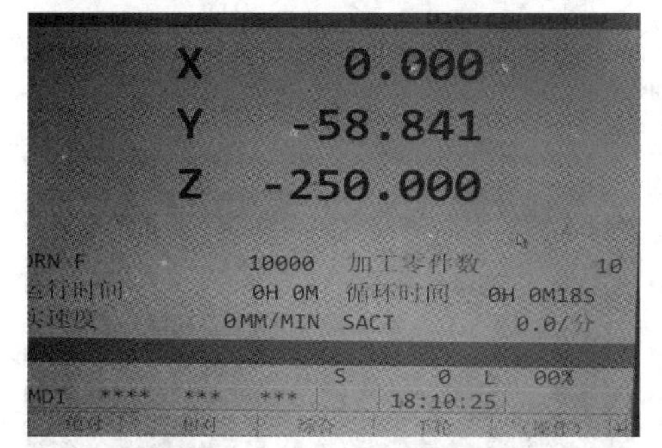

图 7－5－29　显示程序运行前刀具的坐标值

图 7－5－30　程序运行前刀具的位置

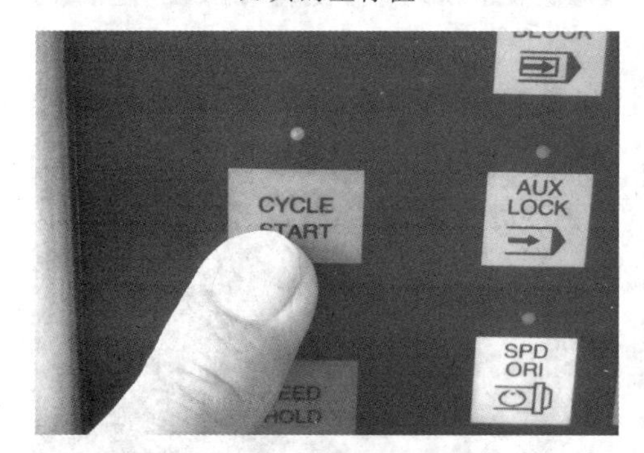

图 7－5－31　按下执行键“CYCLE START”

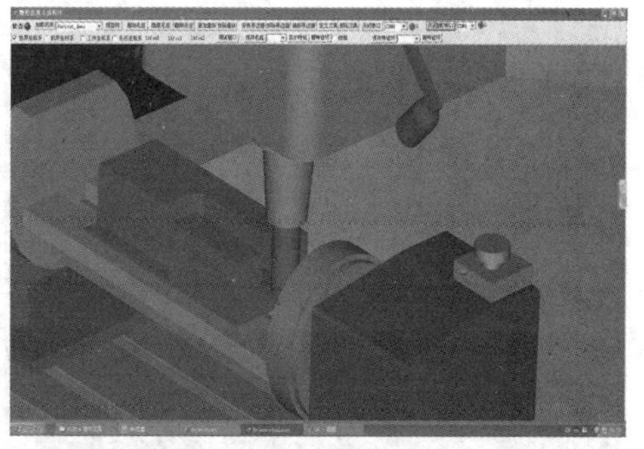

图 7－5－32　程序运行完毕时刀具的位置

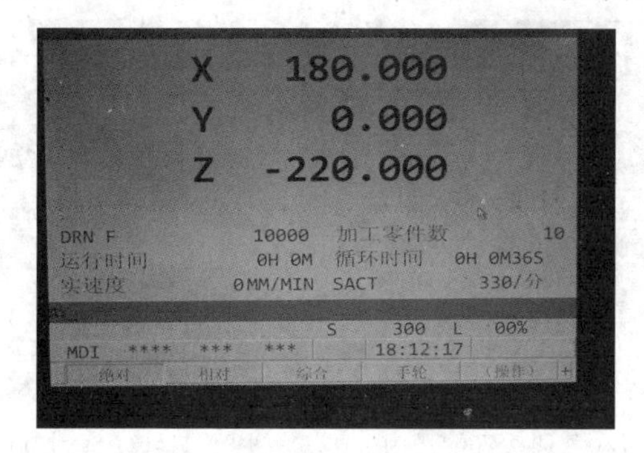

图 7－5－33　程序运行完毕时刀具的位置坐标

第8章　程序调用和执行

操作仿真器面板程序编辑和数据输入调用区、仿真铣床操作区及显示屏下方的软键区的按键和旋钮，可以对数控程序进行调用、编辑和执行。

8.1　开机、机床设置、运行参考点

开机、机床设置、运行参考点等的步骤如图 8－1－1 至图 8－1－14 所示。

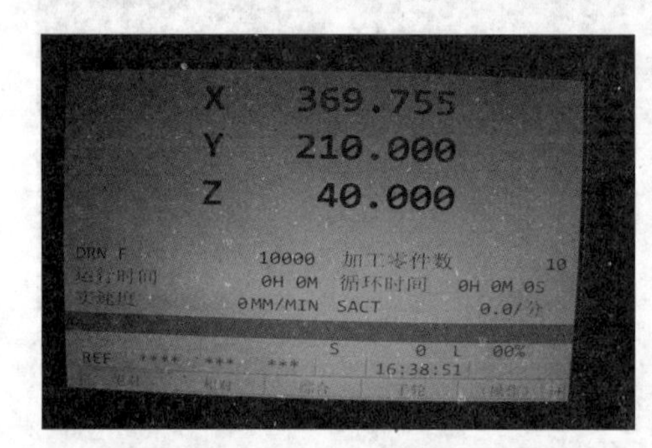

图 8－1－1　仿真器开机

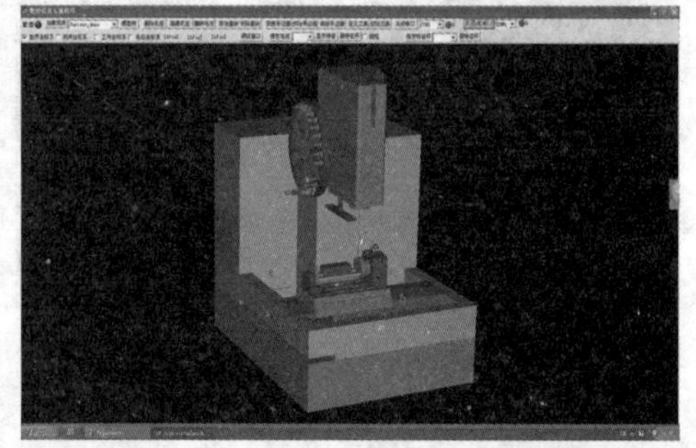

图 8－1－2　虚拟加工中心加载

图 8－1－3　按下“100%”键

图 8－1－4　调整进给速度为设定值的“100%”

图 8－1－5　旋到“150”，调整进给量为设定值的“150%”

图 8－1－6　旋到“110”，调整主轴转速为设定值的“110%”

图 8-1-7　工作模式旋到“REF”

图 8-1-8　运行参考点之前，零点指示灯未亮起

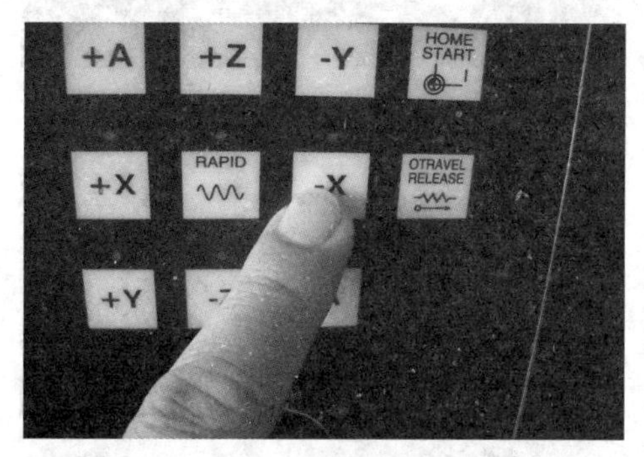

图 8-1-9　按下“－X”键

图 8-1-10　按下“＋Y”键

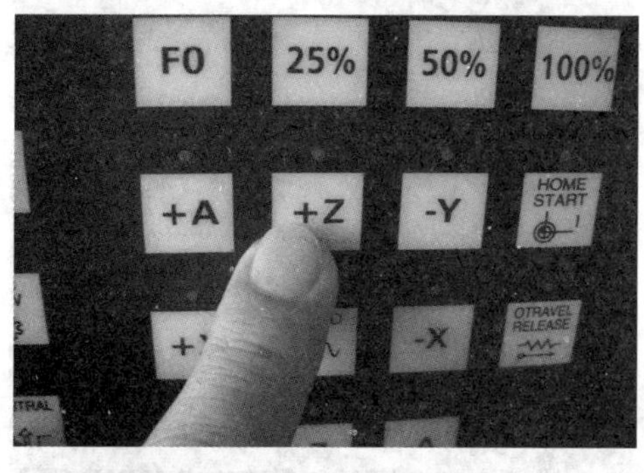

图 8-1-11　按下“＋Z”键

图 8-1-12　运行参考点完毕，零点指示灯亮起

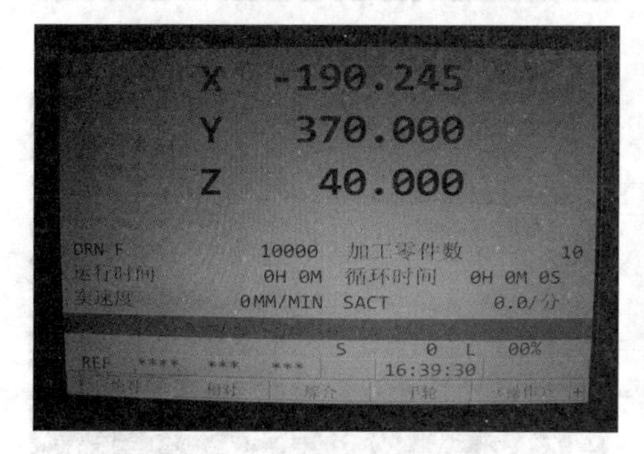

图 8-1-13　运行参考点完毕时刀具在机床的坐标

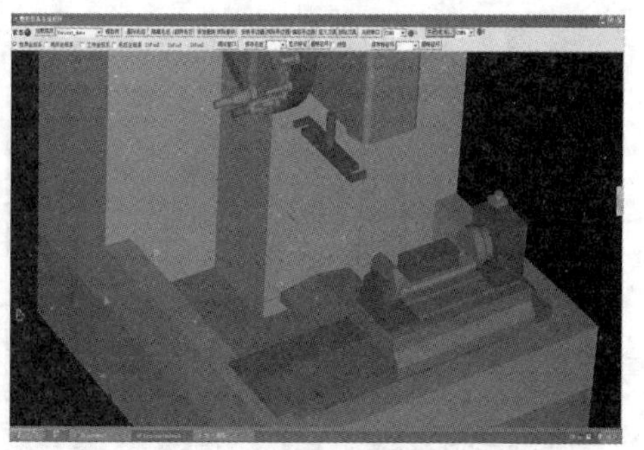

图 8-1-14　参考点运行完毕，刀具与工件的相对位置系的坐标值

8.2　调用程序

调用程序的步骤如图 8-2-1 至图 8-2-21 所示。

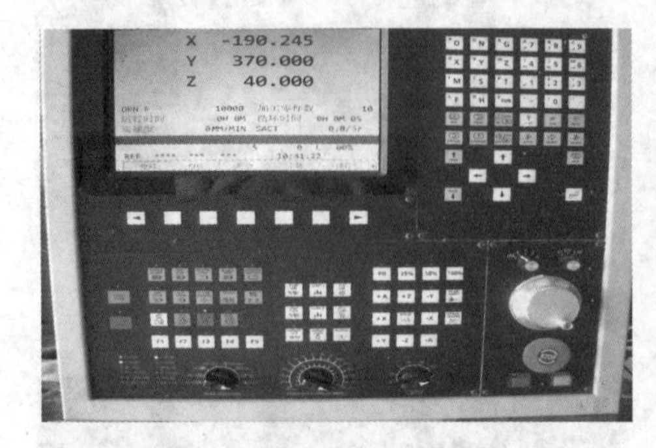

图 8-2-1　参考点运行完毕

图 8-2-2　按下“PROG”键

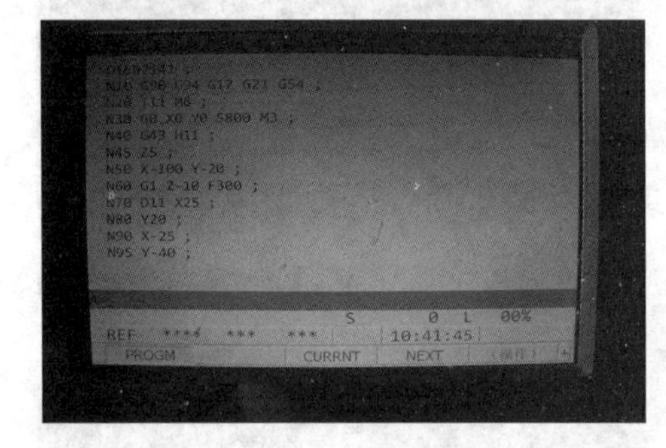

图 8-2-3　打开程序界面

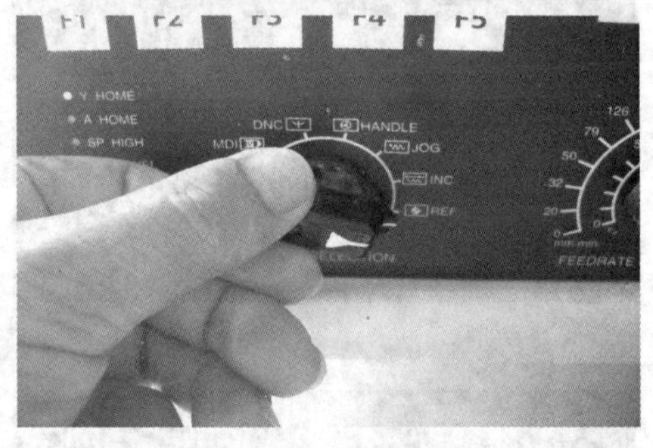

图 8-2-4　转动模式旋钮

图 8-2-5　转至“EDIT”(编辑)

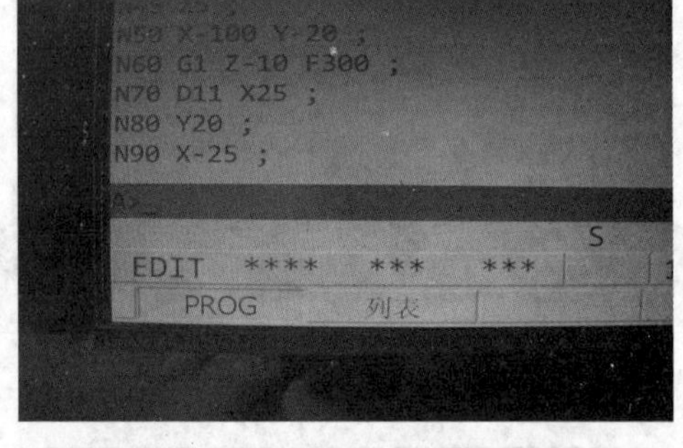

图 8-2-6　注意输入行“A>_”

图 8-2-7　依次按下“O”“1”“6”“1”“5”“1”键

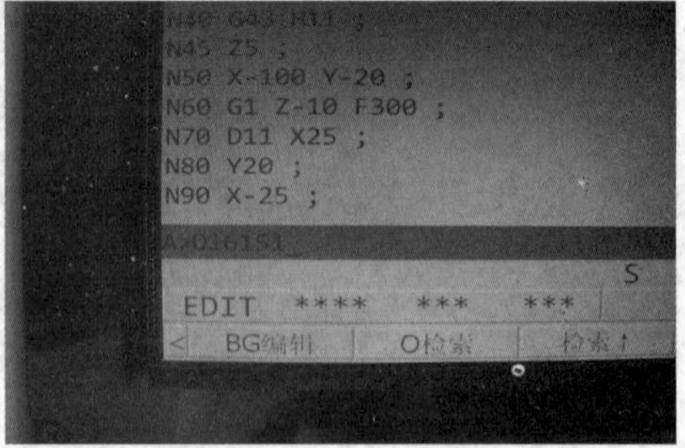

图 8-2-8　输入“O16151”

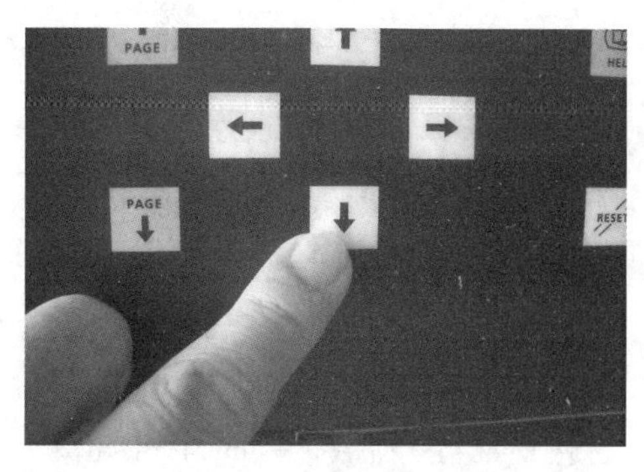

图 8-2-9　按下“↓”键

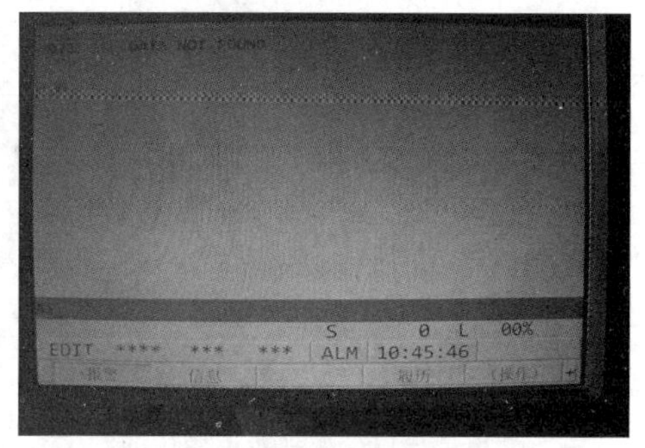

图 8-2-10　没有找到相关程序

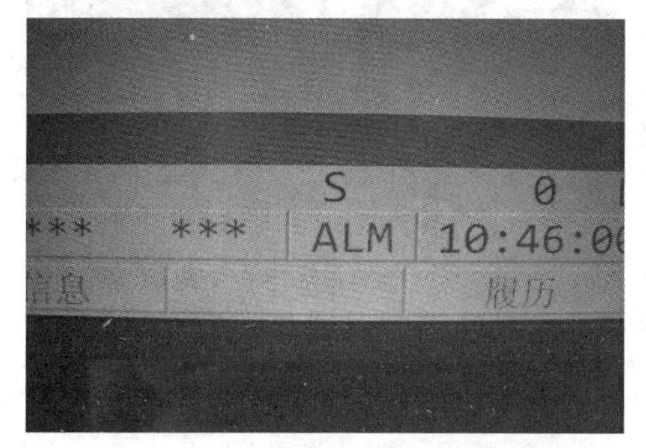

图 8-2-11　下方显示“ALM”报错提示

图 8-2-12　按下“RESET”键

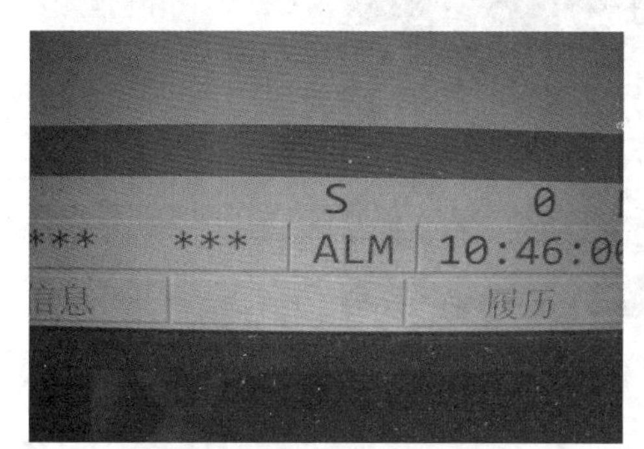

图 8-2-13　“ALM”消失

图 8-2-14　再次按下“PROG”键

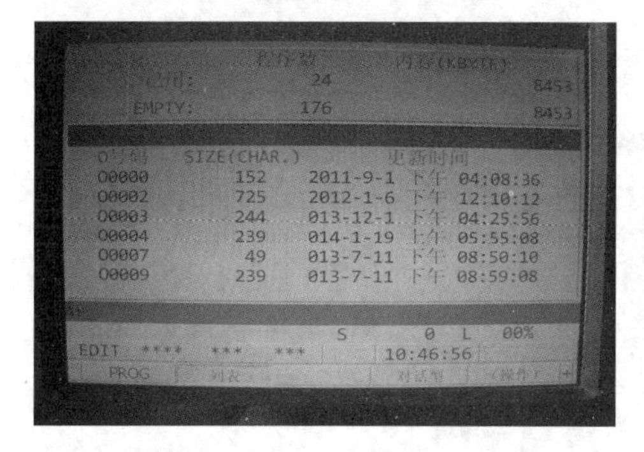

图 8-2-15　打开程序界面，按列表对应的软键，显示程序列表

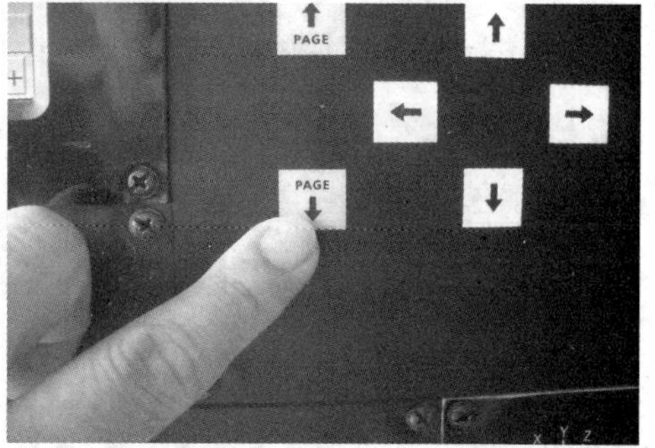

图 8-2-16　按下“↓”键

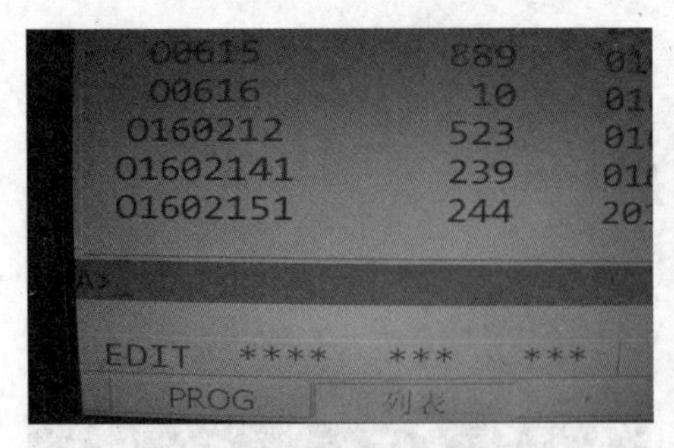

图 8-2-17　找到希望调用的程序“O1602151”

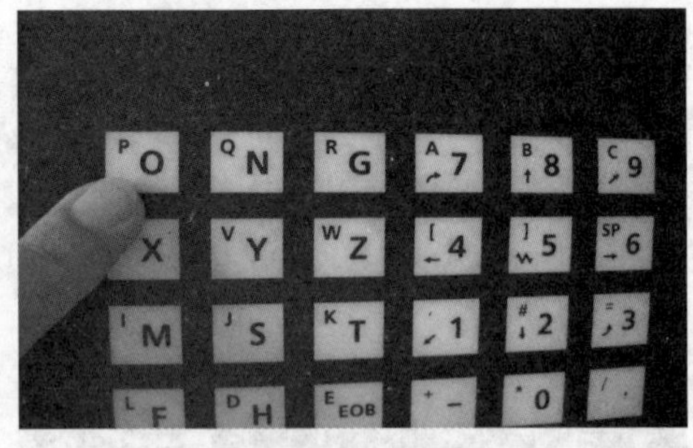

图 8-2-18　依次按下“O”“1”“6”“0”“2”“1”“5”“1”键

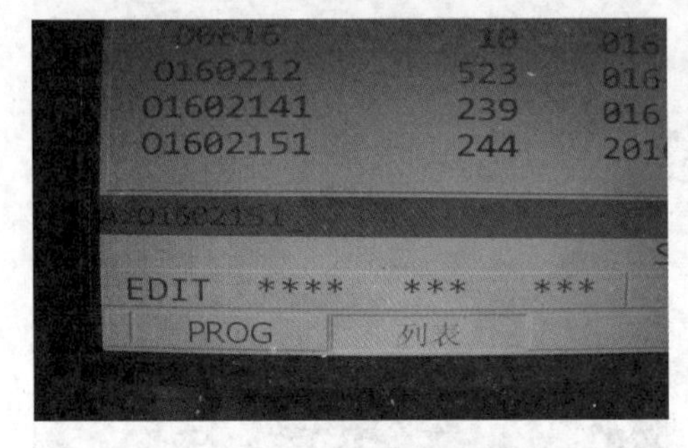

图 8-2-19　输入“O1602151”

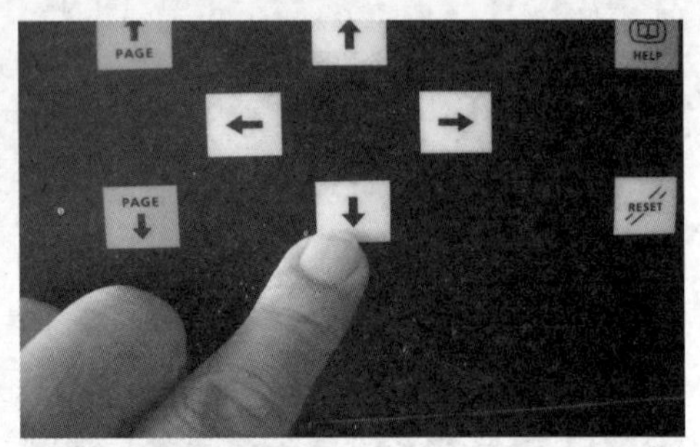

图 8-2-20　按下“↓”键

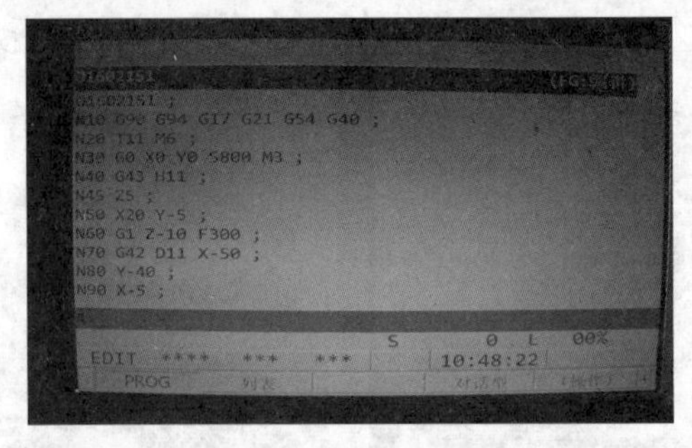

图 8-2-21　程序“O1602151”调入了程序执行器

8.3　设置毛坯尺寸

设置毛坯尺寸的步骤如图 8-3-1 至图 8-3-16 所示。

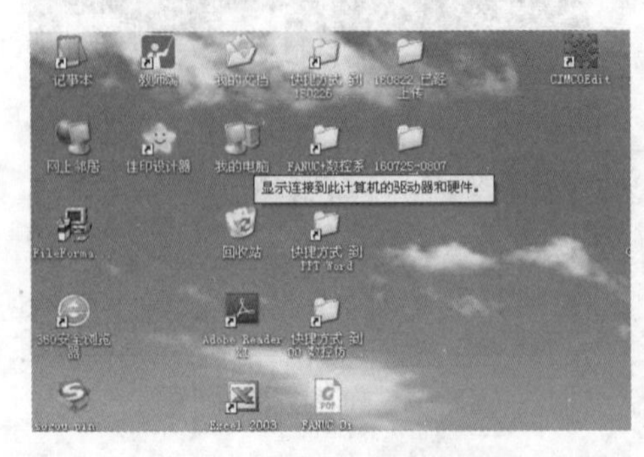

图 8-3-1　点击“我的电脑”

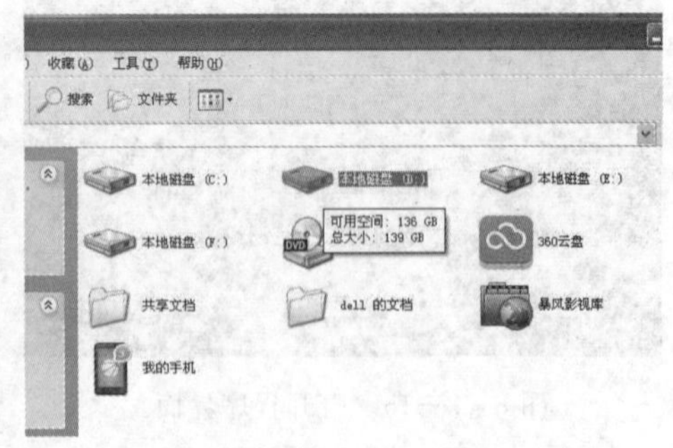

图 8-3-2　打开 D 盘

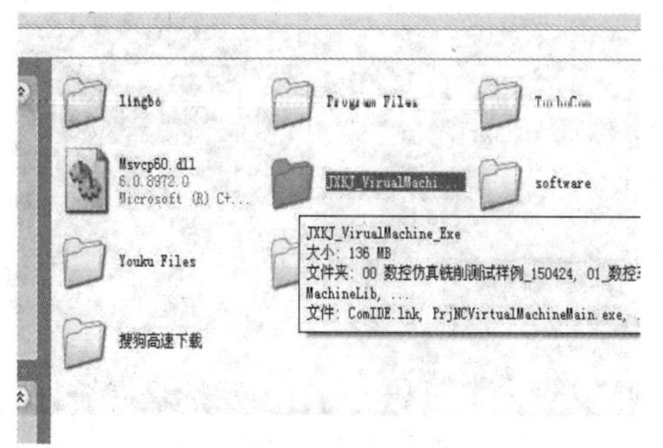

图 8－3－3　打开文件夹“JXKJ_”

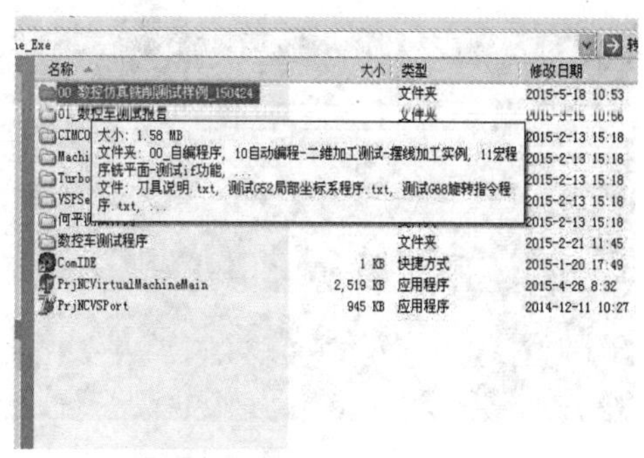

图 8－3－4　打开文件夹“数控仿真铣削测试样例”

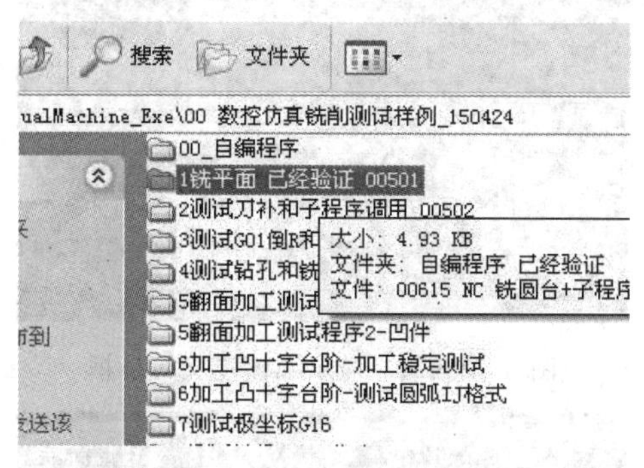

图 8－3－5　打开“文件夹 1　铣平面”

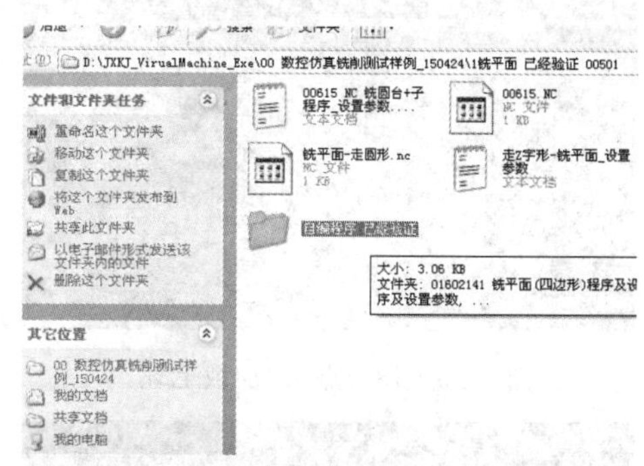

图 8－3－6　打开文件夹“自编程序”

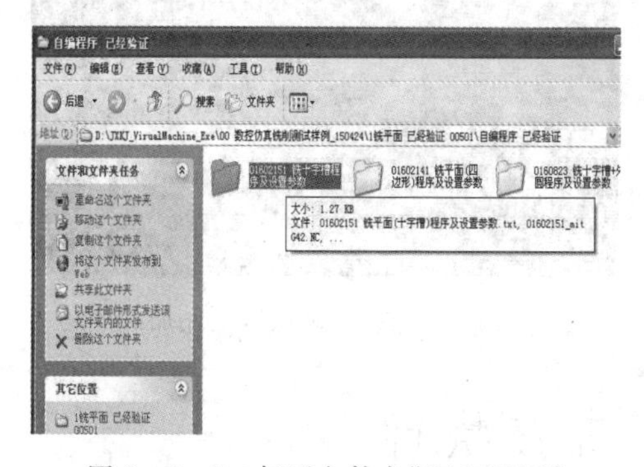

图 8－3－7　打开文件夹“O1602151”

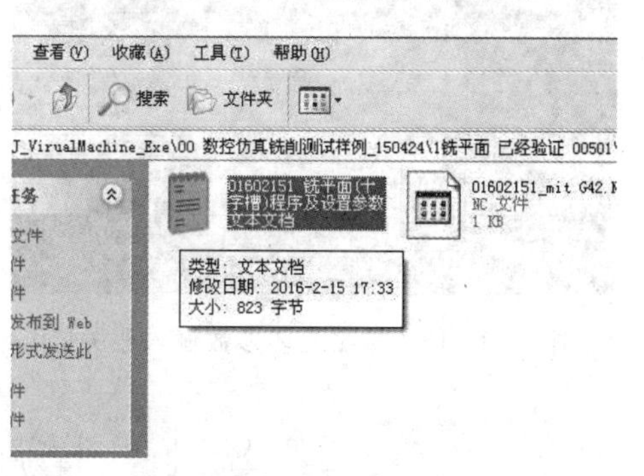

图 8－3－8　打开文本文档“O1602151”

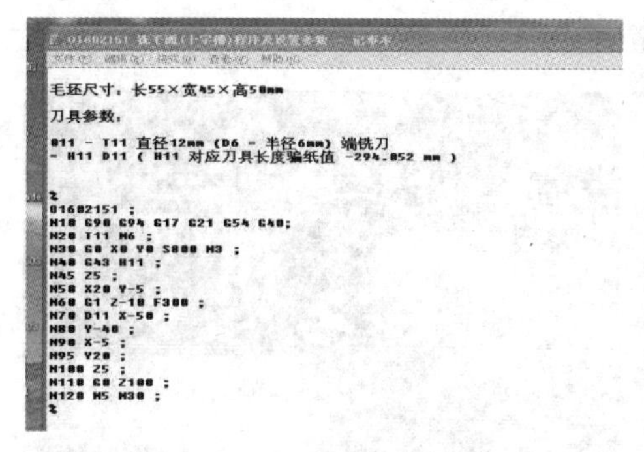

图 8－3－9　显示调试参数及毛坯尺寸“55mm×45mm×50mm”

图 8－3－10　其对应的毛坯如虚拟铣床上显示

图 8-3-11　点击“删除毛坯”

图 8-3-12　原毛坯被移除

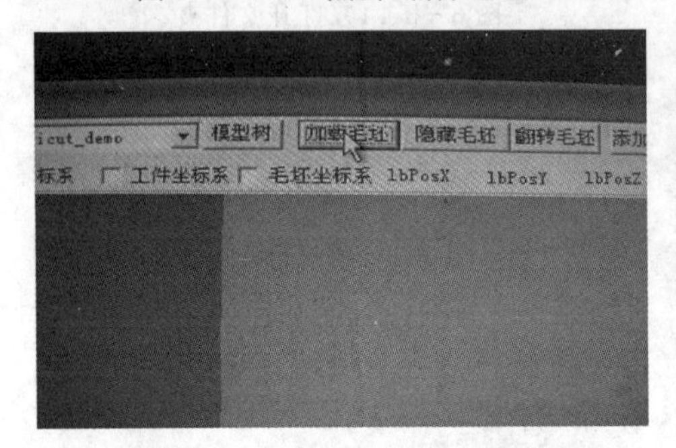

图 8-3-13　点击“加载毛坯”

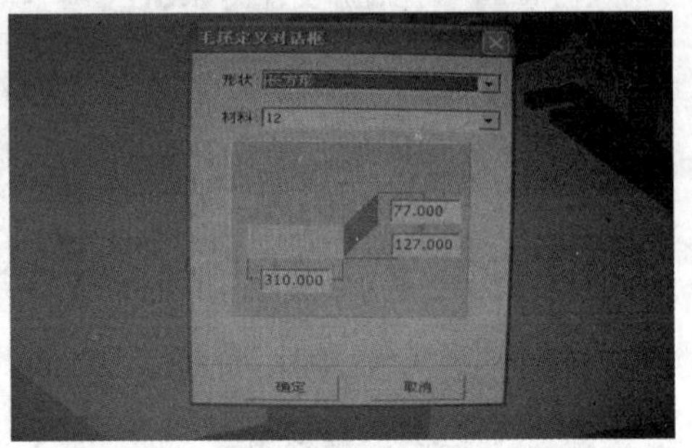

图 8-3-14　显示毛坯定义对话框

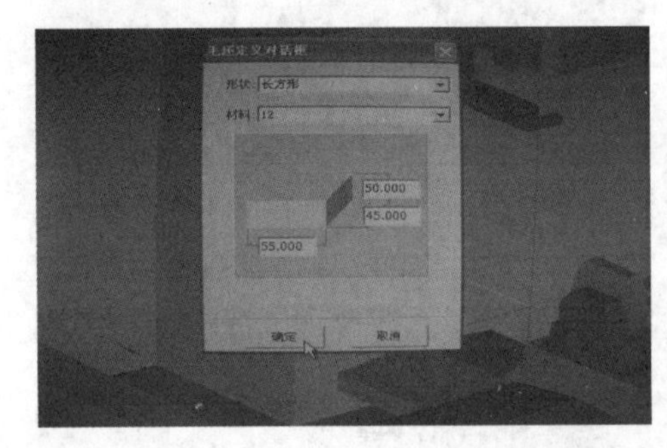

图 8-3-15　按照毛坯参数输入相关值

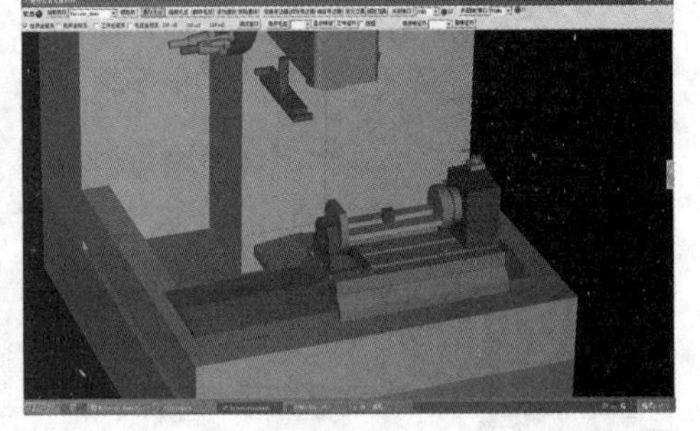

图 8-3-16　点击“确认”,毛坯加载成功

8.4　程序直接执行

程序直接执行的步骤如图 8-4-1 至图 8-4-16 所示。

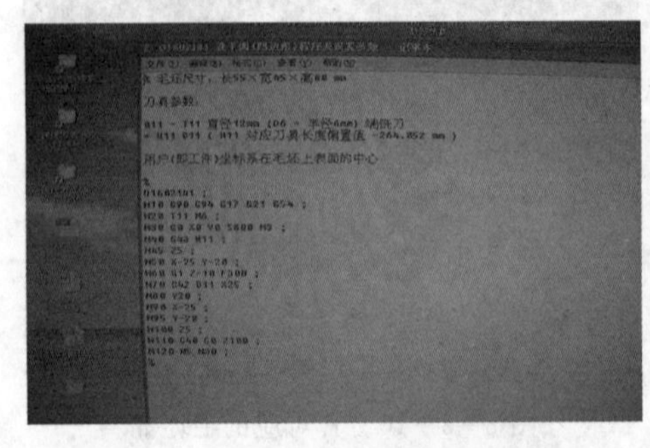

图 8-4-1　找出待执行程序及相关参数

图 8-4-2　模式旋至“REF”

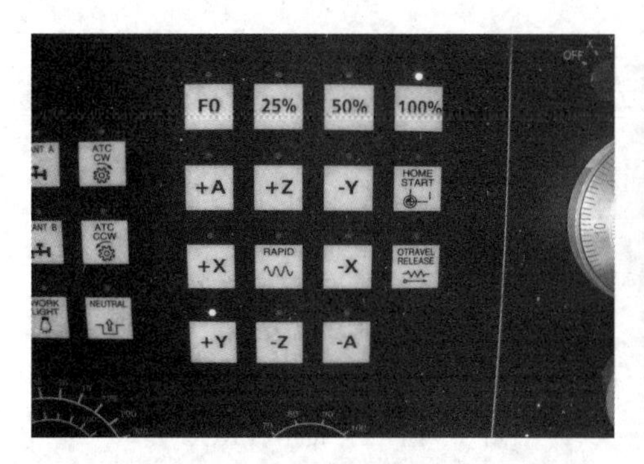

图 8-4-3　依次按下“－X”“＋Y”“＋Z”，运行机床零点

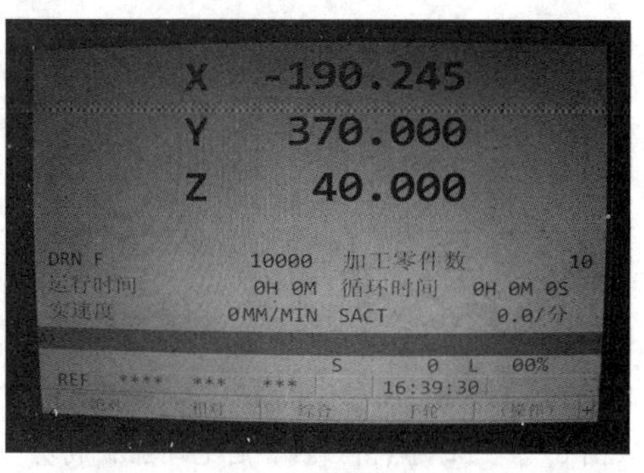

图 8-4-4　显示刀具在机床坐标系中的位置坐标值

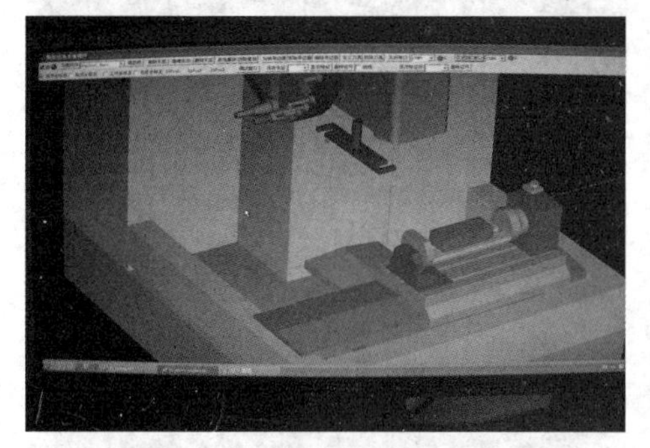

图 8-4-5　运行机床零点后，工件与主轴的相对位置

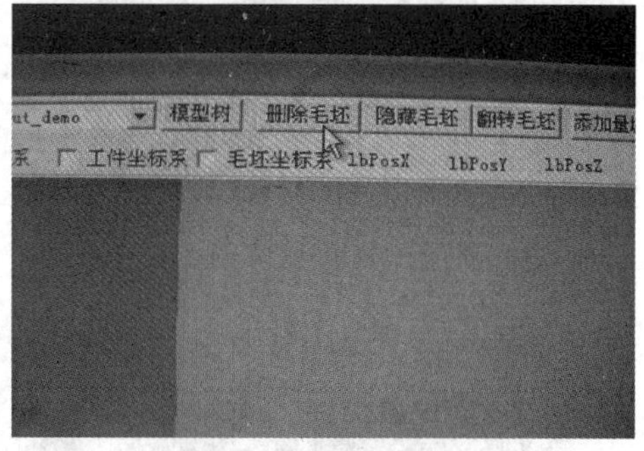

图 8-4-6　点击“删除毛坯”

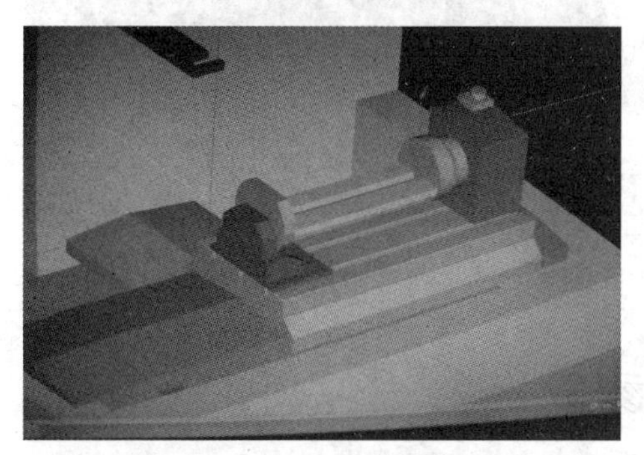

图 8-4-7　原毛坯被删除

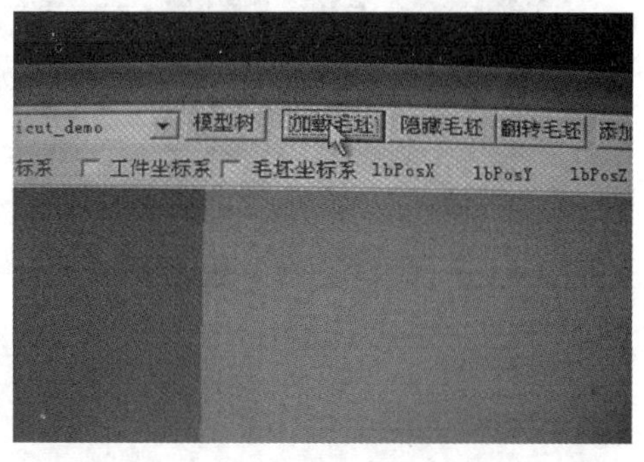

图 8-4-8　点击“加载毛坯”

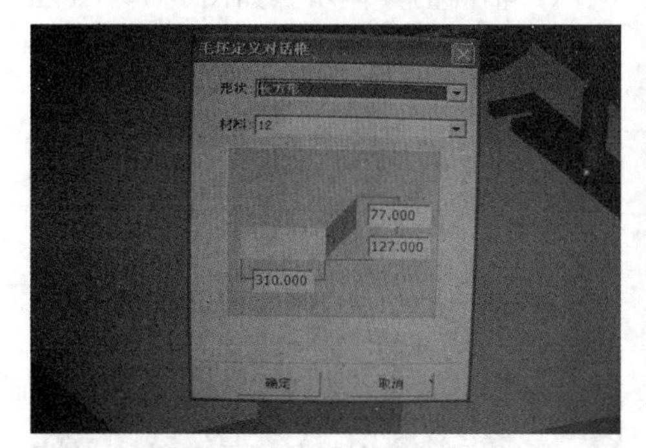

图 8-4-9　显示“毛坯定义对话框”

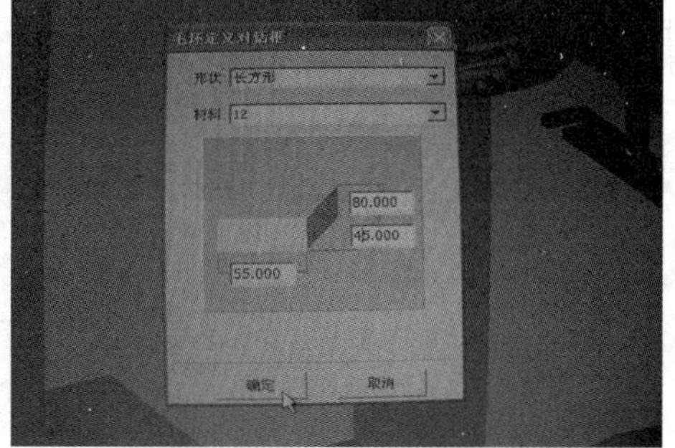

图 8-4-10　输入毛坯尺寸“55mm×45mm×80mm”

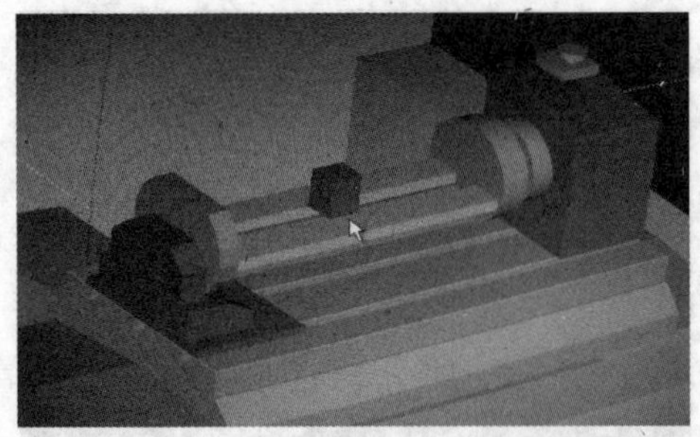

图 8-4-11　点击“确认”后毛坯加载成功

图 8-4-12　按下“PROG”键

图 8-4-13　模式旋到“AUTO”

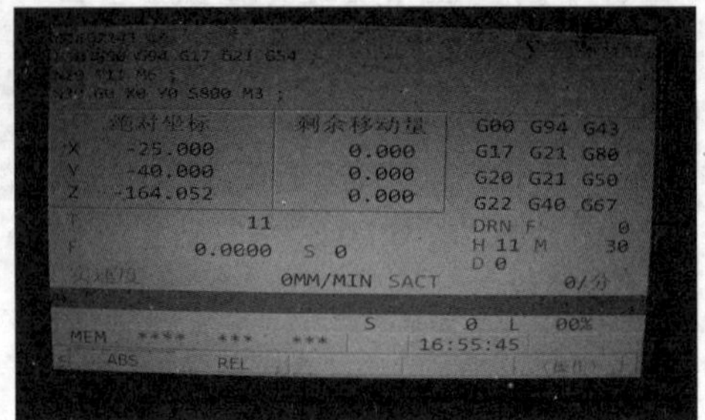

图 8-4-14　程序处于待执行状态

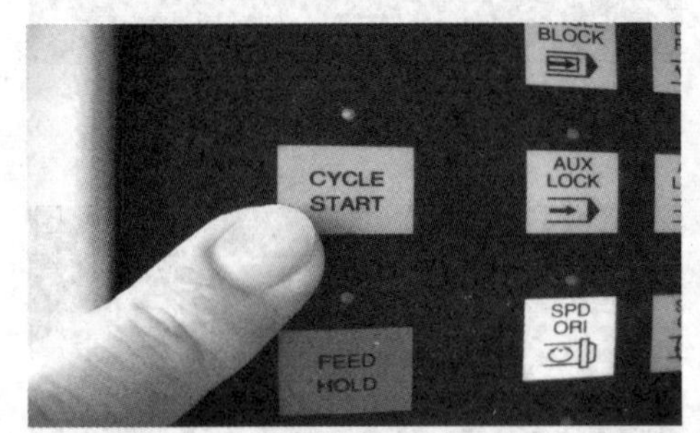

图 8-4-15　按下执行键“CYCLE START”

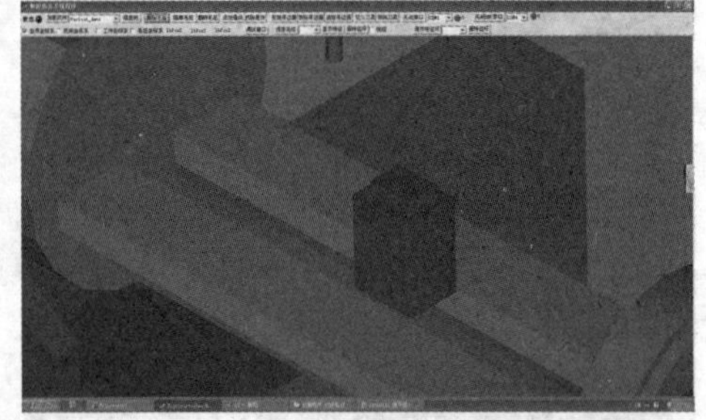

图 8-4-16　工件加工结束后的形状

8.5　输入刀偏参数和程序执行

输入刀偏参数、程序执行和手动移动 X、Y、Z 轴等的具体步骤如图 8-5-1 至图8-5-22所示。

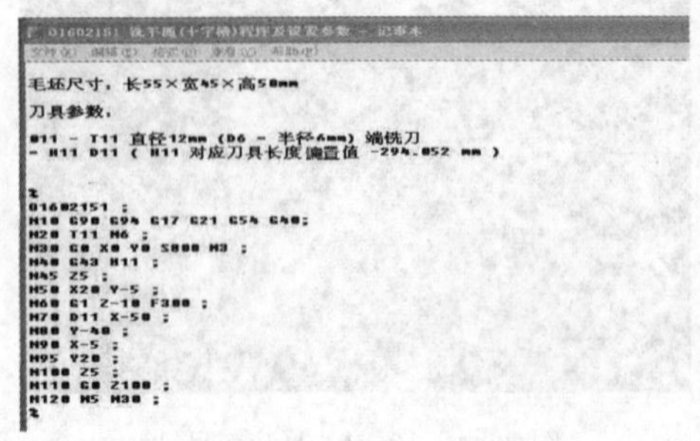

```
毛坯尺寸，长55×宽45×高50mm
刀具参数，
01 - T11 直径12mm (D6 - 半径6mm) 端铣刀
- H11 D11 ( H11 对应刀具长度偏置值 -294.052 mm )

%
O1602151 ;
N10 G90 G94 G17 G21 G54 G40;
N20 T11 M6 ;
N30 G0 X0 Y0 S800 M3 ;
N40 G43 H11 ;
N45 Z5 ;
N50 X20 Y-5 ;
N60 G1 Z-10 F300 ;
N70 D11 X-50 ;
N80 Y-40 ;
N90 X-5 ;
N95 Y20 ;
N100 Z5 ;
N110 G0 Z100 ;
N120 M5 M30 ;
%
```

图 8-5-1　找出待执行程序及相关参数

图 8-5-2　按下“OFS-SET”键

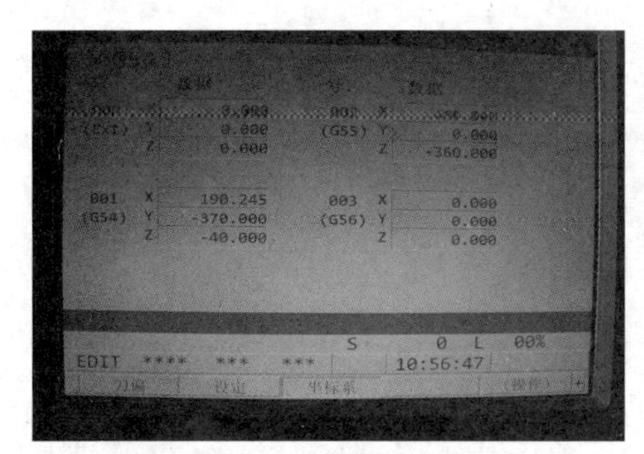

图 8-5-3　显示参数设置界面

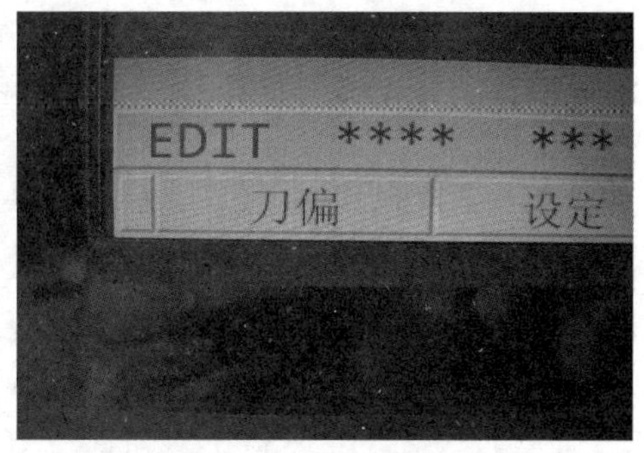

图 8-5-4　选择“刀偏”

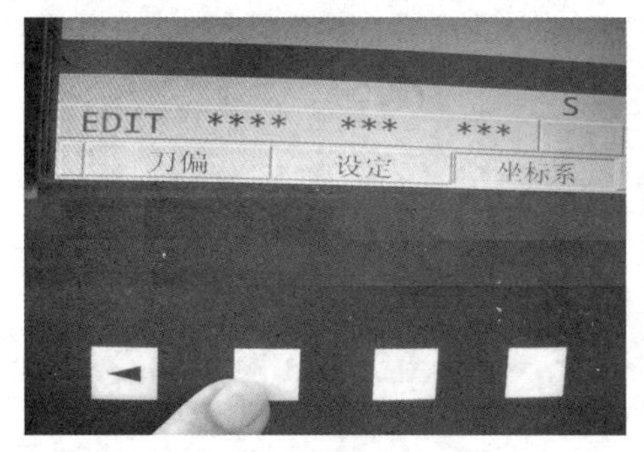

图 8-5-5　按下与“刀偏”相对应的键

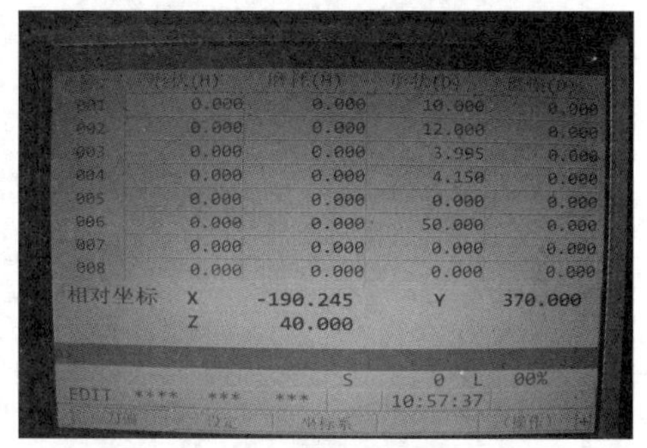

图 8-5-6　显示刀偏参数设置界面

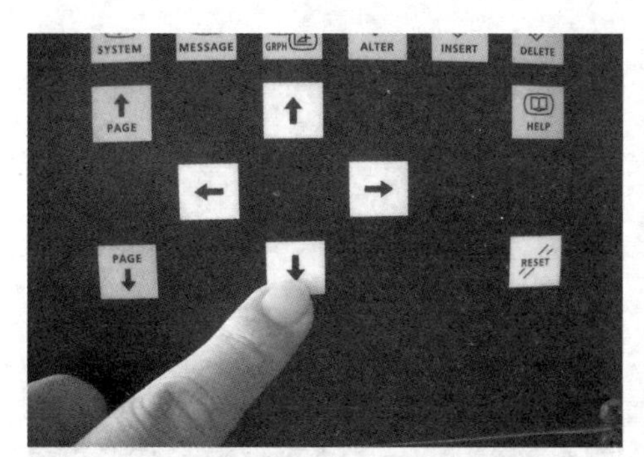

图 8-5-7　按下“↓”键

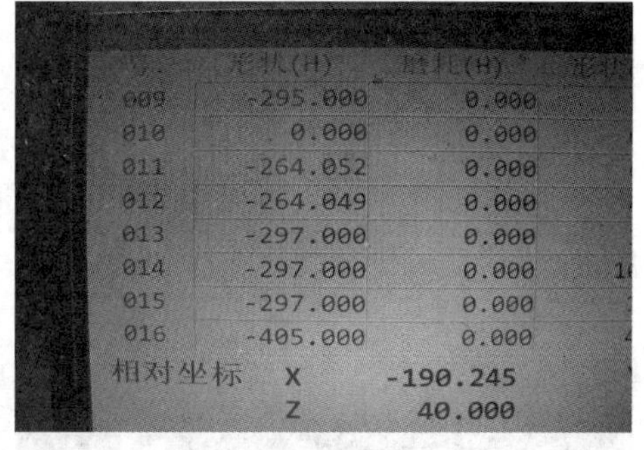

图 8-5-8　将光标移至“011 －264.052”

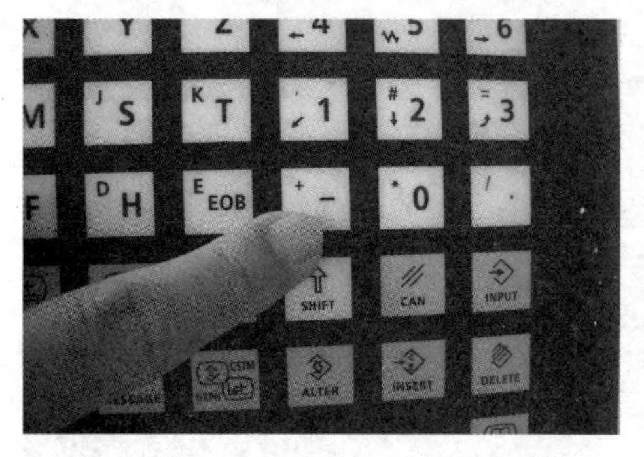

图 8-5-9　按照图 8-5-1 的参数输入刀具长度补偿值

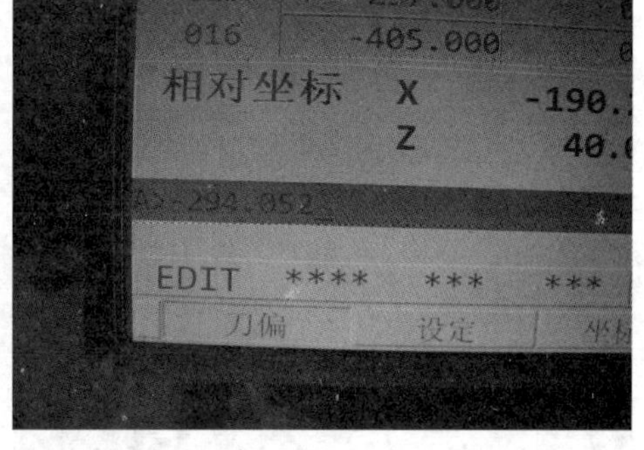

图 8-5-10　输入“－294.052”

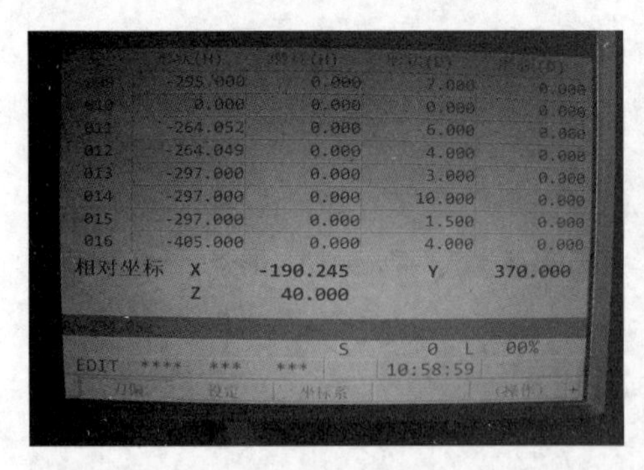

图 8-5-11　观察输入前参数为“-264.052”

图 8-5-12　按下“INPUT”键

图 8-5-13　系统接受输入，原参数改为“-294.052”

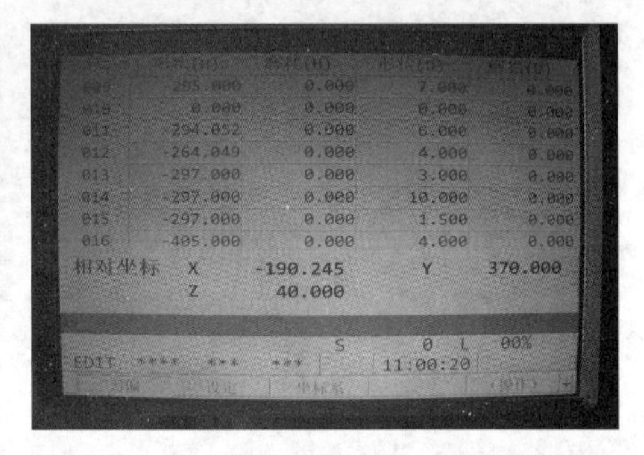

图 8-5-14　刀偏参数整体界面

图 8-5-15　按下“PROG”键

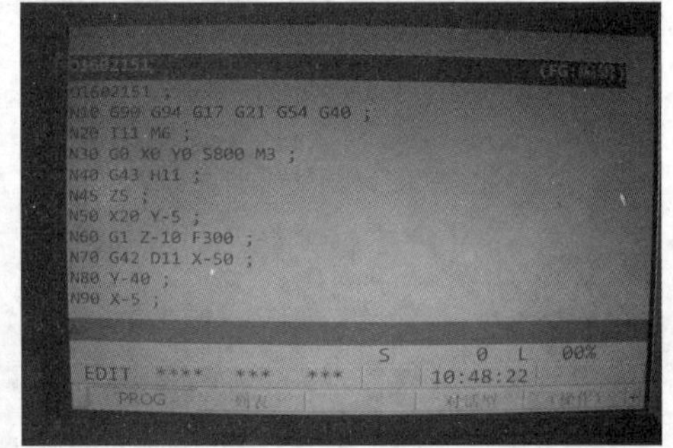

图 8-5-16　显示待执行程序“O1602151”

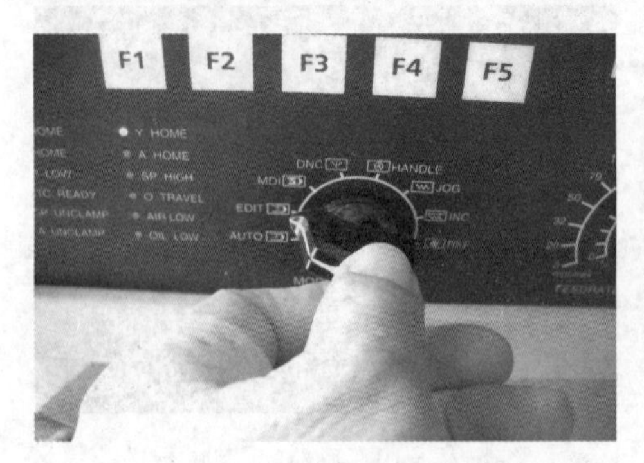

图 8-5-17　将模式“EDIT”旋转

图 8-5-18　模式旋到“AUTO”

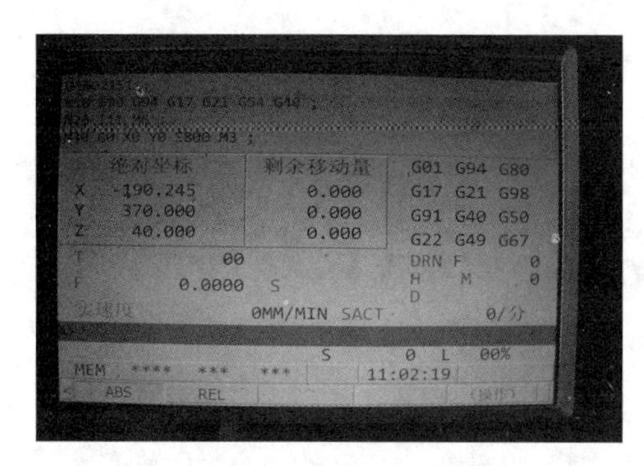

图 8-5-19　程序处于待执行状态

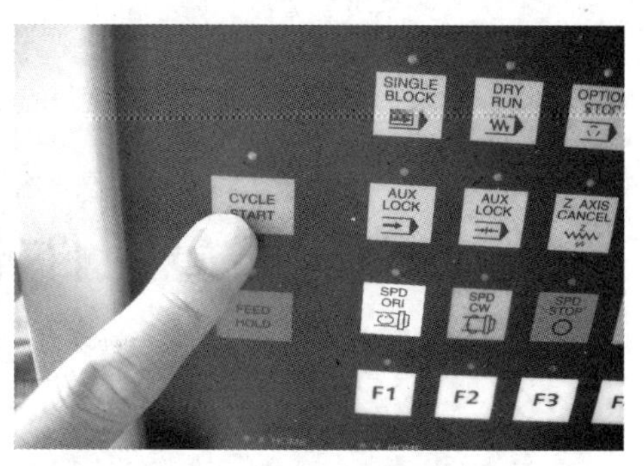

图 8-5-20　按下执行键“CYCLE START”

图 8-5-21　机床开始切削

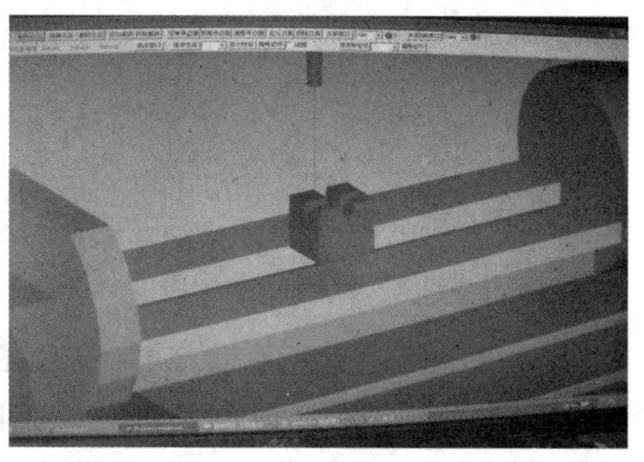

图 8-5-22　程序执行完毕，加工完毕的状态

第 9 章　设置工件零点和刀具长度补偿

操作仿真器面板程序编辑和数据输入调用区、仿真器操作区及显示屏下方的软键区的按键和旋钮，可以设置工件零点和刀具长度补偿。

9.1　零点位于工件中心

9.1.1　开机、运行参考点、加载毛坯

开机、运行参考点、加载毛坯等操作步骤如图 9-1-1 至图 9-1-16 所示。

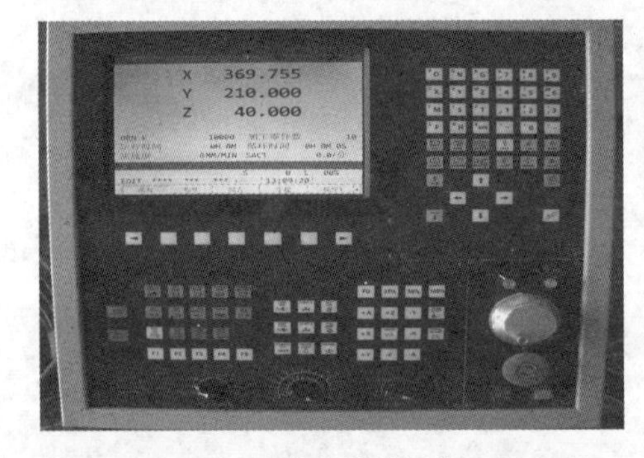

图 9-1-1　目前操作旋钮位于“REF”

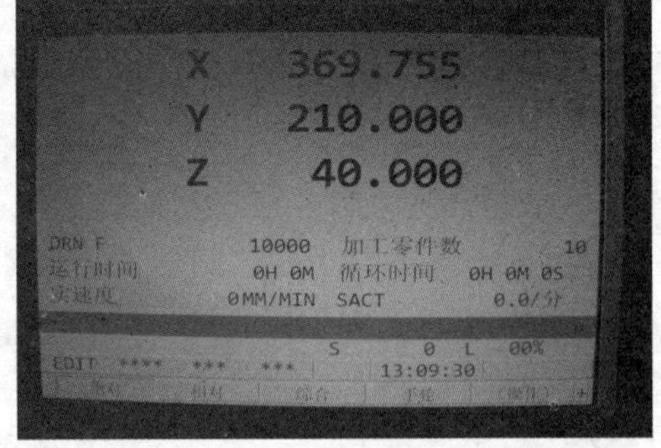

图 9-1-2　把旋钮旋到“JOG”(手动)操作

图 9-1-3　按下“100%”键

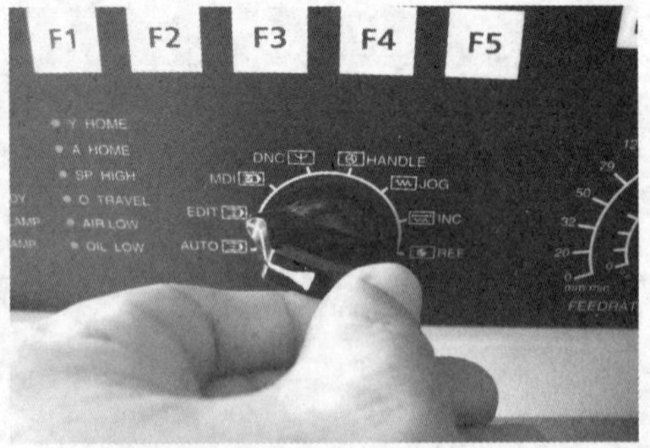

图 9-1-4　选择工作模式

图 9-1-5　旋到"REF"

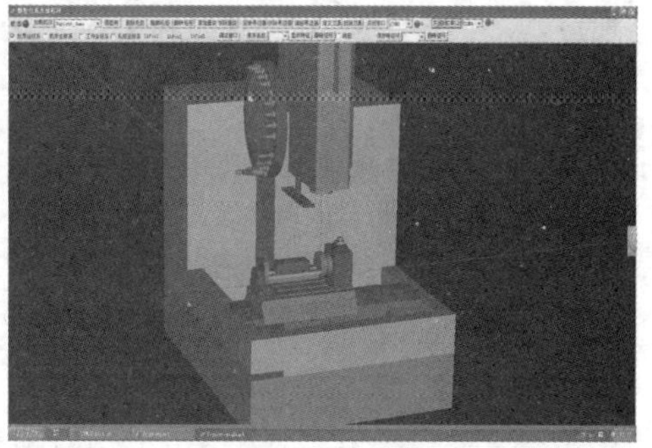

图 9-1-6　电脑开机、加载机床

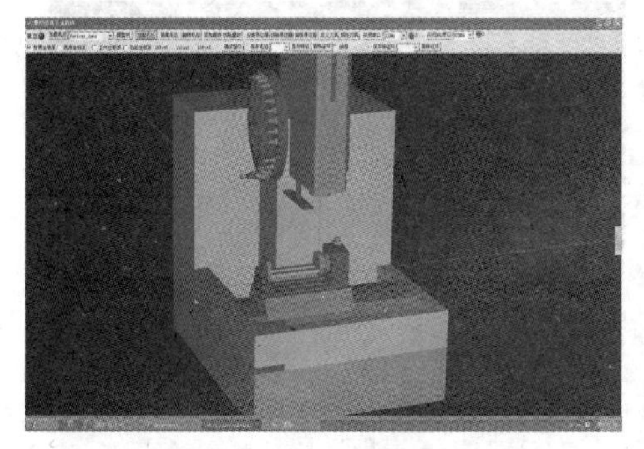

图 9-1-7　删除毛坯

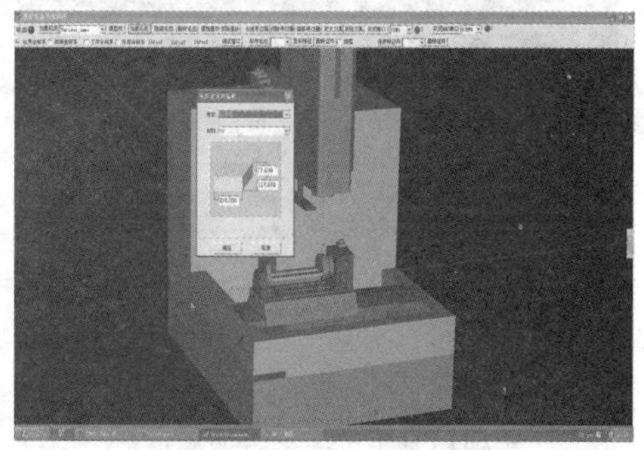

图 9-1-8　加载毛坯

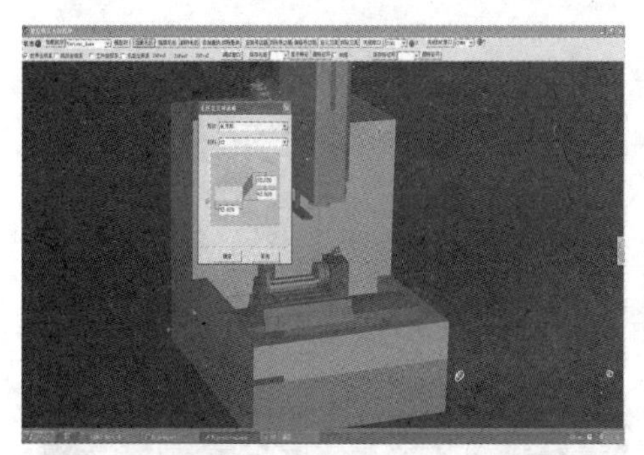

图 9-1-9　设置毛坯尺寸"55mm×45mm× 50mm"

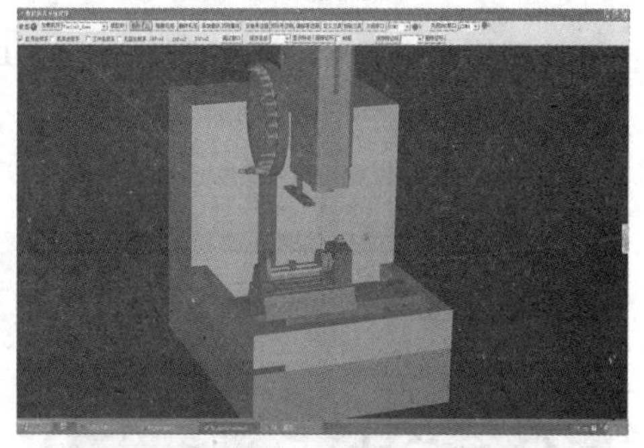

图 9-1-10　点击"确认",毛坯加载完毕

图 9-1-11　按下"－X"键

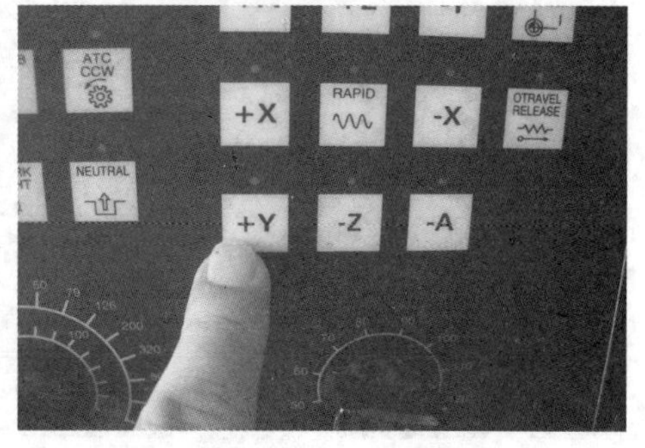

图 9-1-12　按下"＋Y"键

图 9-1-13　按下“+Z”键

图 9-1-14　机床参考点运行完毕

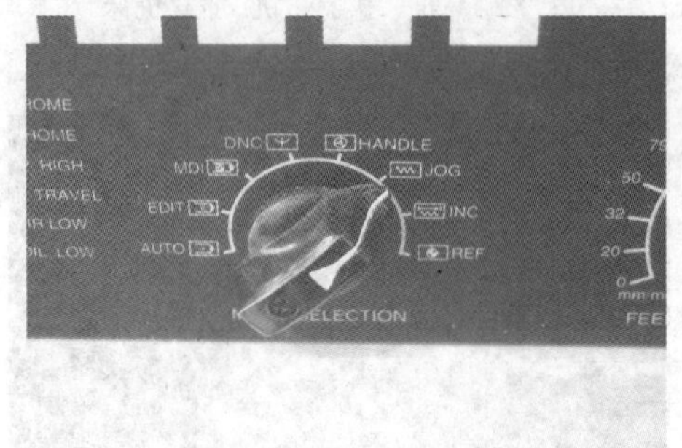

图 9-1-15　机床参考点运行完毕主轴相对于机床零点的坐标值

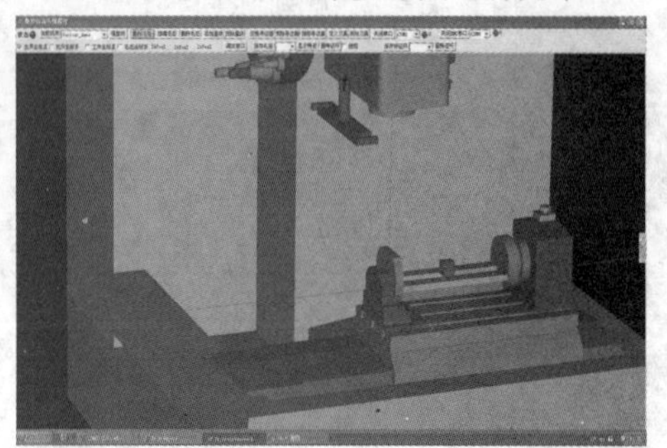

图 9-1-16　机床参考点运行完毕工件的位置

9.1.2　调用拟执行程序

调用拟执行程序的步骤如图 9-1-17 至图 9-1-30 所示。

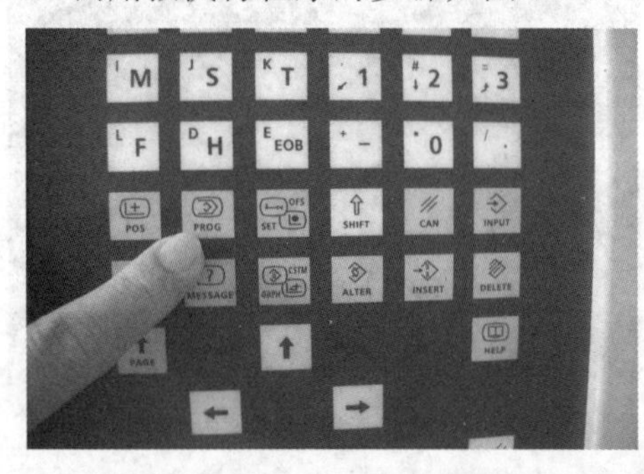

图 9-1-17　按下“PROG”键

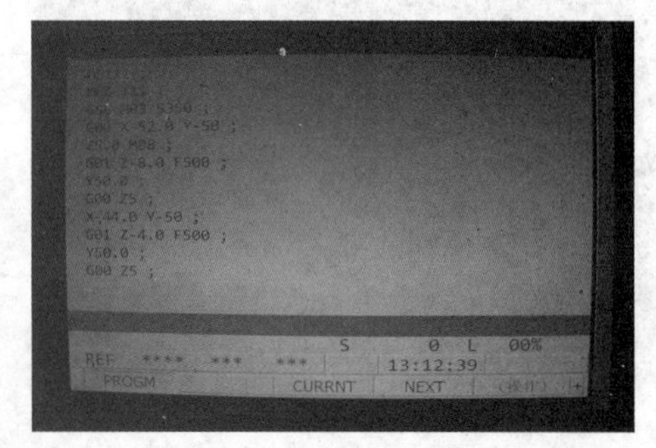

图 9-1-18　显示程序界面

图 9-1-19　工作模式旋钮

图 9-1-20　旋到“EDIT”

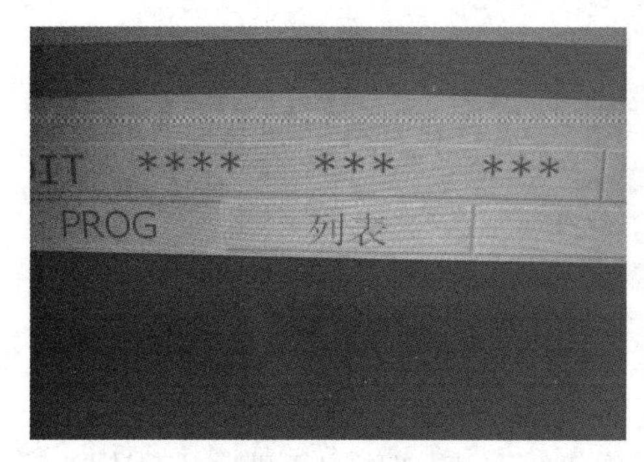

图 9-1-21　选择“列表”

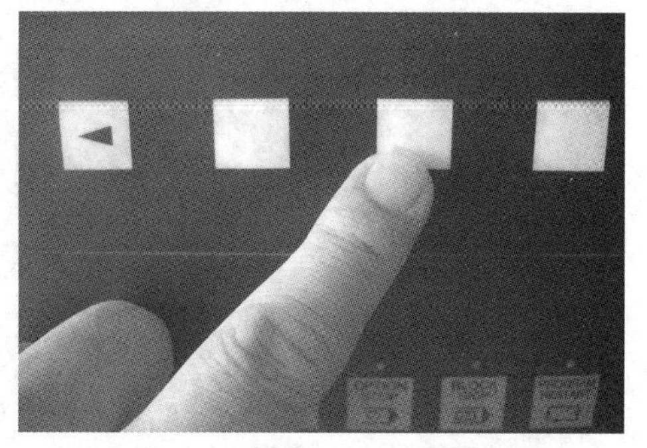

图 9-1-22　按下列表相对应的键

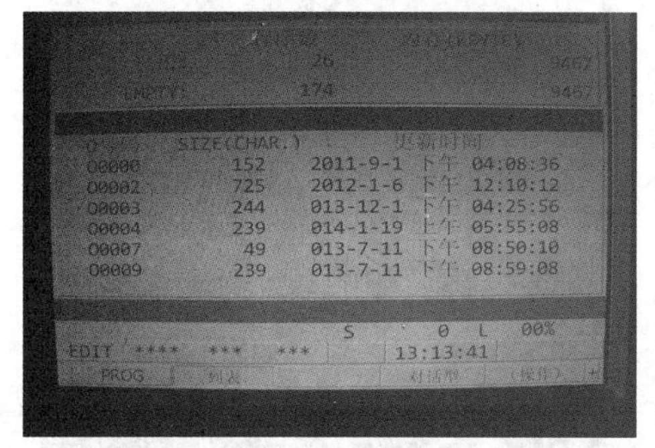

图 9-1-23　打开程序列表

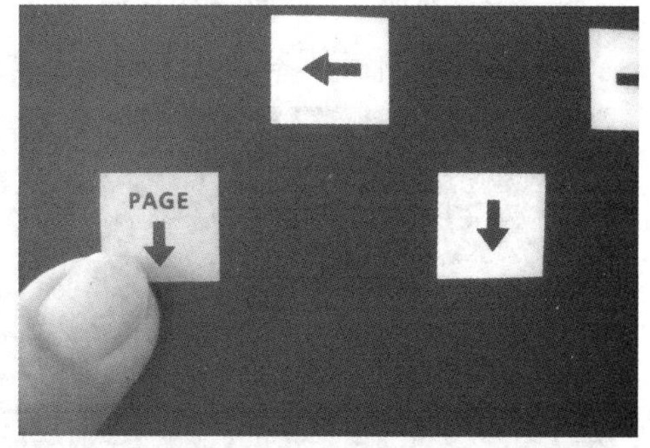

图 9-1-24　按下“PAGE”键

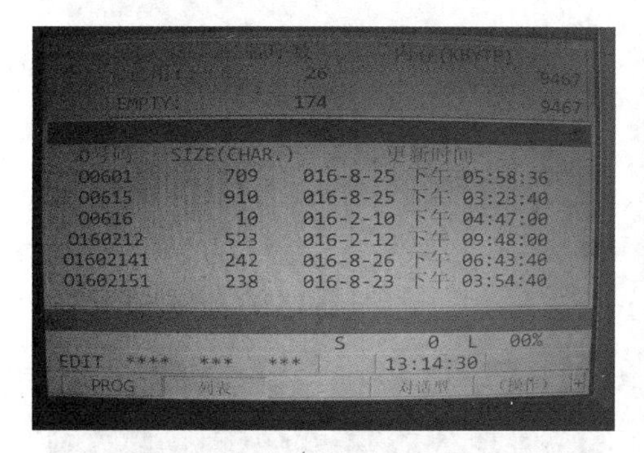

图 9-1-25　翻到需要的程序

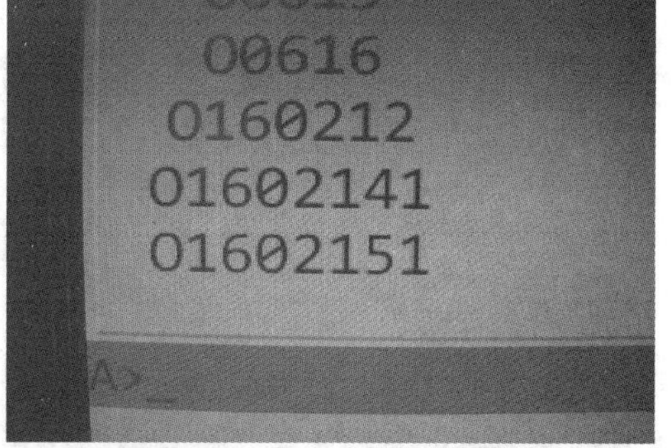

图 9-1-26　找到“O1602141”

图 9-1-27　输入打算调用的程序

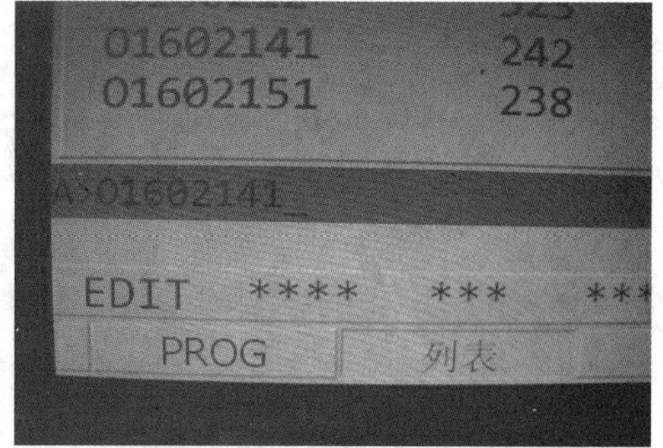

图 9-1-28　输入“O1602141”

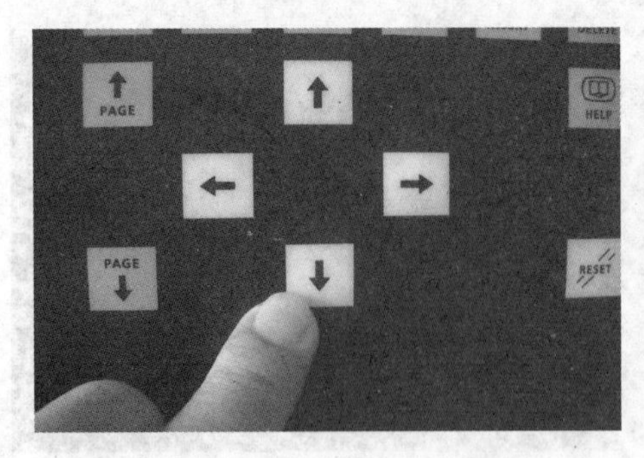

图 9-1-29　按下“↓”键

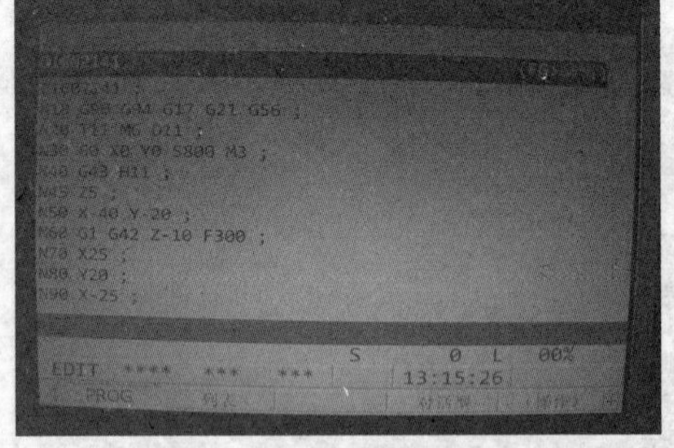

图 9-1-30　“O1602141”调入至当前界面

9.1.3　设置 X 方向工件零点

设置 X 方向工件零点的步骤如图 9-1-31 至图 9-1-63 所示。

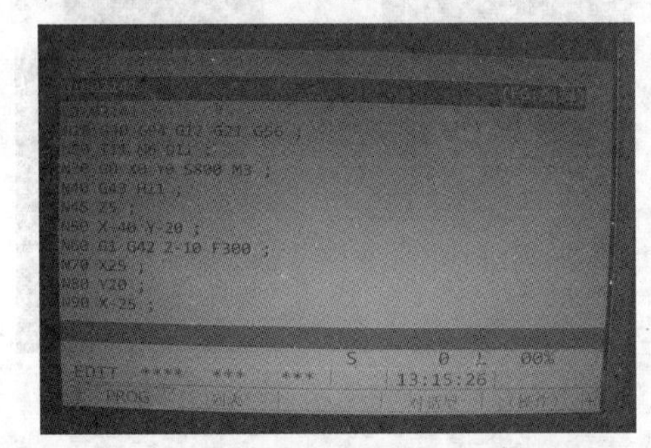

图 9-1-31　待执行的程序“O1602141”

图 9-1-32　按下“OFS-SET”键

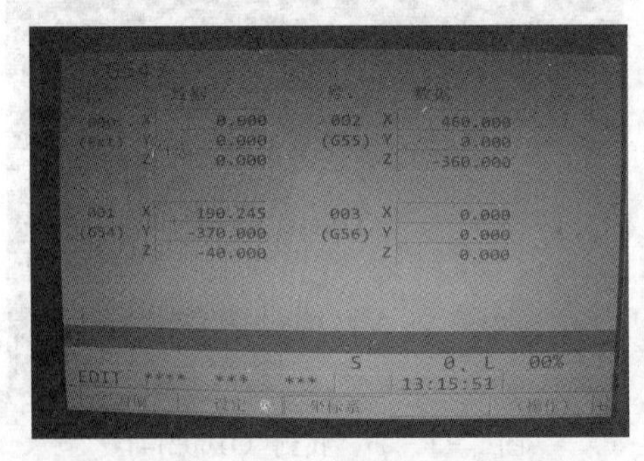

图 9-1-33　显示工件零点设置界面

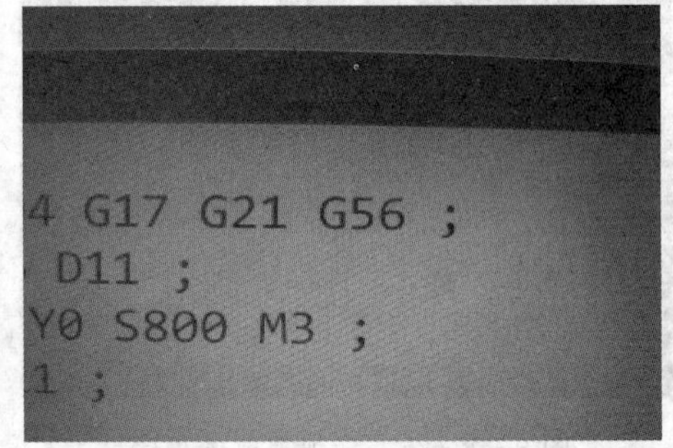

图 9-1-34　看清程序指令“G56”

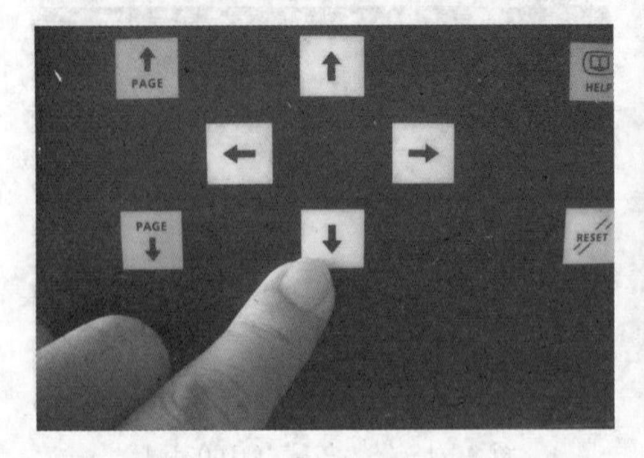

图 9-1-35　按向“↓”键

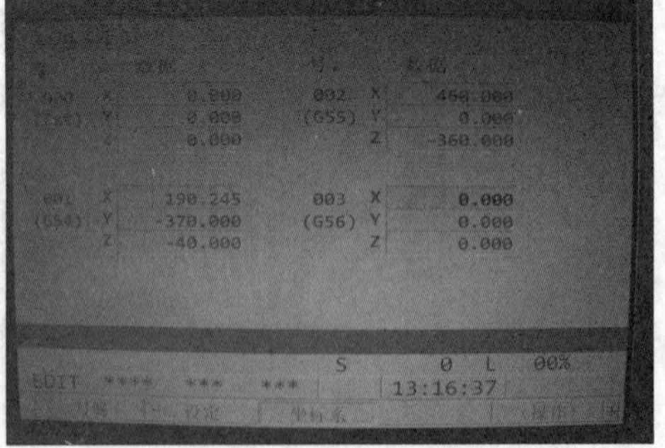

图 9-1-36　光标移到“G56　X 0.000”

图 9-1-37　观察主轴与工件的相对位置

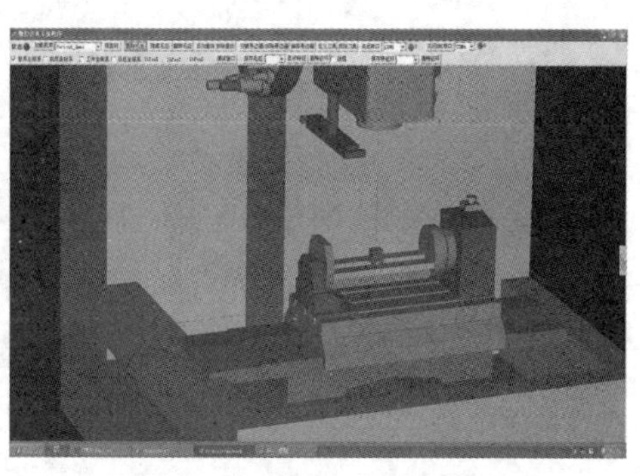

图 9-1-38　在 MDI 模式输入“GOX0Y0”，把主轴移到中心点

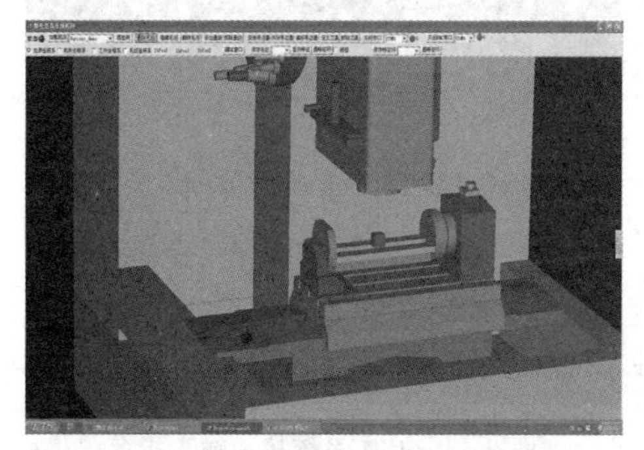

图 9-1-39　用“－Z＋RAPID”移到下方

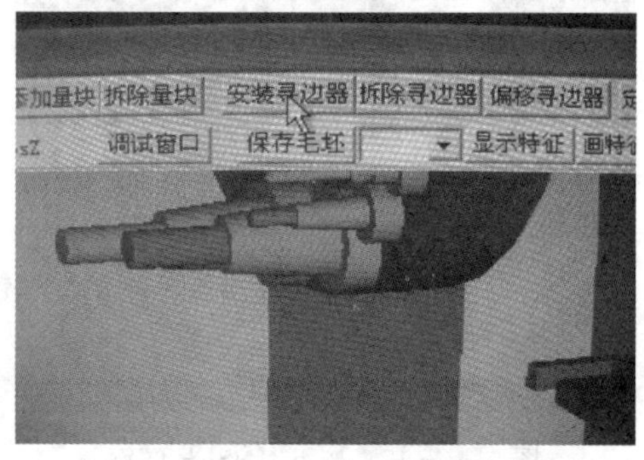

图 9-1-40　点击“安装寻边器”

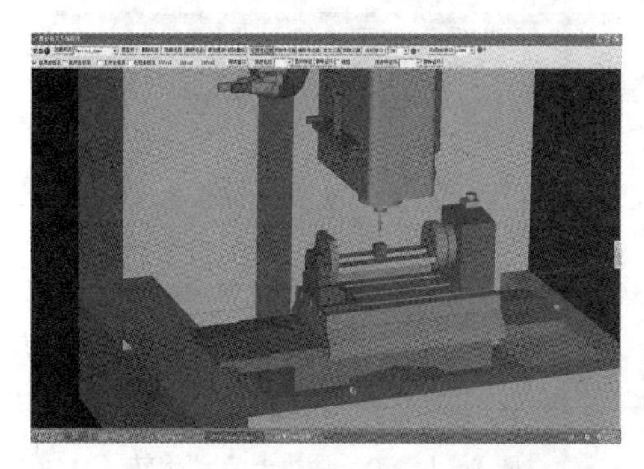

图 9-1-41　寻边器安装到主轴端部

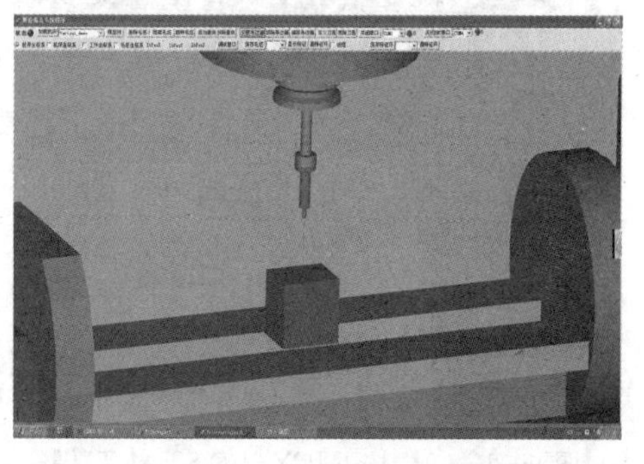

图 9-1-42　放大便于观察

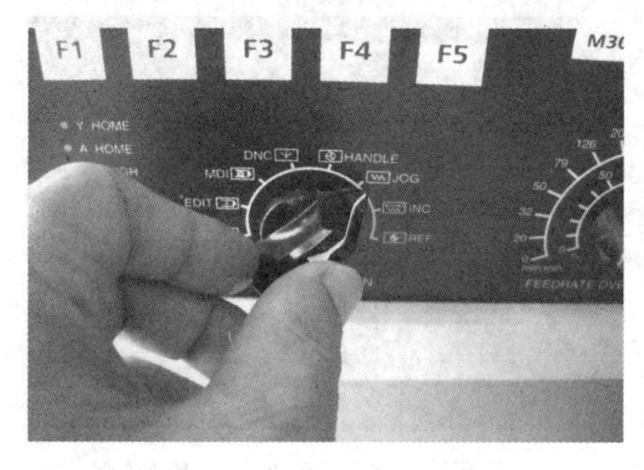

图 9-1-43　旋转模式钮

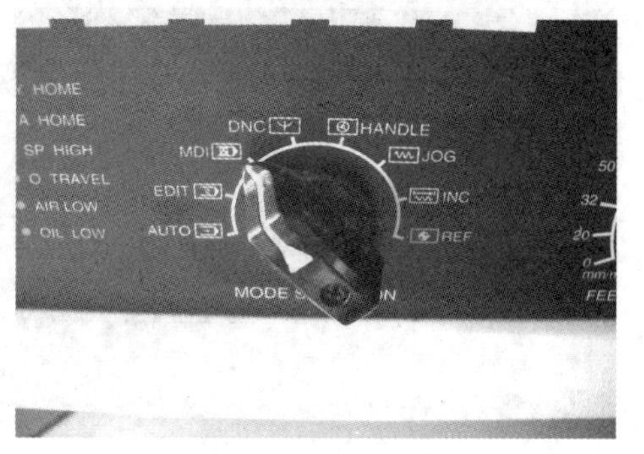

图 9-1-44　旋到“MDI”模式

图 9-1-45　依次按下“M”“3”“S”“2”“0”“0”键

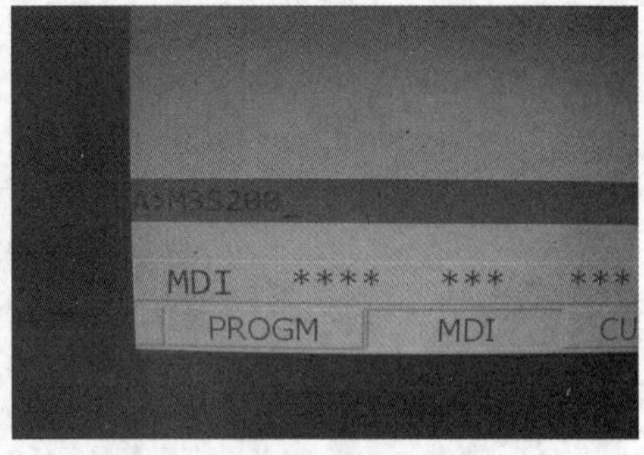

图 9-1-46　输入“M3S200”

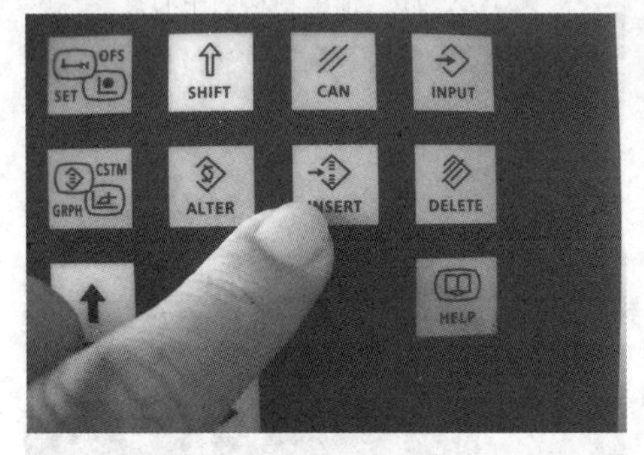

图 9-1-47　按下“INSERT”键

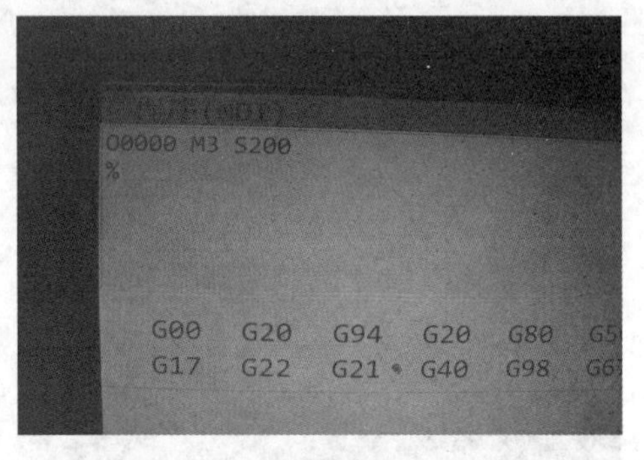

图 9-1-48　系统接受输入指令

图 9-1-49　按下“CYCLE START”键

图 9-1-50　寻边器启动旋转

图 9-1-51　模式旋到“JOG”

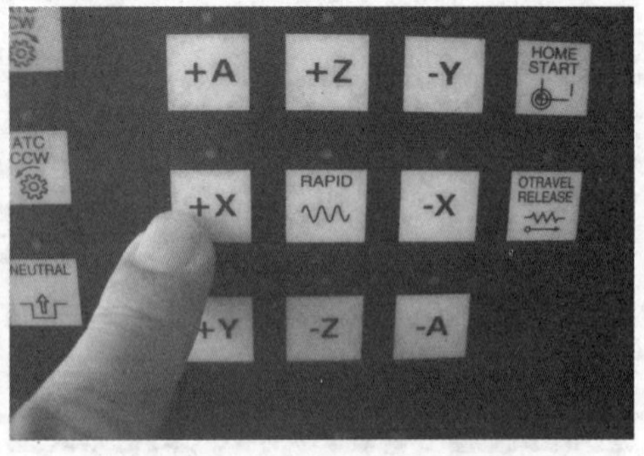

图 9-1-52　手动移动 X 轴

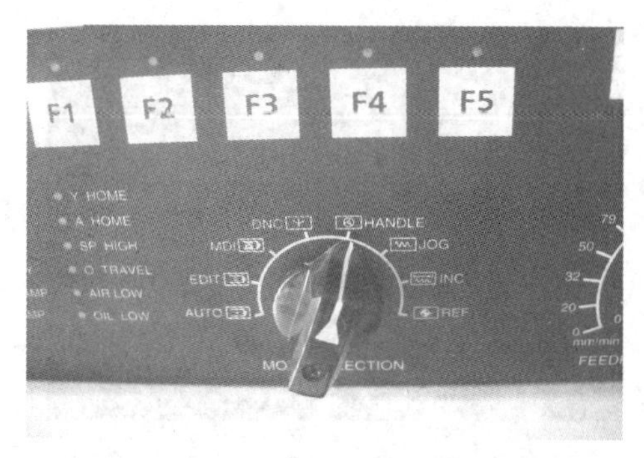

图 9-1-53　模式旋到“HANDLE”

图 9-1-54　操作手轮

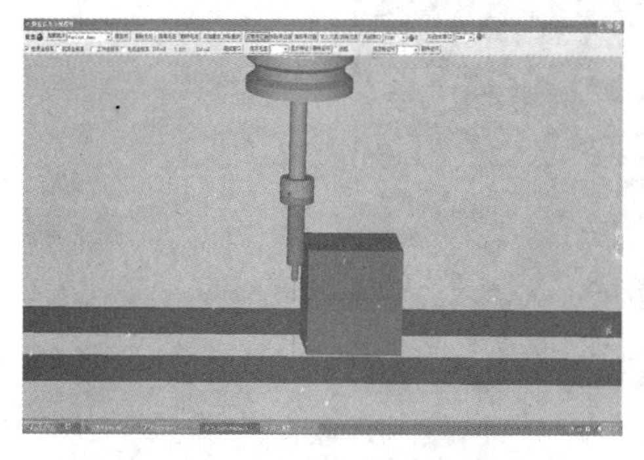

图 9-1-55　将寻边器移到工件边缘

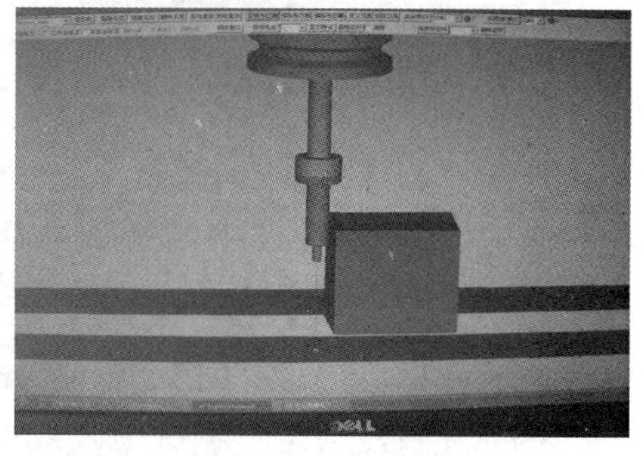

图 9-1-56　用手轮将寻边器接近工件边缘，直至寻边器上下两部分不晃动

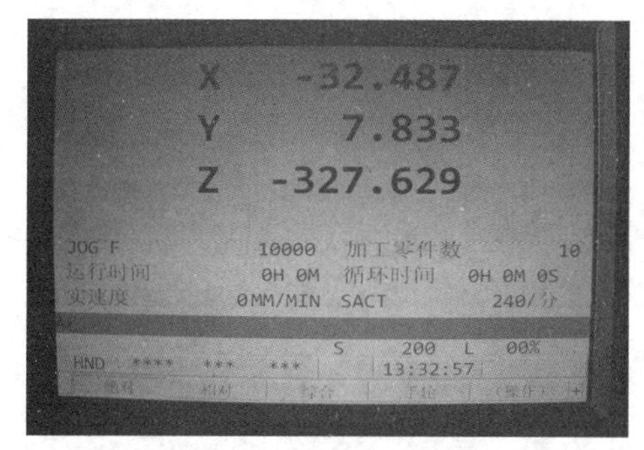

图 9-1-57　按下“POS”键，显示主轴位置坐标“X-32.487”

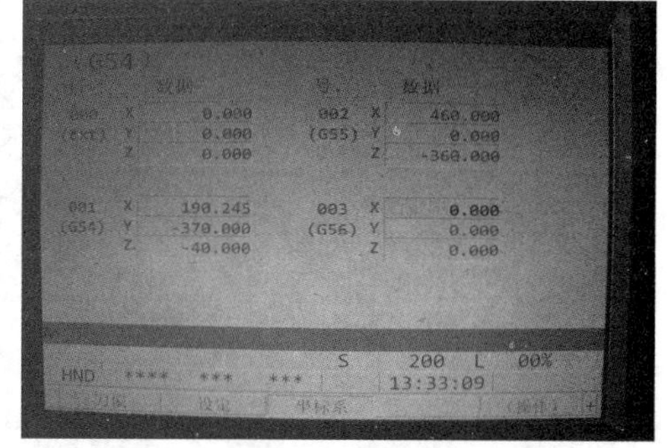

图 9-1-58　按下“OFS SET”

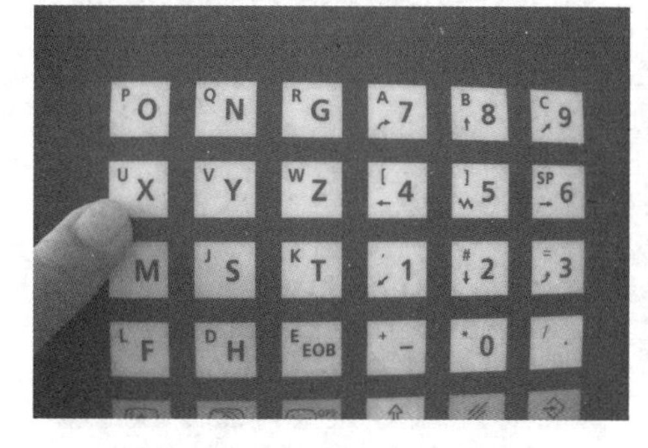

图 9-1-59　按下字母键“X”

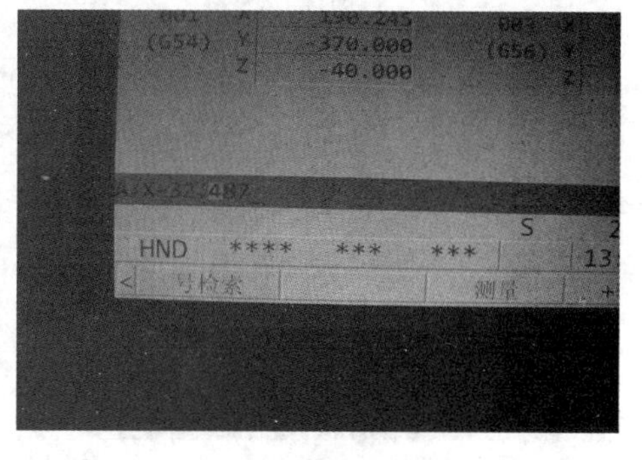

图 9-1-60　输入“X－32.487”

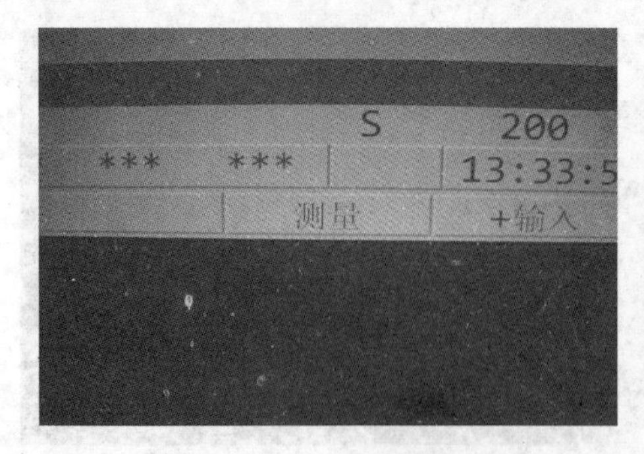

图 9-1-61　选择“测量”

图 9-1-62　按下“测量”下方对应的键

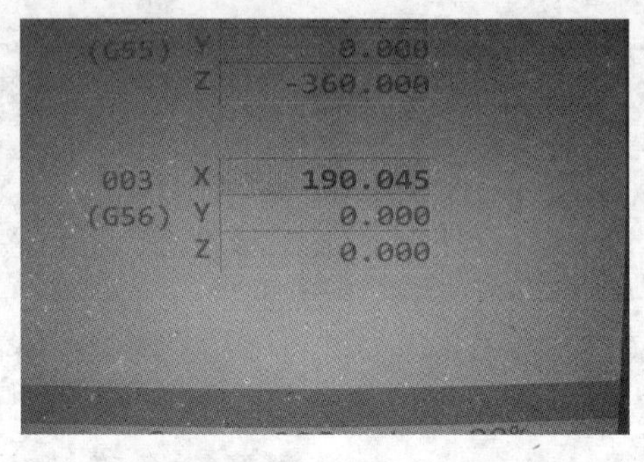

图 9-1-63　输入值进入系统，“G56　X”值调整为“190.045”，此值为工件零点在刀具坐标系中的 X 方向坐标值

9.1.4　设置 Y 方向工件零点

设置 Y 方向工件零点步骤如图 9-1-64 至图 9-1-79 所示。

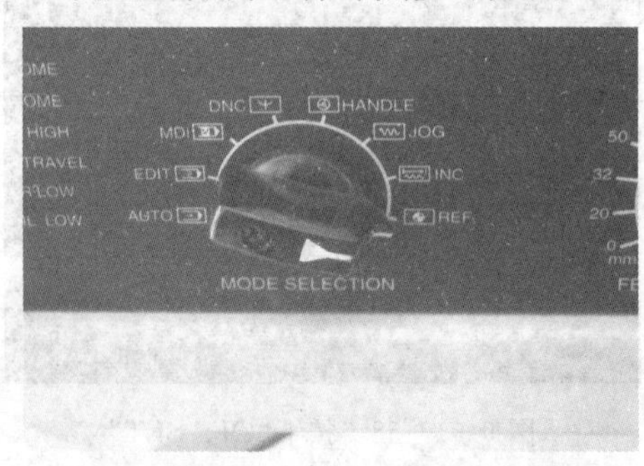

图 9-1-64　目前操作旋钮位于“REF”

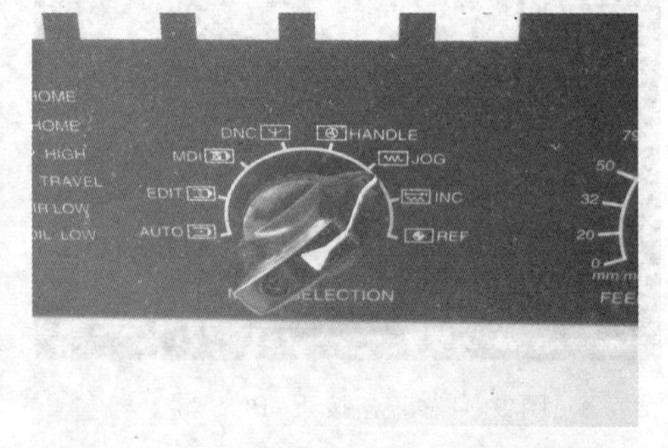

图 9-1-65　把旋钮旋到“JOG”(手动)操作

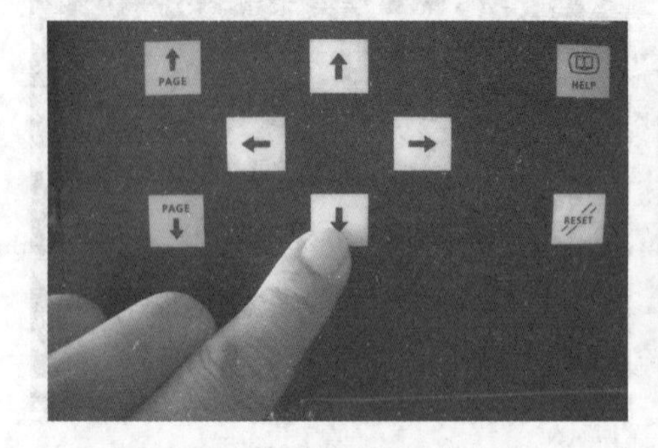

图 9-1-66　按下“↓”键

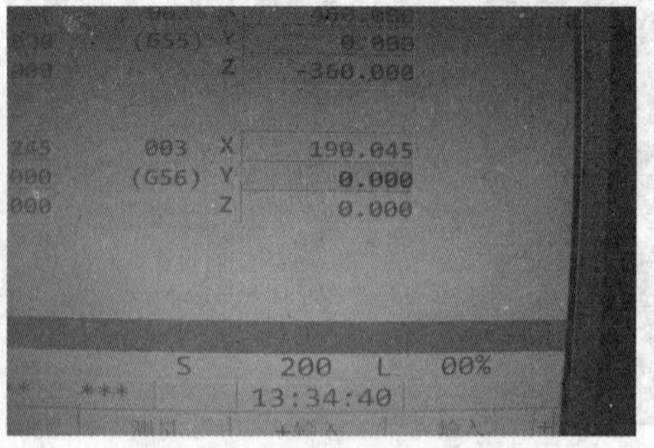

图 9-1-67　光标移到“Y 0.000”

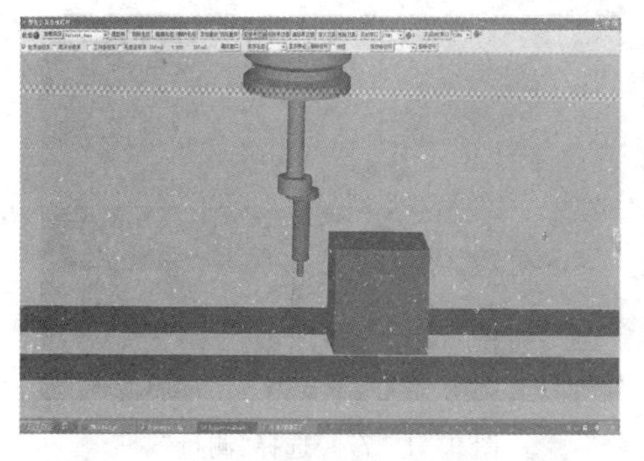

图 9-1-68　操作手轮，将寻边器离开工件

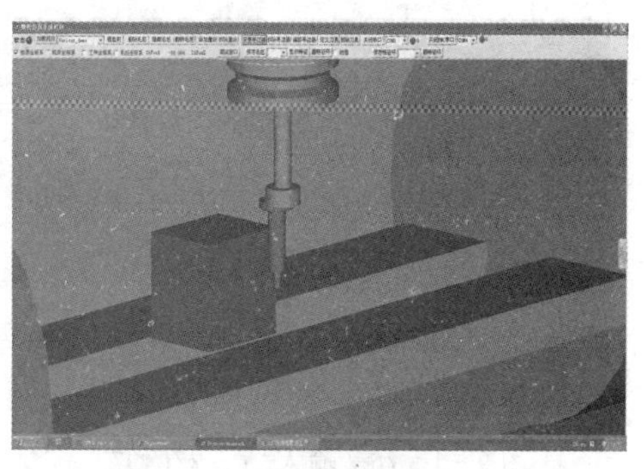

图 9-1-69　寻边器移到－Y 方向

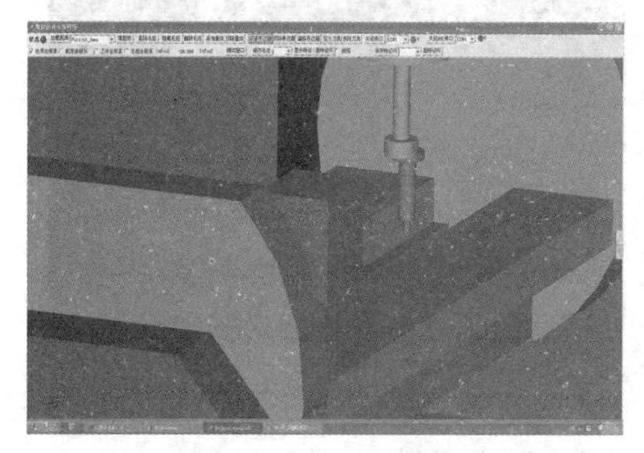

图 9-1-70　调整方位，便于观察

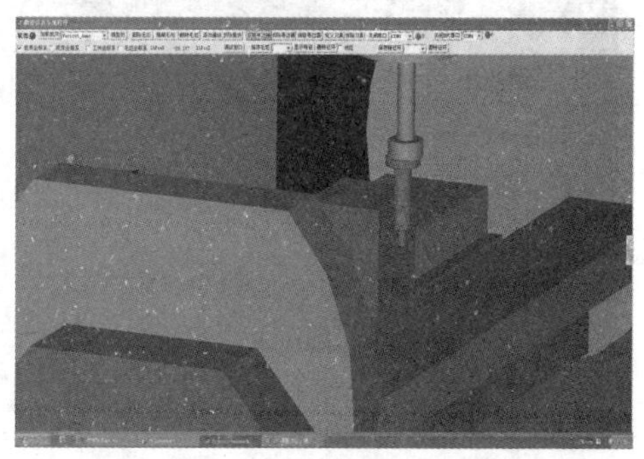

图 9-1-71　寻边器正在接近工件

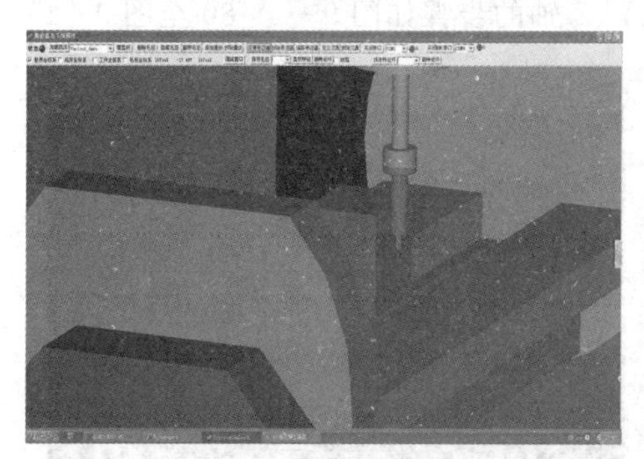

图 9-1-72　寻边器正好贴近工件

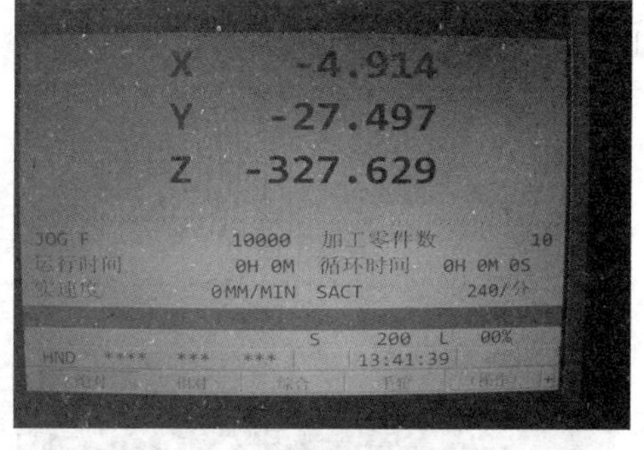

图 9-1-73　记住 Y 值“－27.497”

图 9-1-74　按下“OFS-SET”键

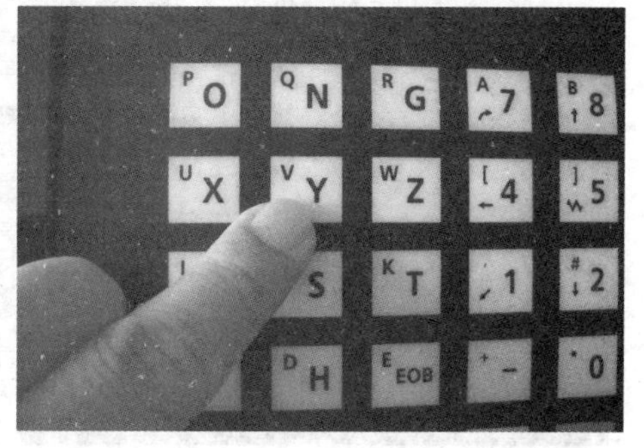

图 9-1-75　按下字母键“Y”

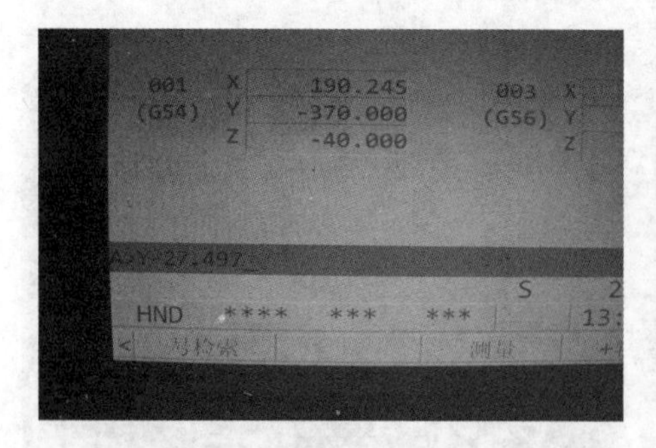

图 9-1-76　输入“Y－27.497”

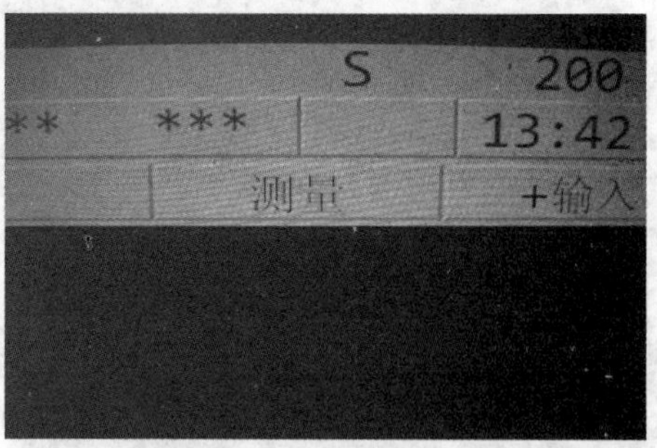

图 9-1-77　选择“测量”

图 9-1-78　按下“测量”下方对应的键

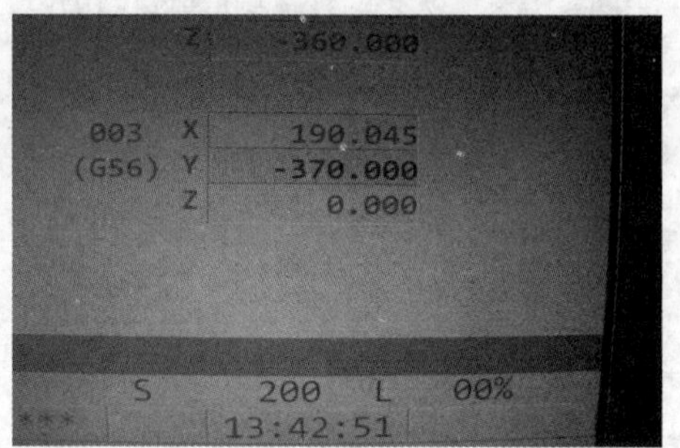

图 9-1-79　*Y* 值变更为“－370.000”

9.1.5　设置 *Z* 方向工件零点 8 手动移动 *X*、*Y*、*Z* 轴

设置 *Z* 方向工件零点 8 手动移动 *X*、*Y*、*Z* 轴的步骤如图 9-1-80 至图 9-1-116 所示。

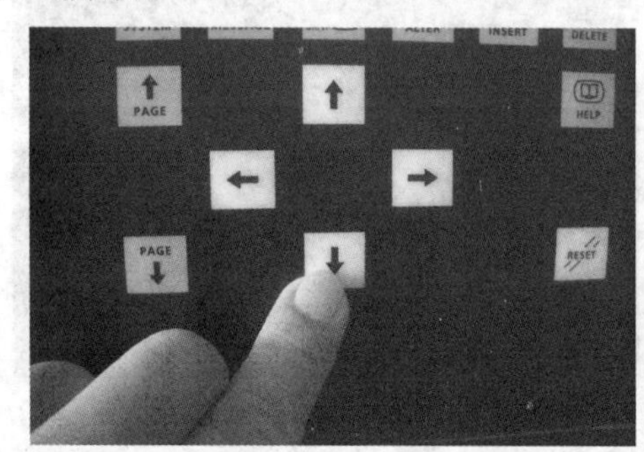

图 9-1-80　按下“↓”键

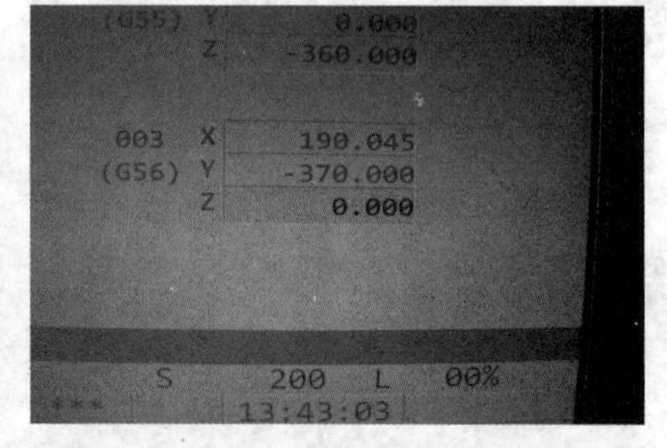

图 9-1-81　光标移到“Z 0.000”

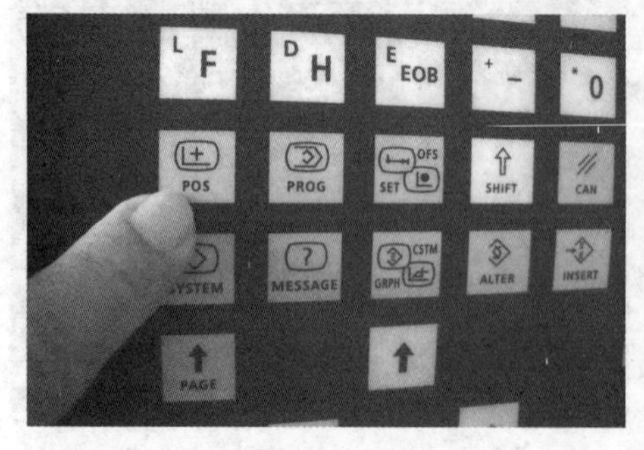

图 9-1-82　按下“POS”键

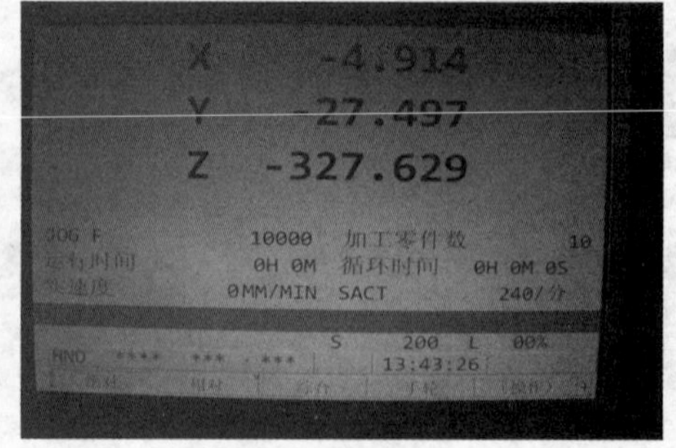

图 9-1-83　切换到坐标显示界面

图 9－1－84　操作手轮

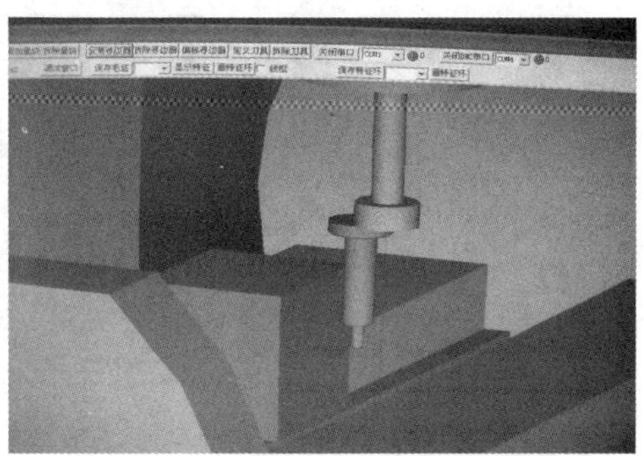

图 9－1－85　将寻边器移开工件

图 9－1－86　按下“SPD STOP”键

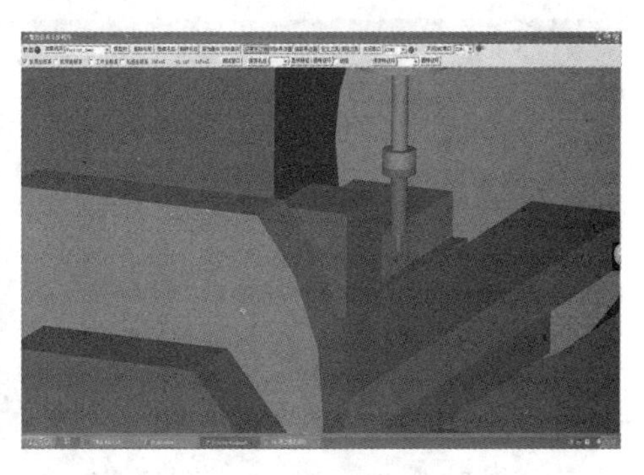

图 9－1－87　寻边器离开工件，并停止转动

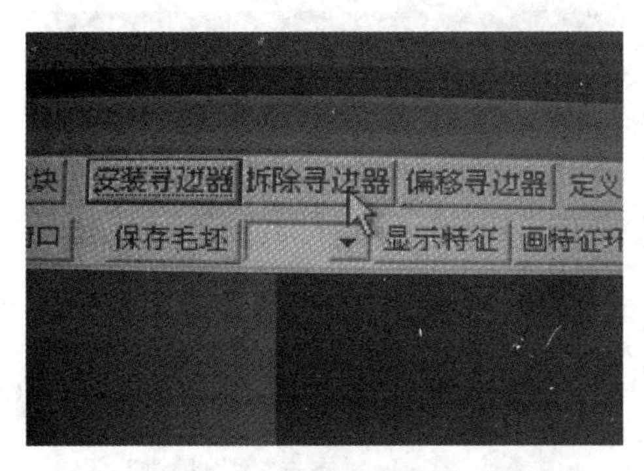

图 9－1－88　点击“拆除寻边器”

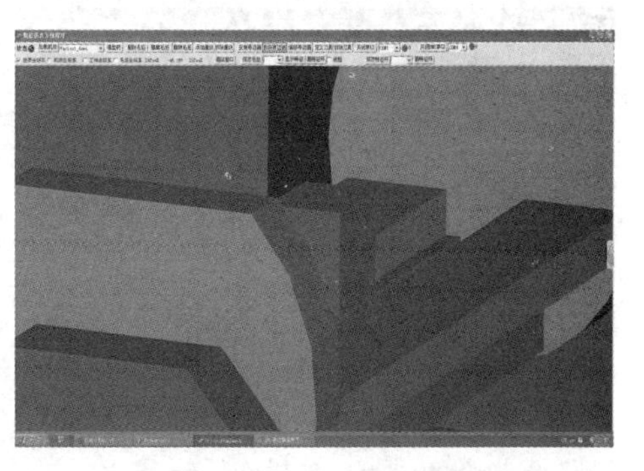

图 9－1－89　寻边器被拆除

图 9－1－90　寻边器拆除拆除后状态

图 9－1－91　按下“PROG”键

图 9-1-92　模式旋到“MDI”

图 9-1-93　依次按下“M”“6”“T”“1”“1”键

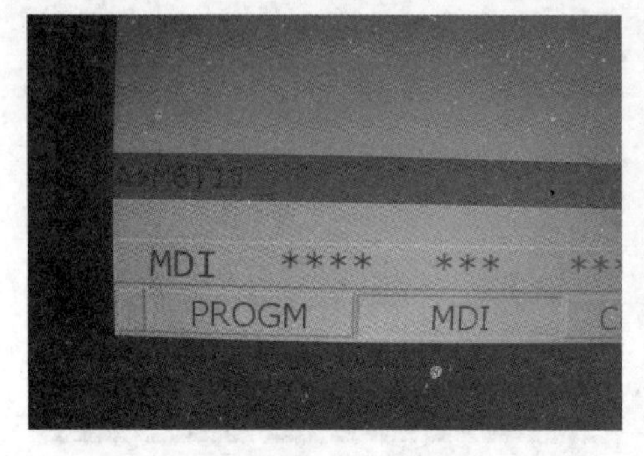

图 9-1-94　输入“M6T11”

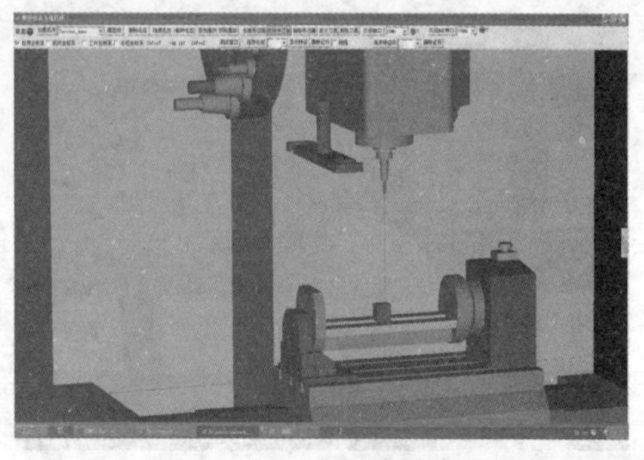

图 9-1-95　换上铣刀“T11”

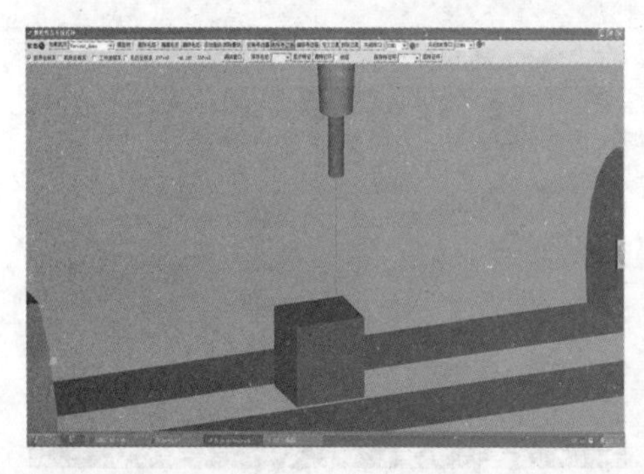

图 9-1-96　操作手轮，移动铣刀至工件上方

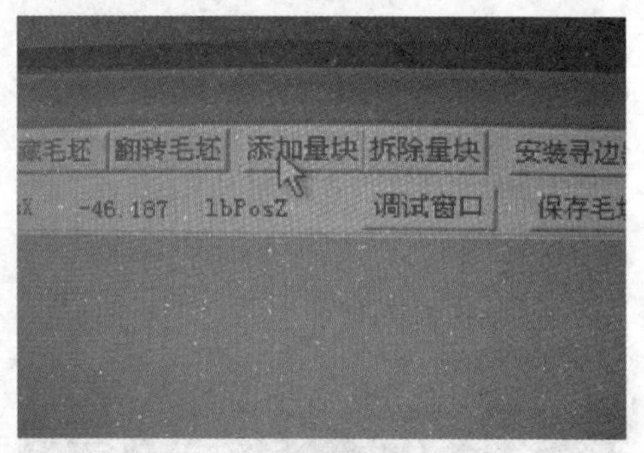

图 9-1-97　点击“添加量块”

图 9-1-98　添加量块立在工件上

图 9-1-99　按下“SPD CW”键

图 9-1-100　旋到“MDI”

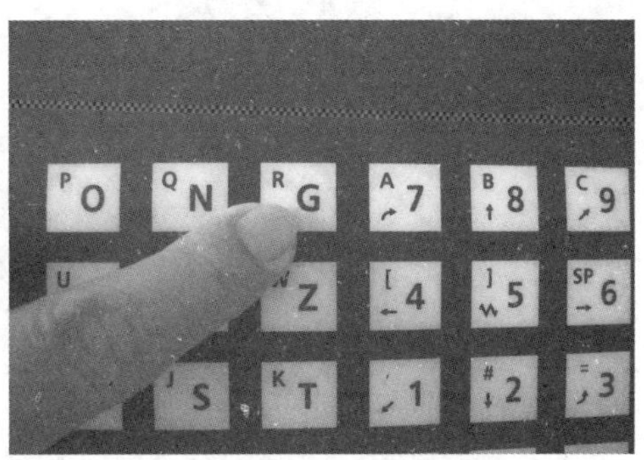

图 9-1-101　依次按下“G”“0”“X”“0”“Y”“0”键

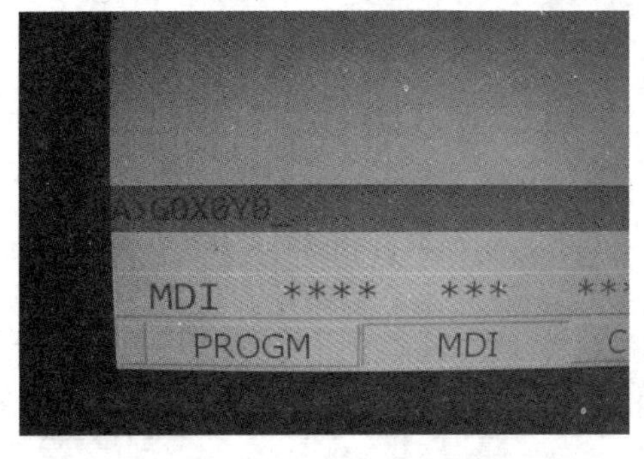

图 9-1-102　输入“G0X0Y0”

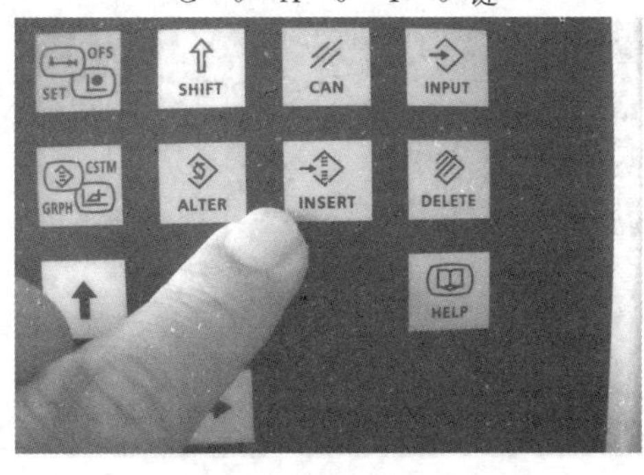

图 9-1-103　按下“INSERT”键

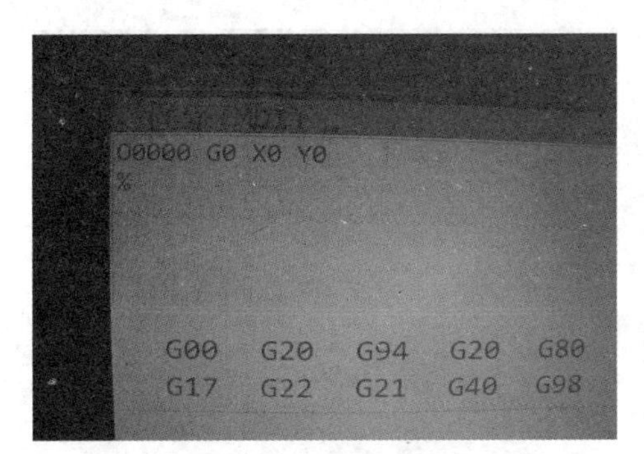

图 9-1-104　系统接收输入的指令

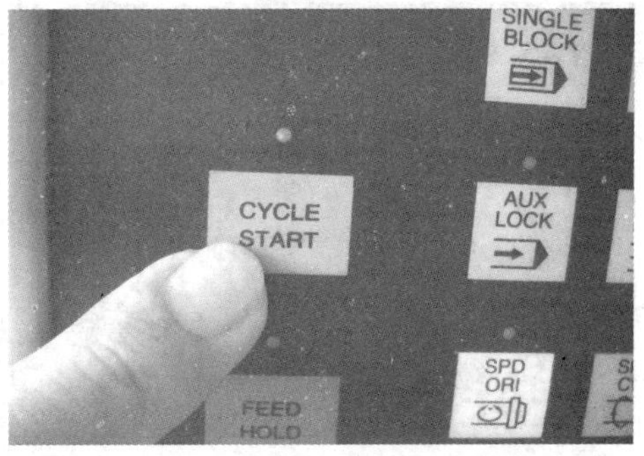

图 9-1-105　按下执行键“CYCLE START”

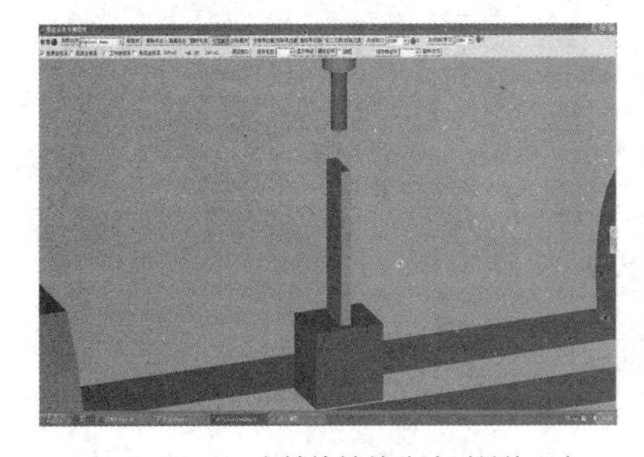

图 9-1-106　主轴旋转并移动到量块上方

图 9-1-107　操作手轮，将铣刀压在量块顶部，变成红色，表示压得太紧

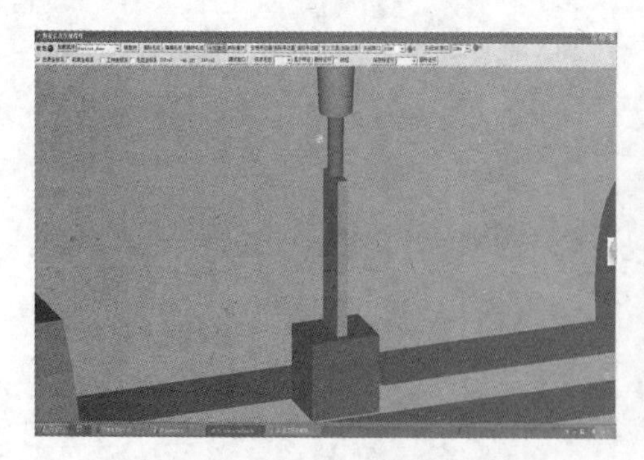

图 9-1-108 铣刀压在量块顶部，变成绿色，表示压得偏松

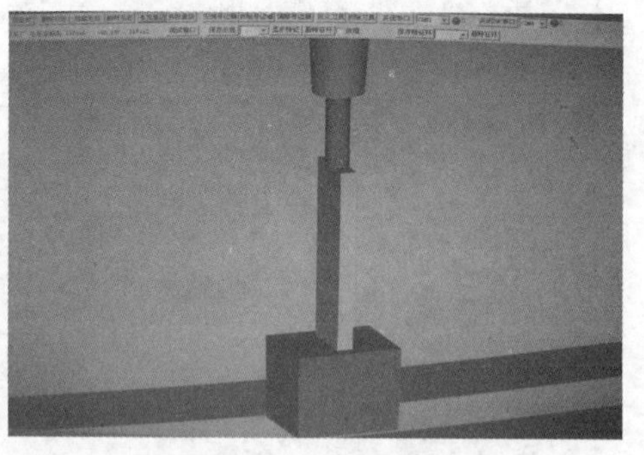

图 9-1-109 铣刀压在量块顶部，变成黄色，表示压力适中，此时对应的 Z 值最准确

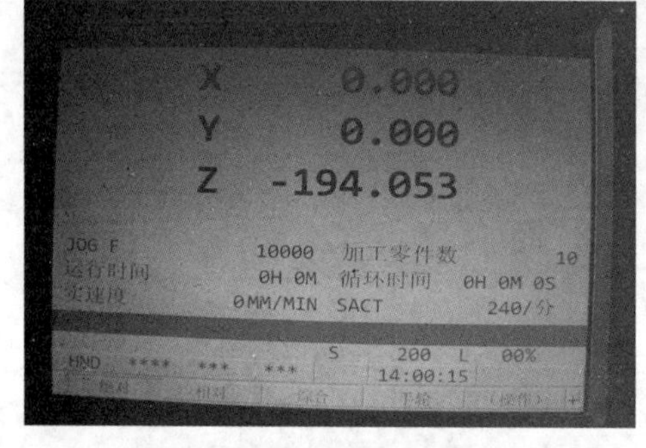

图 9-1-110 记住 Z 轴坐标值“−194.053”

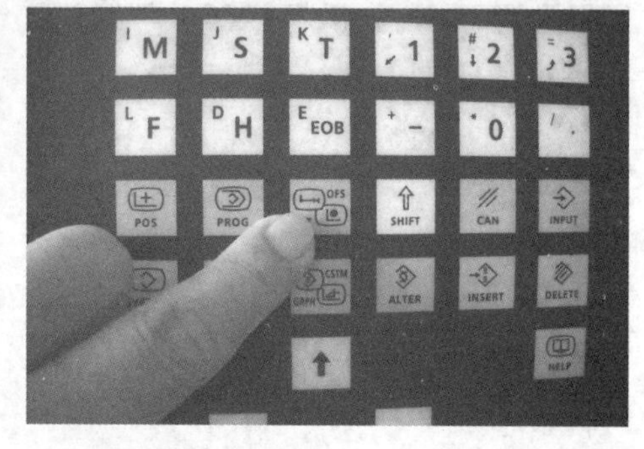

图 9-1-111 按下“OFS-SET”键

图 9-1-112 依次按下“Z”“−”“1”“9”“4”“.”“0”“5”“3”键

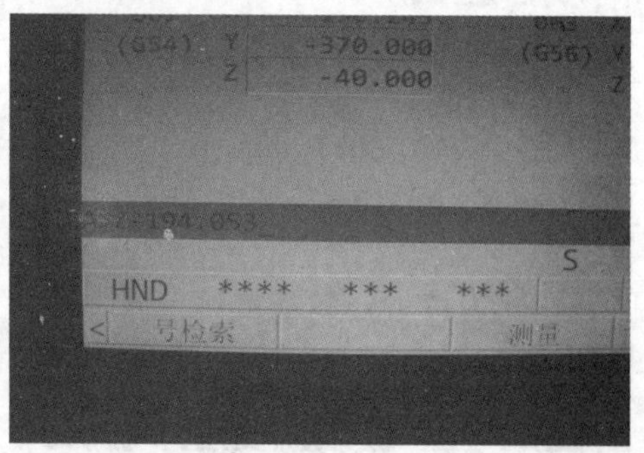

图 9-1-113 输入“A>Z−194.053”

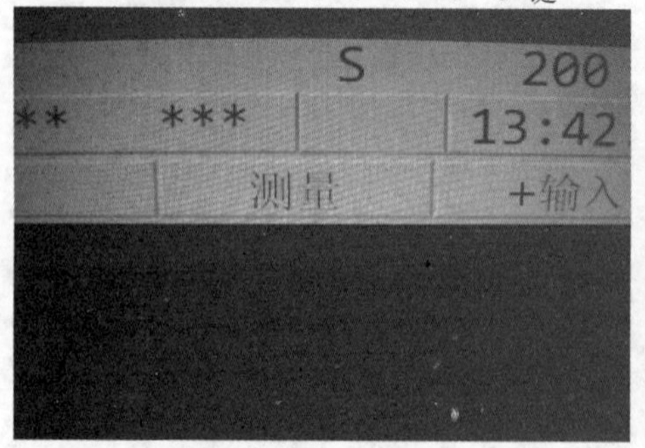

图 9-1-114 选择“测量”

图 9-1-115 按下与“测量”相对应的键

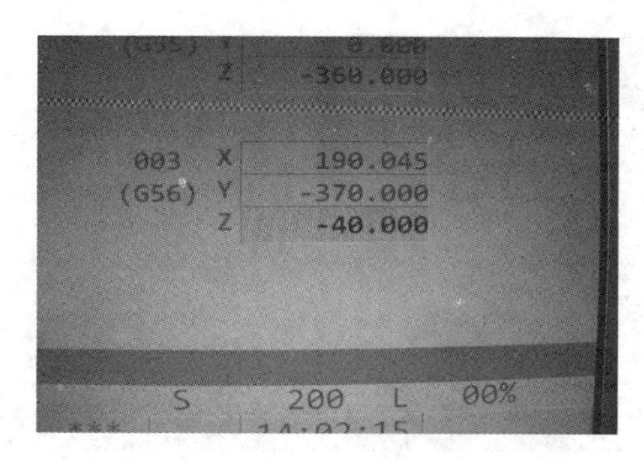

图 9-1-116　*Z* 值变更为“−40”

9.1.6　拆除量块 加工工件

拆除量块、加工工件的步骤如图 9-1-117 至图 9-1-132 所示。

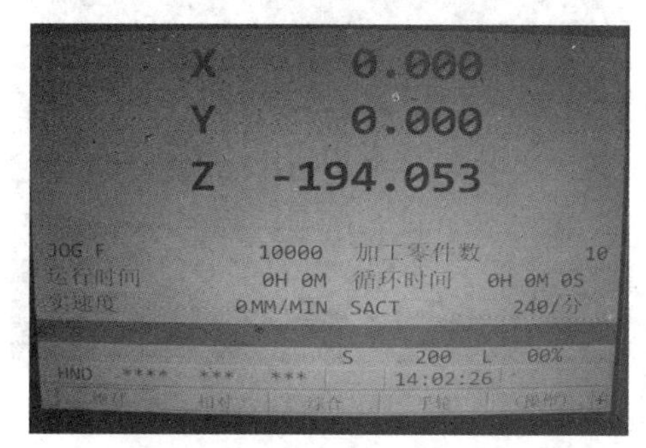

图 9-1-117　铣刀接触到量块顶部时对应的坐标值“X 0 Y 0 Z −194.053”

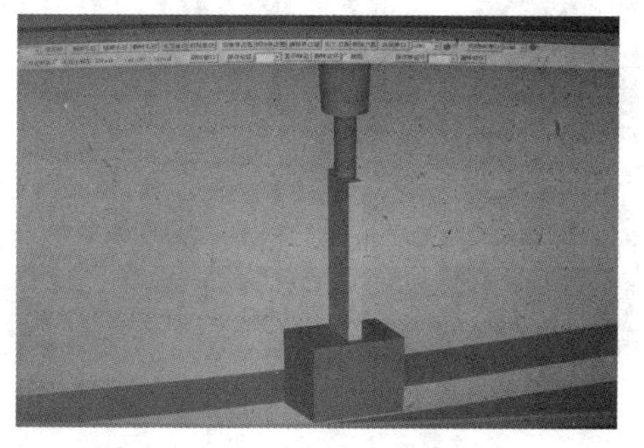

图 9-1-118　铣刀接触到量块顶部

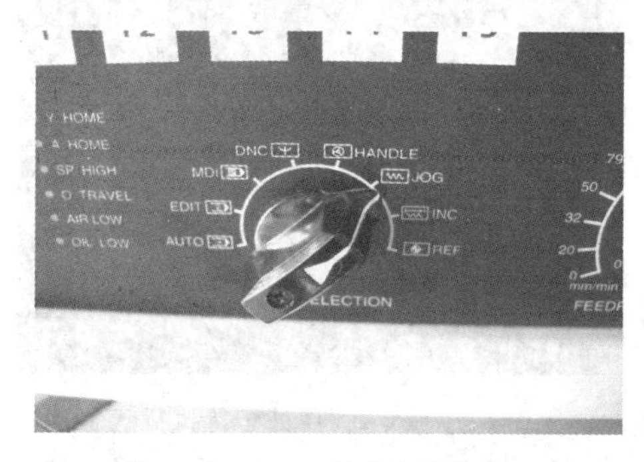

图 9-1-119　模式旋到“JOG”

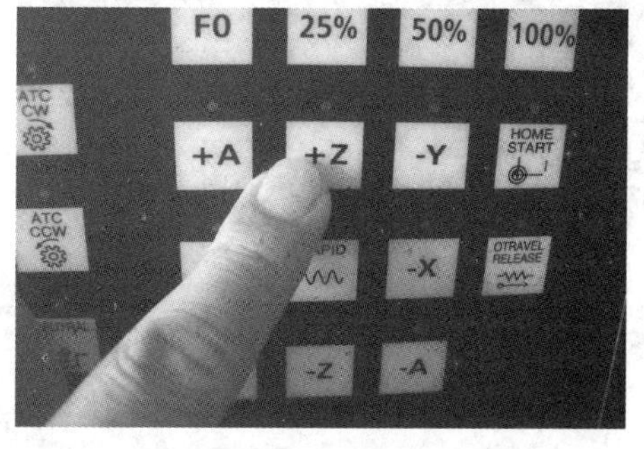

图 9-1-120　按下“+Z”键

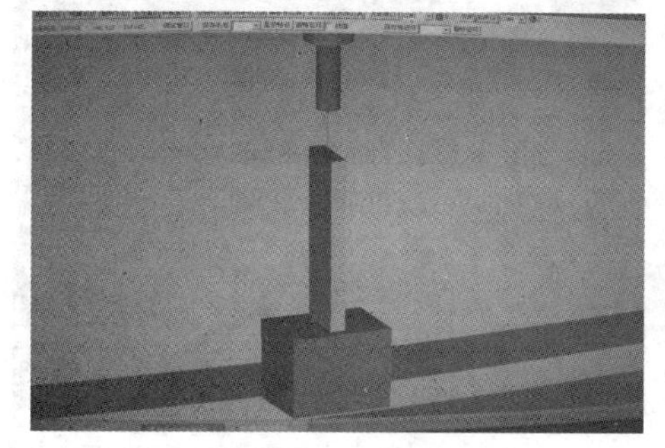

图 9-1-121　铣刀抬起

图 9-1-122　按下“STOP”键，主轴停止转动

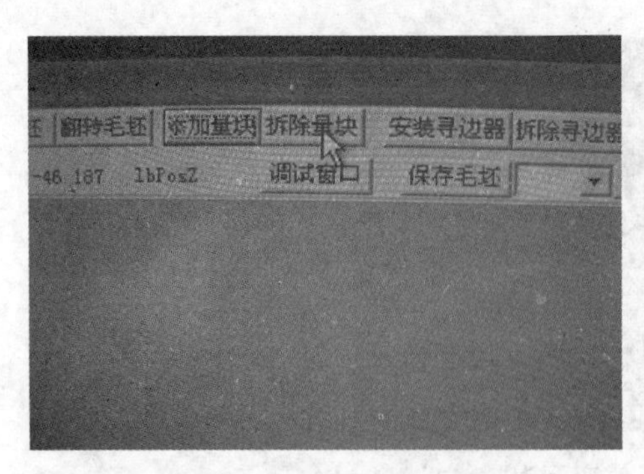

图 9-1-123　点击“拆除量块”

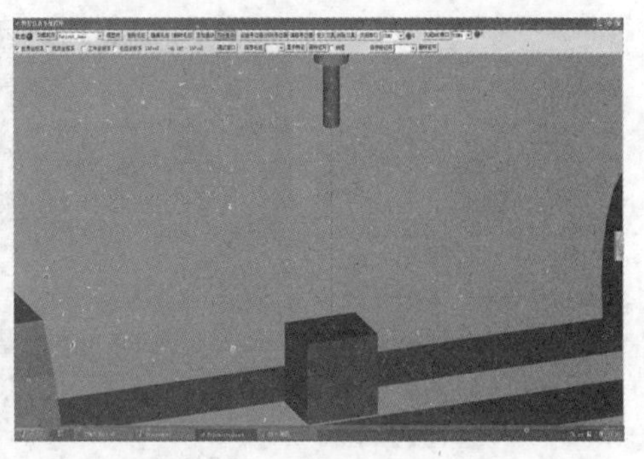

图 9-1-124　量块从工件上移走了

图 9-1-125　按下“PROG”键

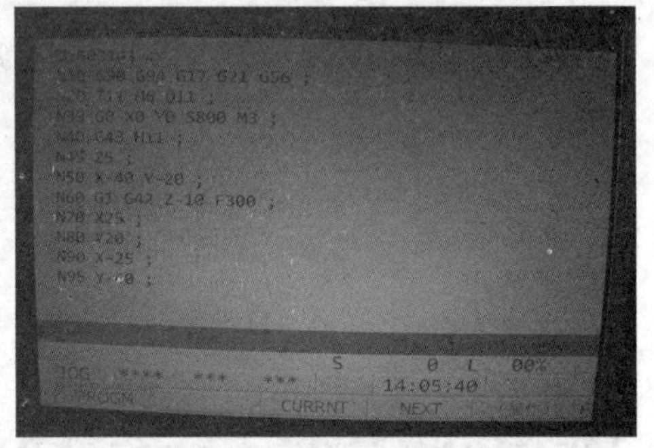

图 9-1-126　打开待执行程序

图 9-1-127　模式旋到“AUTO”

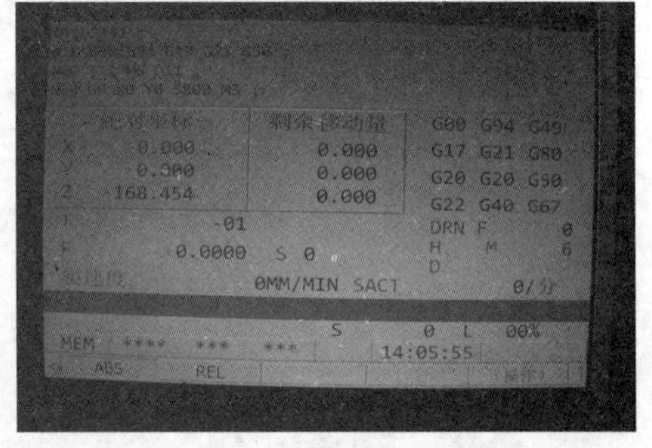

图 9-1-128　程序处于待执行状态

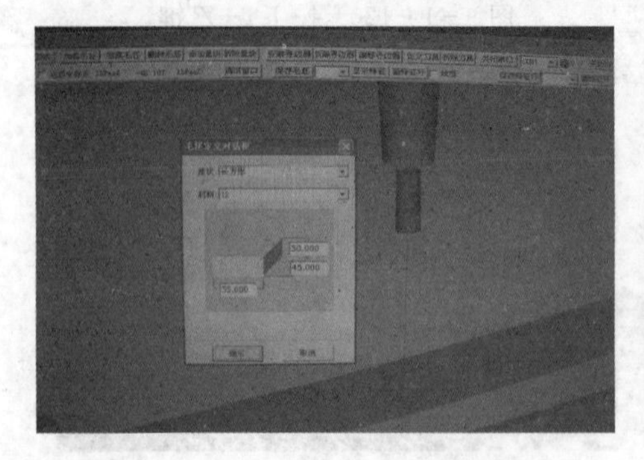

图 9-1-129　“确认”或“加载”毛坯

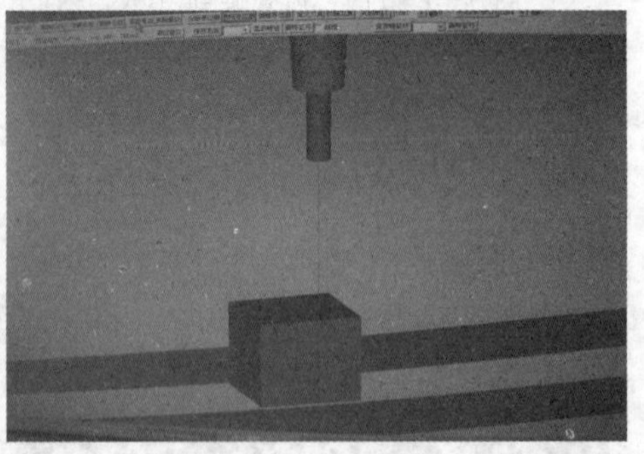

图 9-1-130　毛坯准备完毕

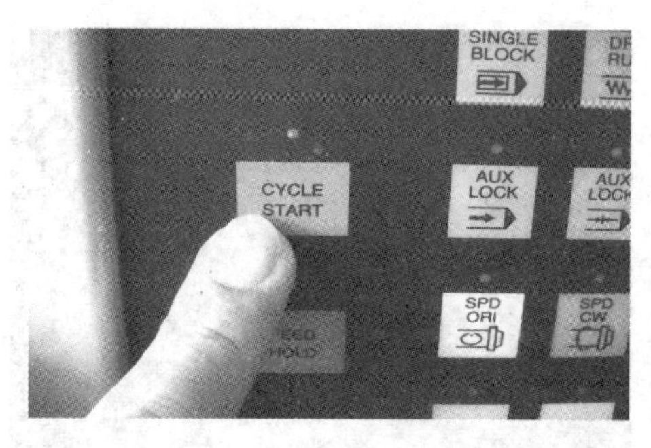

图 9-1-131　按下执行键“CYCLE START”

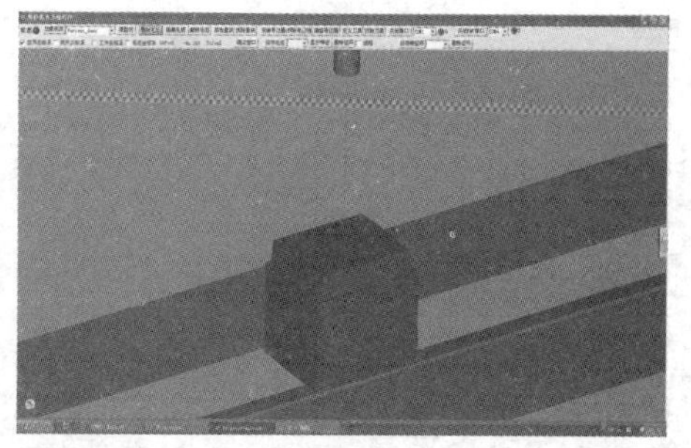

图 9-1-132　程序执行完毕，加工结果图

9.2　零点位于工件边缘

零点位于工件边缘、刀具长度补偿及工件加工的步骤如图 9-2-1 至图 9-2-33 所示。

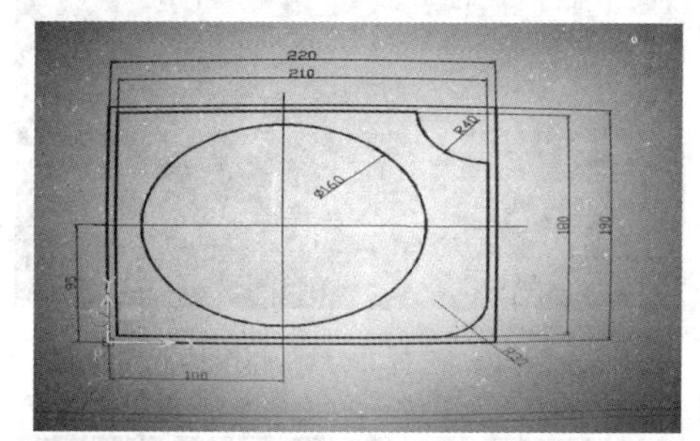

图 9-2-1　待加工的工件图纸

```
%
O160831 ;
N10 G17 G56 G90 G21 ;
N20 G0 X-30 Y5 Z300 ;
N30 T11 M6 ;
N40 G43 H11 M03 S800 ;
N60 G0 Z5 ;
N70 G1 Z-10 D11 F600 ;
N80 G42 X185 ;
N90 G3 X215 Y35 R30 F600 ;
N100 G1 Y145 ;
N110 G2 X175 Y185 R40 F600 ;
N120 G1 X5 F600 ;
N130 Y-20 ;
N140 G49 G0 Z300 M05 ;
N150 M6 T14 D14 ;
N160 G43 H14 M03 S800 ;
N170 G40 G0 X100 Y15 ;
N172 G0 Z5 ;
N175 G1 Z-10 F600 ;
N180 G2 X100 Y175 R80 F600 ;
N190 G2 X100 Y15 R80 F600 ;
N200 G1 Z5 F400 ;
N210 G0 Z300 M05 ;
N220 M30 ;
%
```

图 9-2-2　编制程序

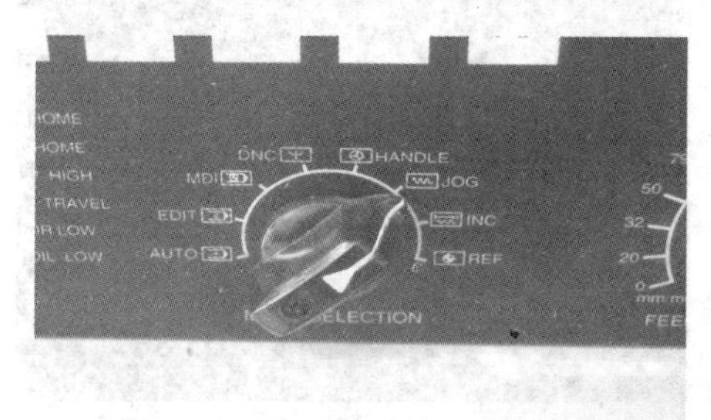

图 9-2-3　机床参考点运行完毕主轴

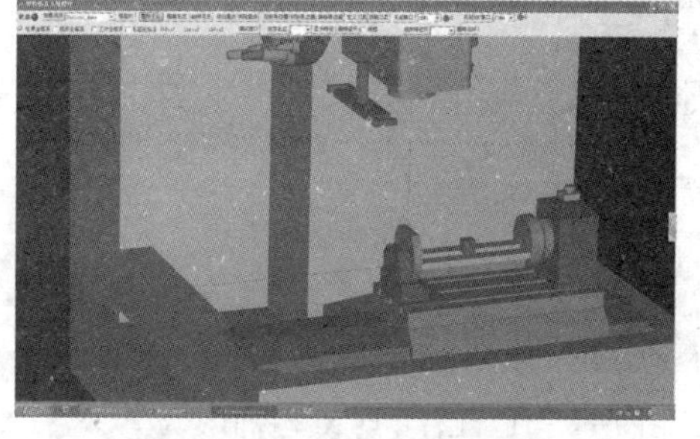

图 9-2-4　机床参考点运行完毕工件的位置相对于机床零点的坐标值

图 9-2-5　按下“OFS-SET”键

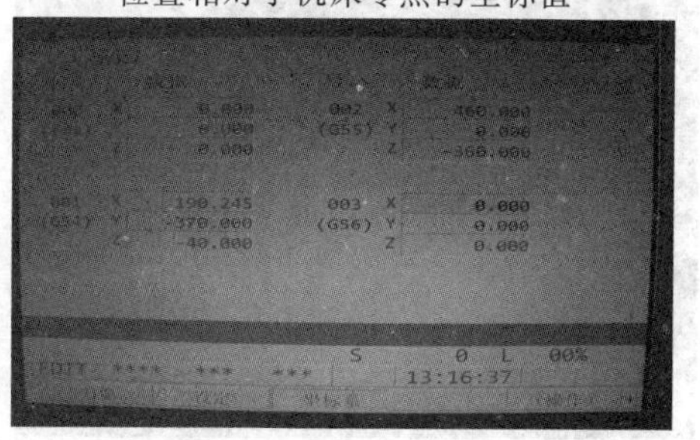

图 9-2-6　把光标移到“G56　X 0.000”

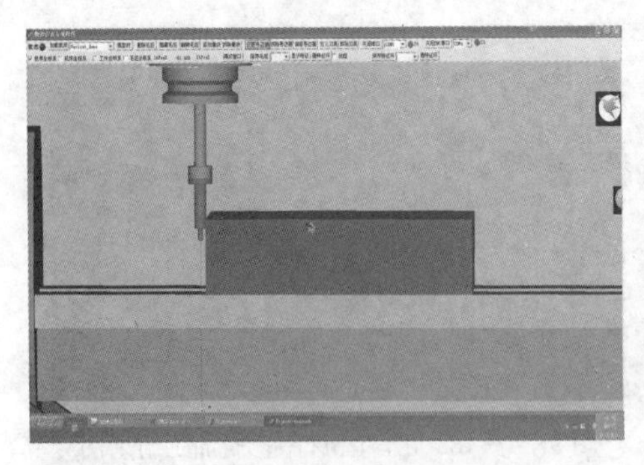

图 9-2-7　把寻边器移到工件－X 边缘

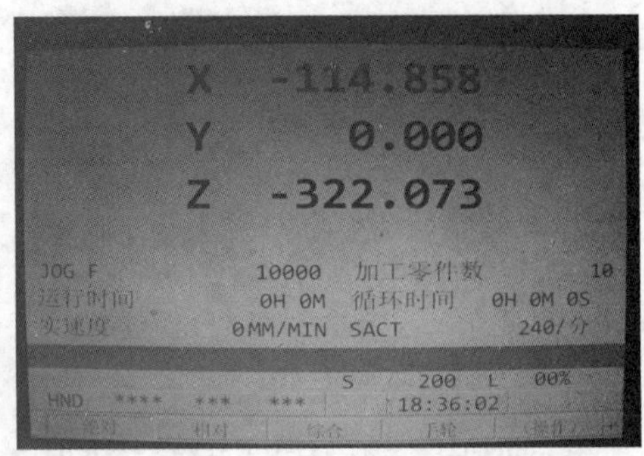

图 9-2-8　不必看显示的 X 坐标值

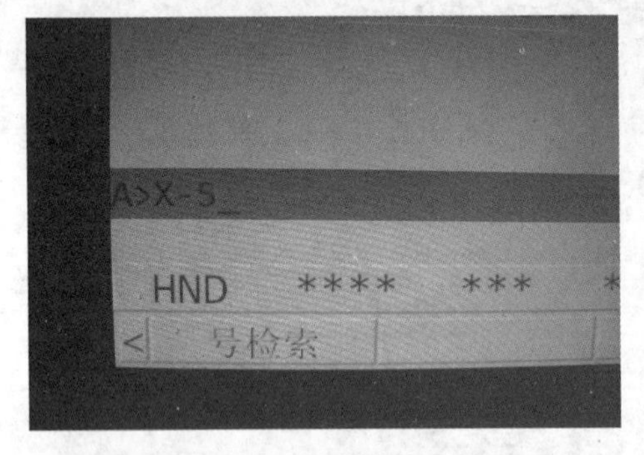

图 9-2-9　直接输入“A>X－5_”

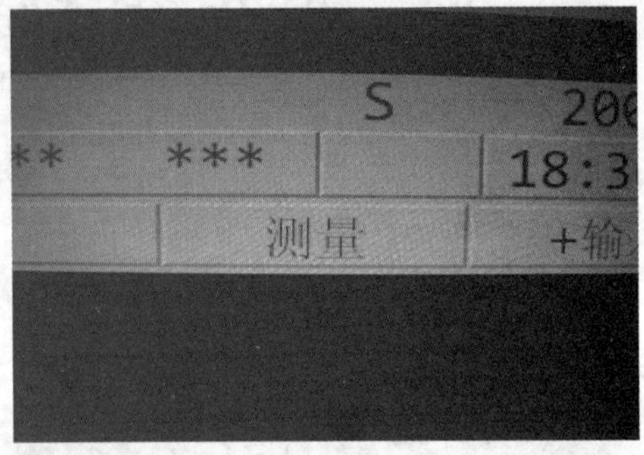

图 9-2-10　选择“测量”，并按其下方的键

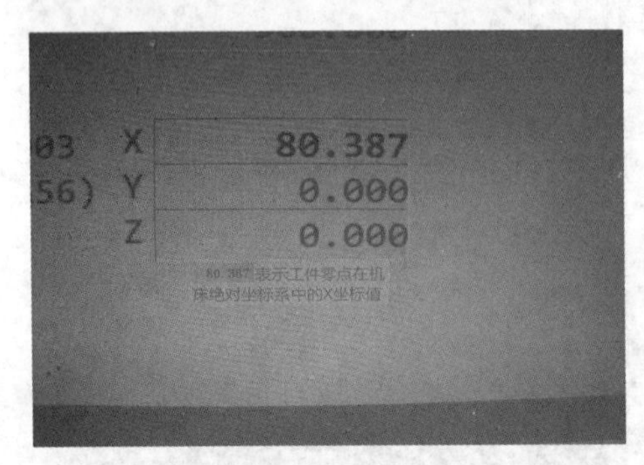

图 9-2-11　工件零点 X 坐标值变为“80.387”

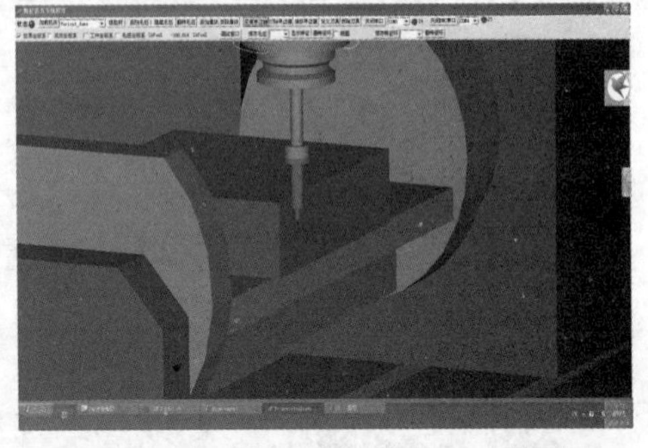

图 9-2-12　把寻边器移到工件－Y 边缘

图 9-2-13　直接输入“A>Y－5_”

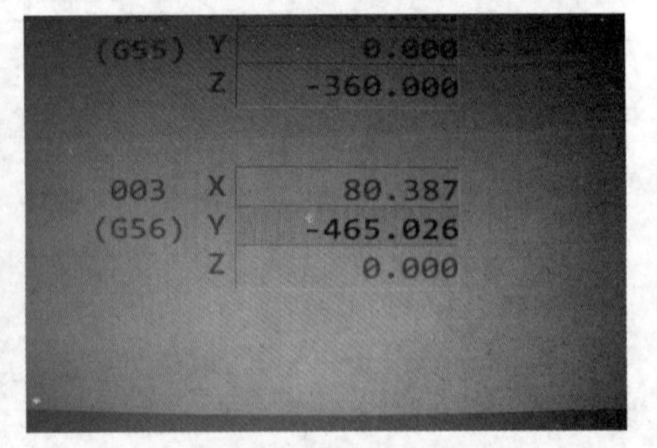

图 9-2-14　按测量软键后，工件零点 Y 坐标值变为“－465.026”

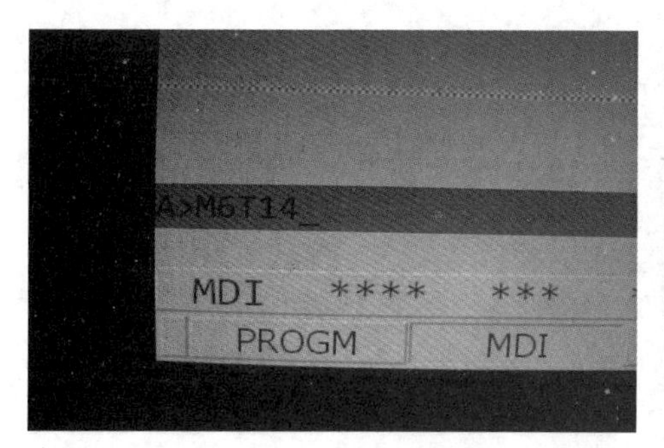

图 9-2-15　旋到“MDI”模式，输入“M6T14”

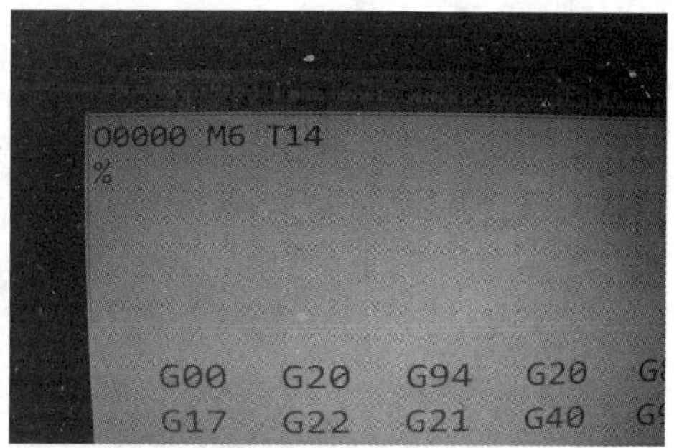

图 9-2-16　执行换刀指令，在主轴上安装第 14 号球头铣刀

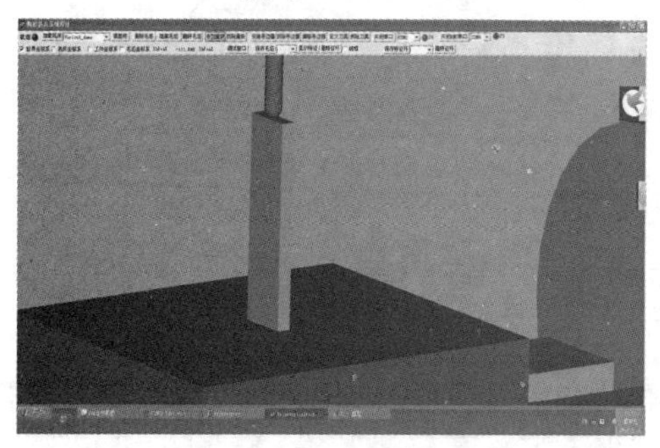

图 9-2-17　添加量块，把刀尖移到量块顶部，刚好与之接触，量块变成黄色

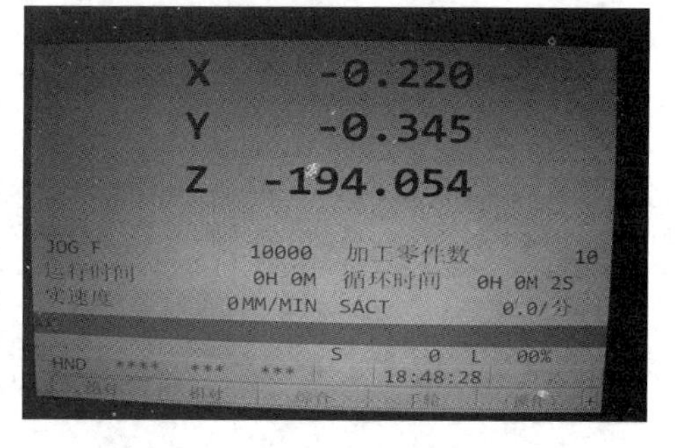

图 9-2-18　记住“Z －194.054”

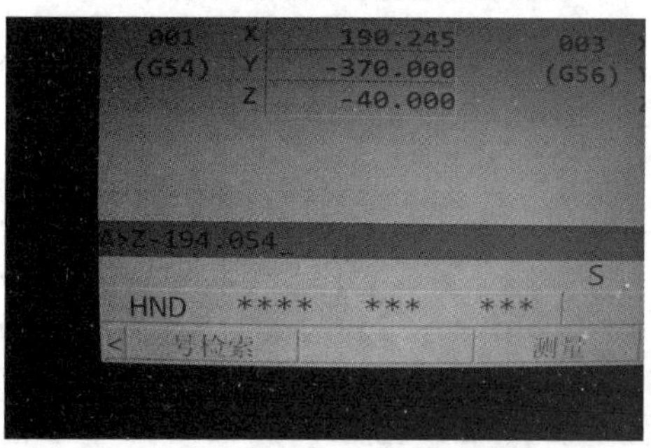

图 9-2-19　模式旋钮旋到“EDIT”，按下“OFS-SET”，输入“Z－194.054”

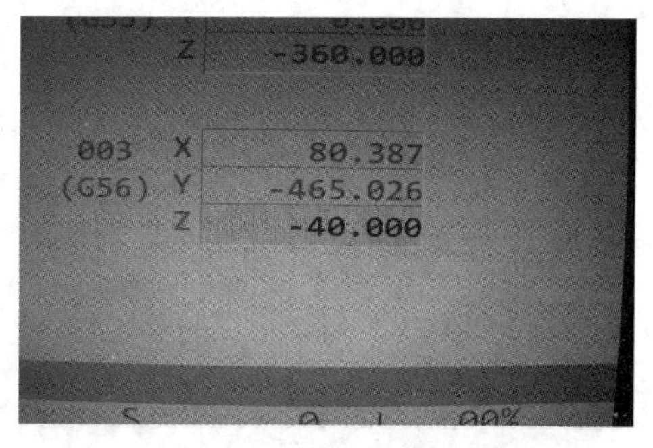

图 9-2-20　按测量软键后，工件零点 Z 坐标值变为“－40”

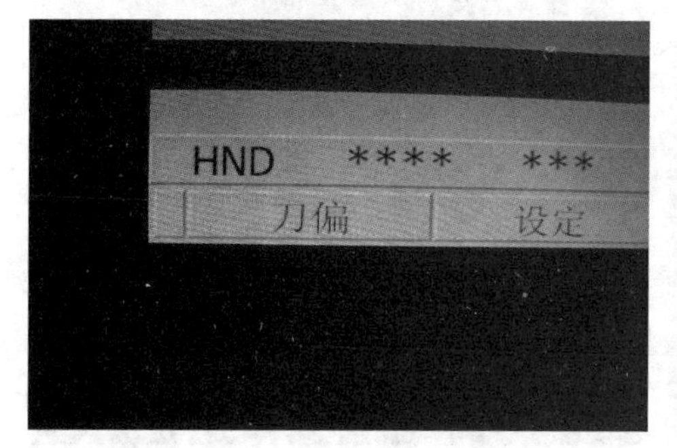

图 9-2-21　选择“刀偏”，并按下与其相对应的键

图 9-2-22　打开“刀偏设置”界面，光标移到“014”，对应显示原值“－297.000”

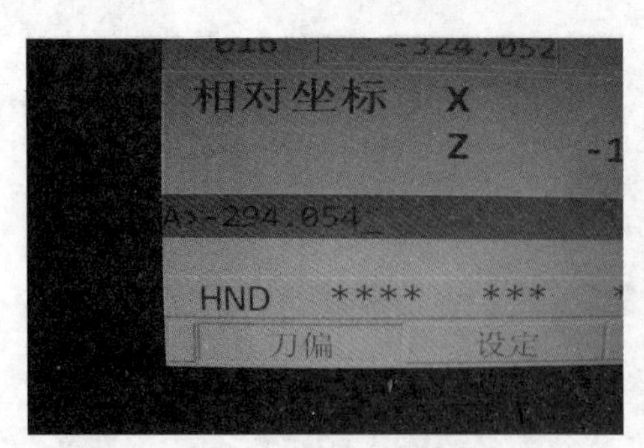

图 9-2-23　输入“－294.054”
（刀尖位置 Z 值 194.054＋量块高度 100）

图 9-2-24　按下“INPUT”键

图 9-2-25　014 即第 14 号，
刀偏值变为“－294.054”

图 9-2-26　光标移到 011，
即第 11 号刀偏值位置

图 9-2-27　重复步骤，第 16 至 18，发现
011 号刀杆长度与 014 相同，输入“－294.052”

图 9-2-28　按下“INPUT”键，第 11 号
刀偏值变为“－294.052”

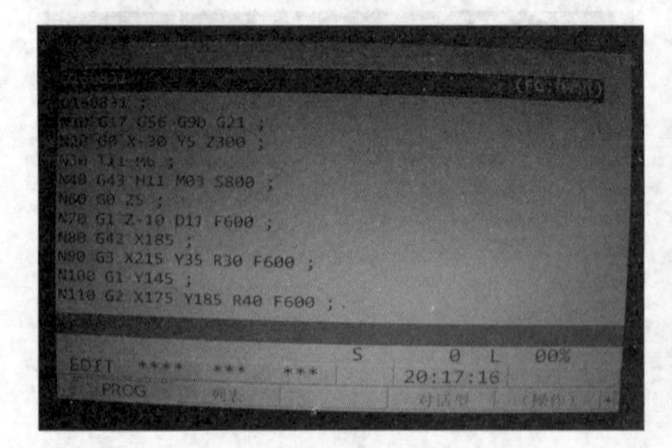

图 9-2-29　按下“PROG”键

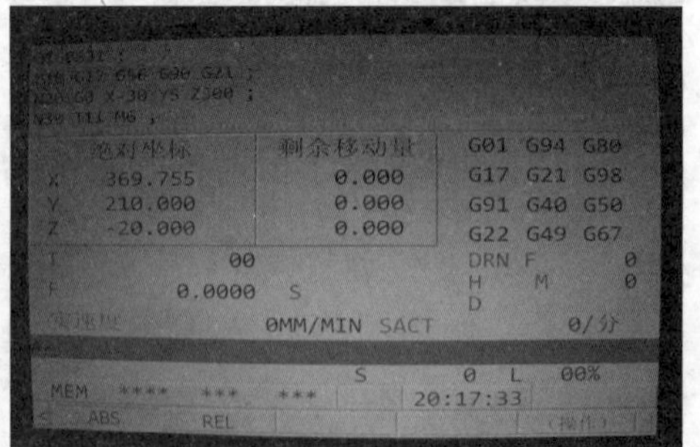

图 9-2-30　旋到“AUTO”模式

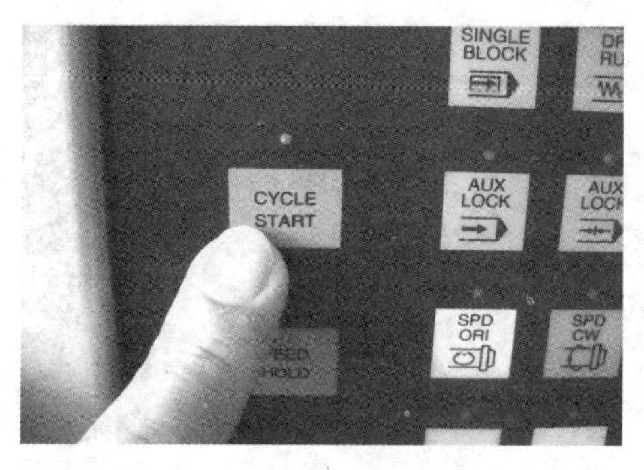

图 9－2－31　按下执行键“CYCLE START”

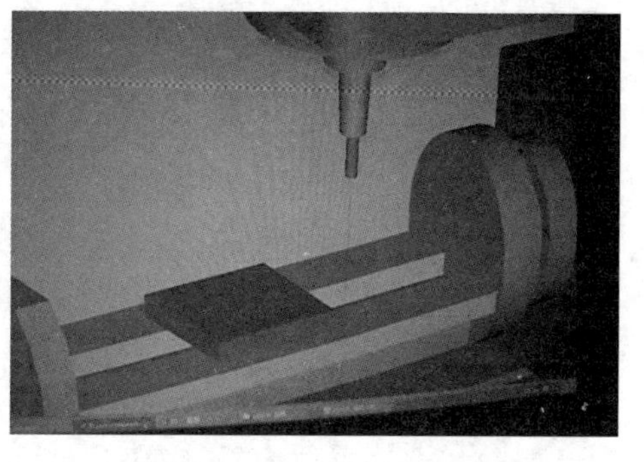

图 9－2－32　自动铣削开始

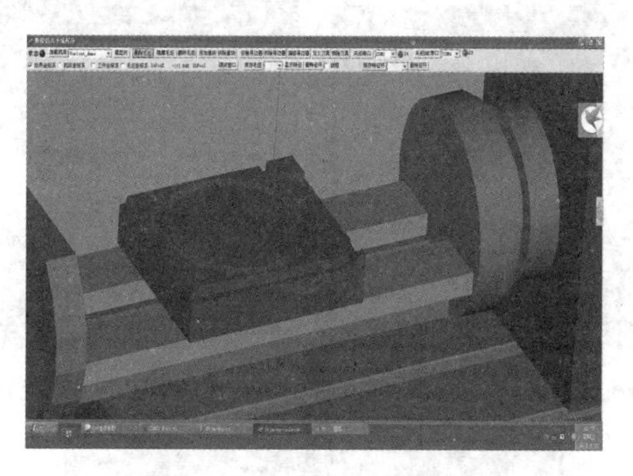

图 9－2－33　铣削完成工件

9.3　零点位于工件任意位置

9.3.1　准备

准备工作的步骤如图 9－3－1 至图 9－3－7 所示。

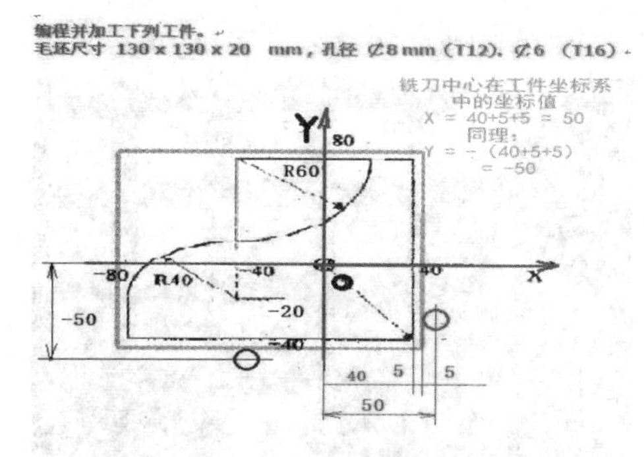

图 9－3－1　需加工的工件

编写数控铣程序如下：

```
%
O160828 ;
N10 G17 G56 G90 G21 ;
N15 G0 X0 Y0 Z300 ;
N20 T11 M6 ;
N30 G43 H11 M03 S600 ;
N40 G0 X60 Y-40 ;
N50 Z5 ;
N60 G1 Z-8 D11 F600 ;
N70 G41 X-80 ;
N80 Y-20 ;
N90 G2 X-40 Y20 R40 F400 ;
N100 G3 X20 Y80 R60 ;
N110 G1 X40 F600 ;
N120 Y-50 ;
N130 G49 G0 Z50 M05 ;
N140 G40 G0 X0 Y0 ;
N150 M6 T12 D12 ;
N155 G43 H12 M03 S600 ;
N158 G0 Z20 ;
N160 G1 Z5 F150 ;
N160 G82 Z-22 R5 P5000 F100 ;
N170 G1 Z5 F150 ;
N175 G0 Z200 M05 ;
N180 G1 X-40 Y-20 F600 ;
N190 M6 T16 D16 ;
N195 G43 H16 M03 S600 ;
N200 G0 Z20 ;
N205 G1 Z5 F150 ;
N210 G82 Z-22 R5 P2000 F100 ;
N220 G1 Z5 F150 ;
N225 G0 Z200 M05 ;
N230 X60 Y-60 ;
N240 M30 ;
%
```

图 9－3－2　编写的程序

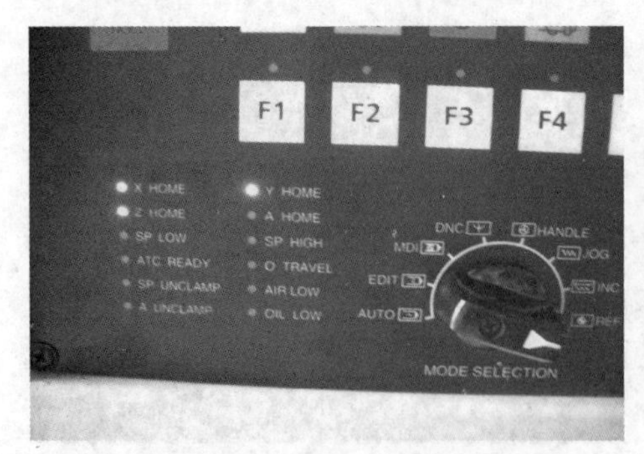

图 9-3-3　开机运行机床参考点

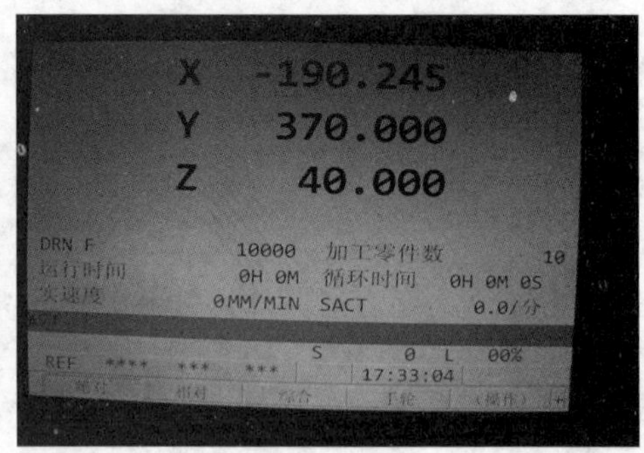

图 9-3-4　运行机床参考点后的坐标值

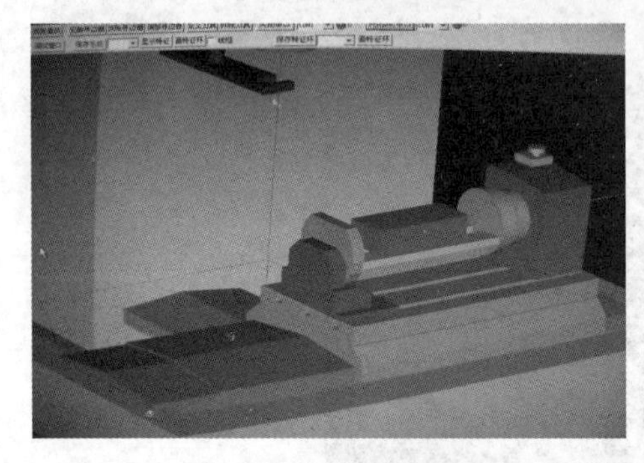

图 9-3-5　运行机床参考点后工件位置

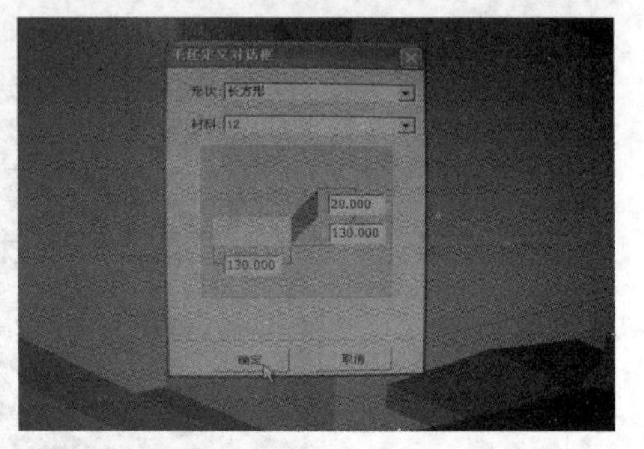

图 9-3-6　加载毛坯、设置毛坯尺寸

图 9-3-7　加载毛坯效果图

9.3.2　设置 *X*、*Y* 方向工件零点

设置 *X*、*Y* 方向工件零点的步骤如图 9-3-8 至图 9-3-27 所示。

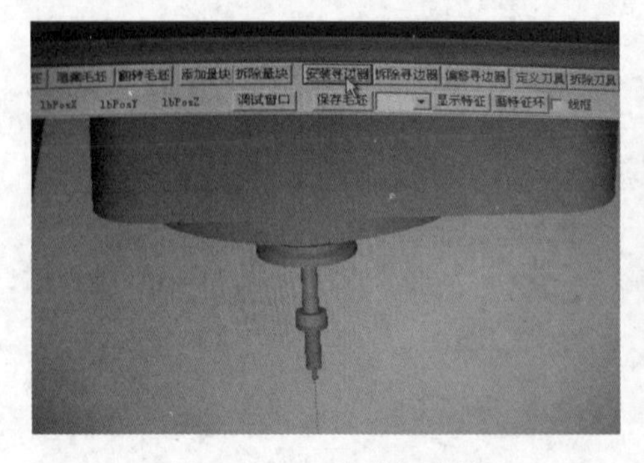

图 9-3-8　安装寻边器

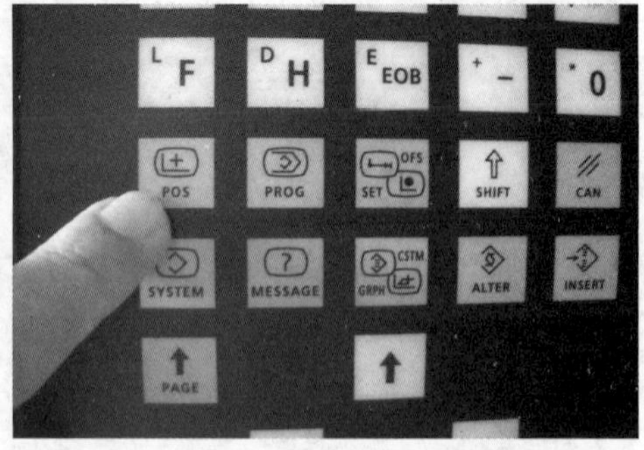

图 9-3-9　按下“POS”键至刀具位置坐标显示界面

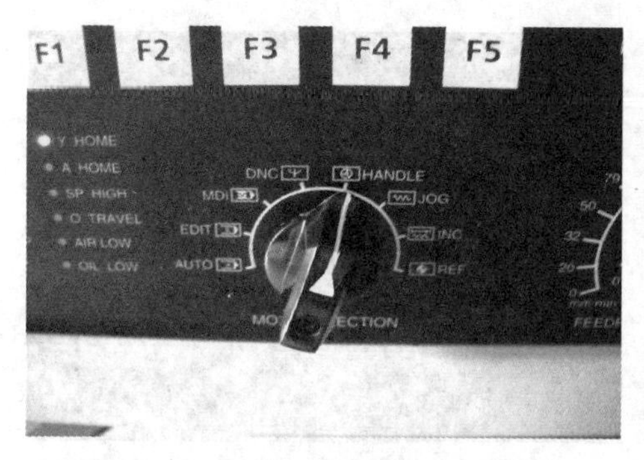

图 9-3-10　切换模式旋钮“HANDLE”

图 9-3-11　操作手轮

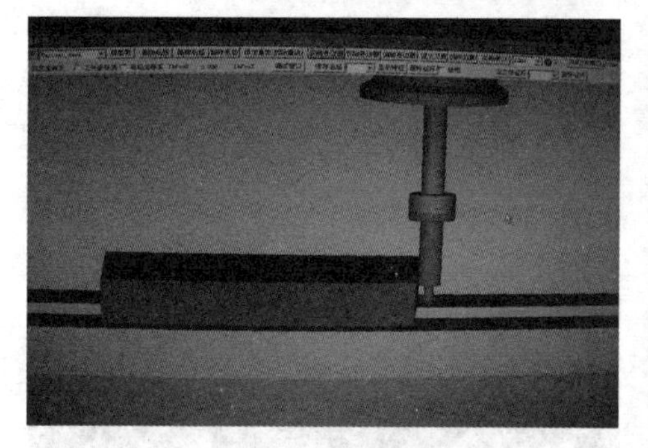

图 9-3-12　启动旋转寻边器，并将其移到工件 X 轴正方向边缘

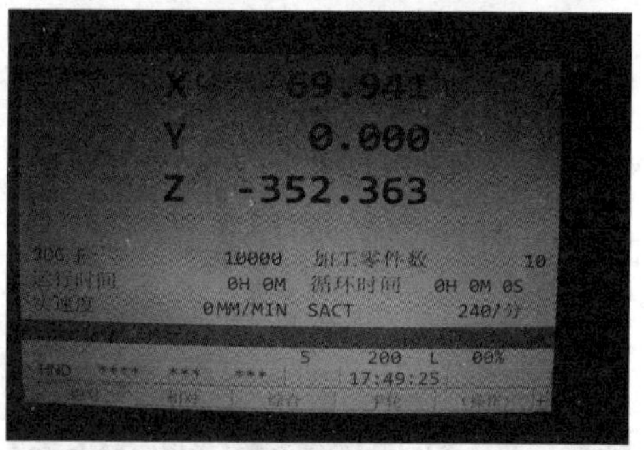

图 9-3-13　记住 X 值为正

图 9-3-14　按下“OFS-SET”键

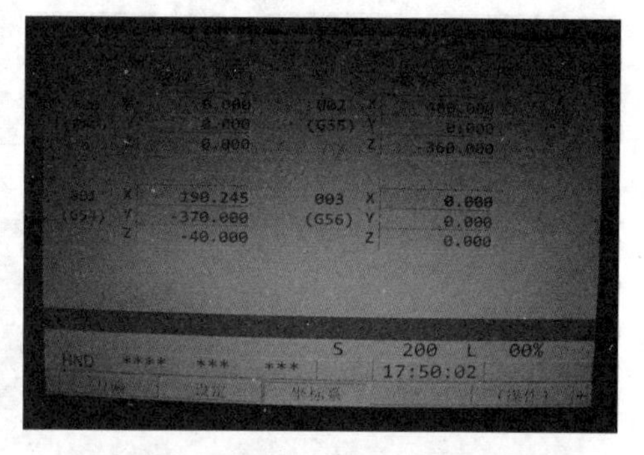

图 9-3-15　打开设置界面，光标移到“G56　X 0.000”

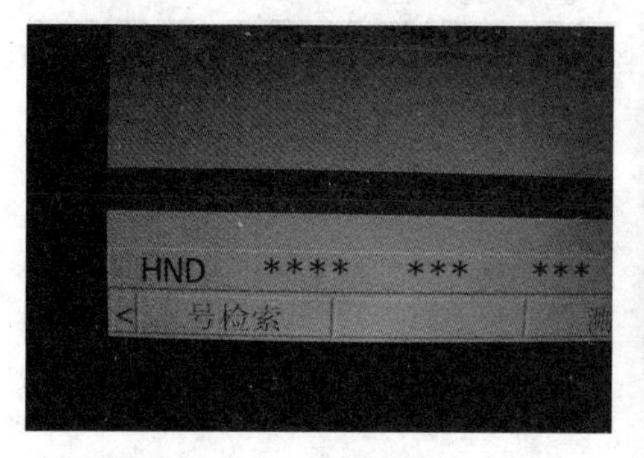

图 9-3-16　输入“X50”（图 9-3-1，40+5+5）

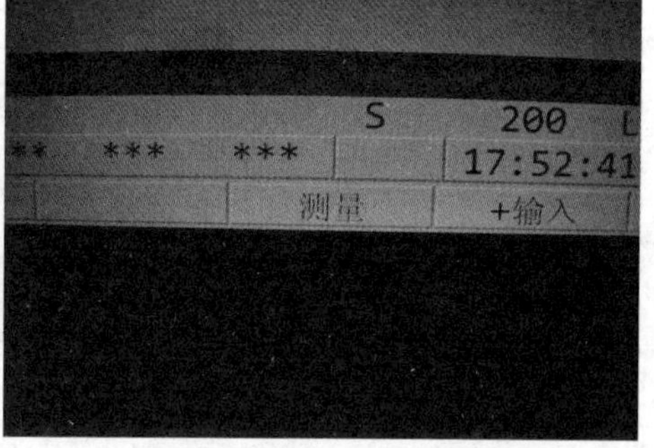

图 9-3-17　选择“测量”

图 9-3-18　按与“测量”相对应的键

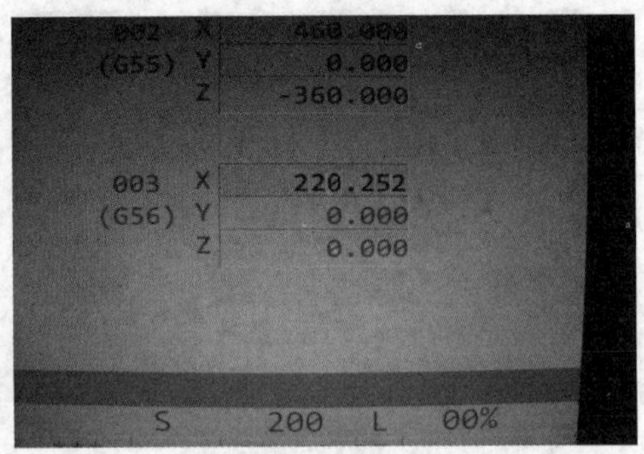

图 9-3-19　系统接受测量值，并显示工件零点在刀具坐标系中的 X 坐标值“220.252”

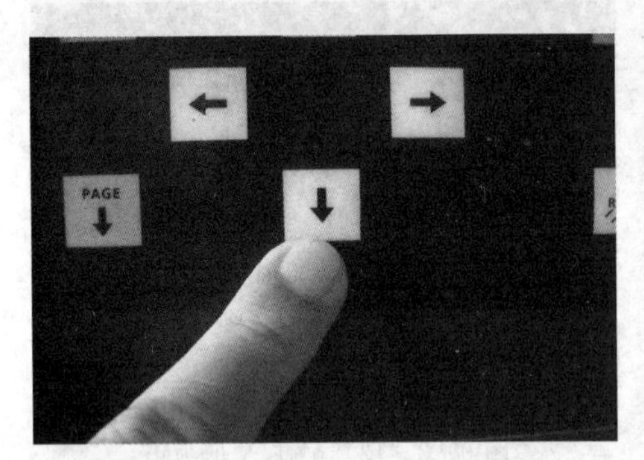

图 9-3-20　按下向下箭头键“↓”

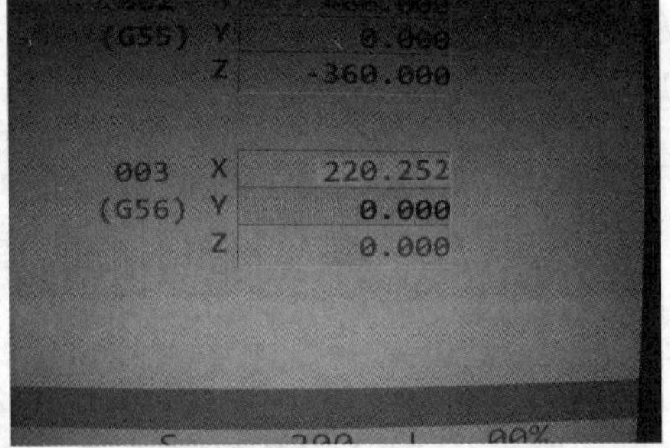

图 9-3-21　黄色光标移到“G56　Y 0.000”

图 9-3-22　启动旋转寻边器，并将其移到工件 Y 轴负方向边缘

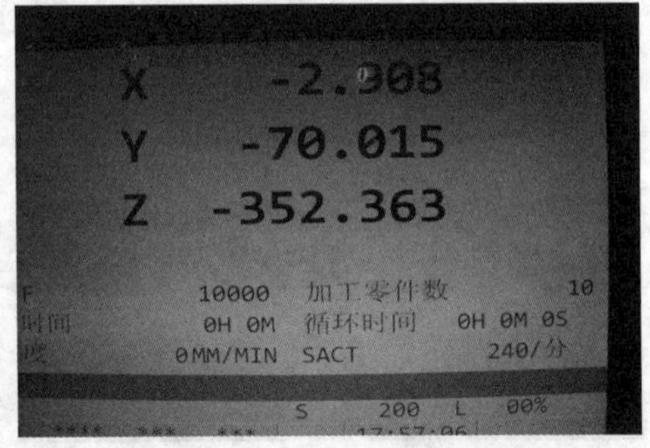

图 9-3-23　记住 Y 值为负

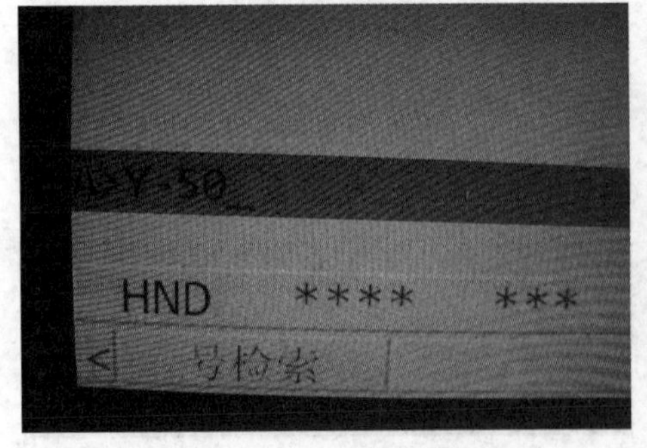

图 9-3-24　输入“Y－50”(40＋5＋5)

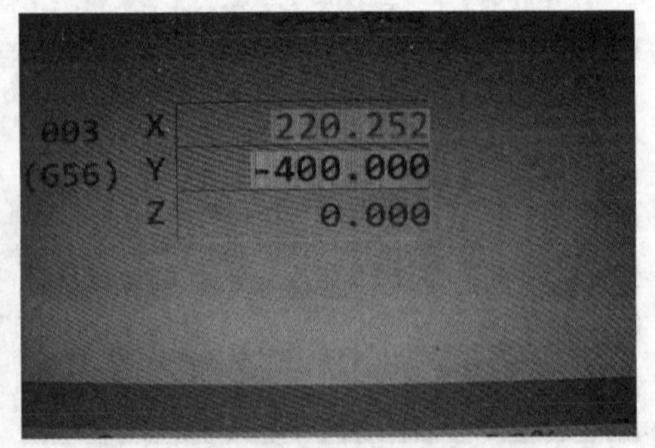

图 9-3-25　系统接受测量值，并显示工件零点在刀具坐标系中的 Y 坐标值“－400.000”

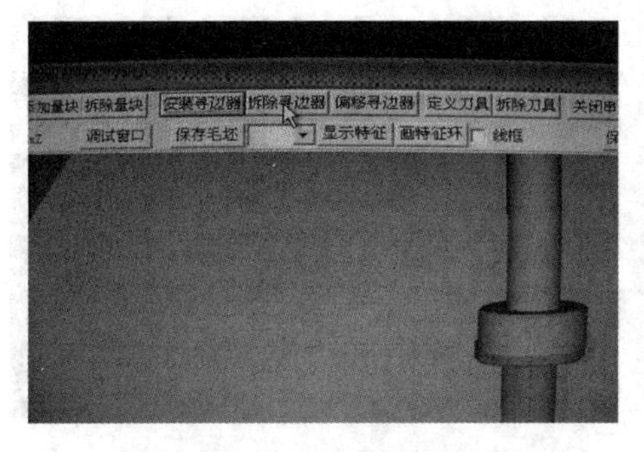

图 9-3-26　点拆除寻边器

图 9-3-27　寻边器消失

9.3.3　设置 *Z* 方向工件零点

设置 *Z* 方向工件零点的步骤如图 9-3-28 至图 9-3-39 所示。

图 9-3-28　点击“添加量块”

图 9-3-29　量块立在工件表面

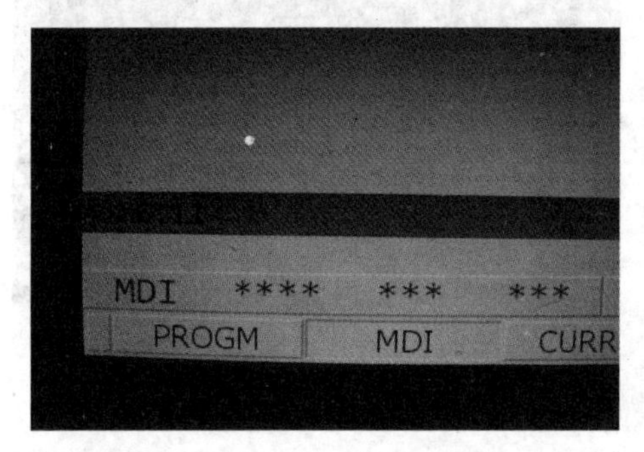

图 9-3-30　输入“M6T11”，装上第 11 号铣刀

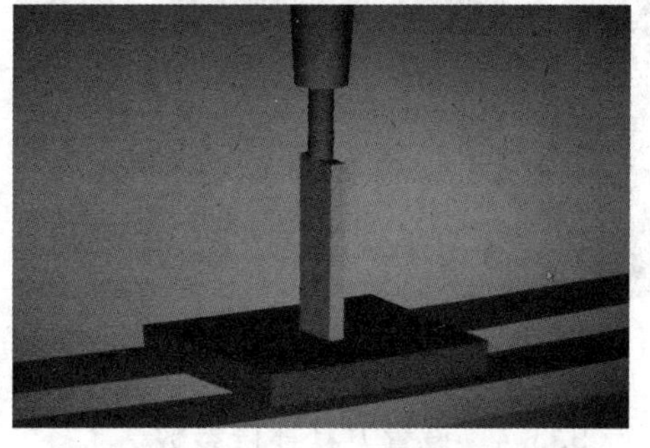

图 9-3-31　操作手轮等，将铣刀轻轻压在量块上，绿色表示接触太轻

图 9-3-32　红色表示接触太紧

图 9-3-33　黄色表示接触正常

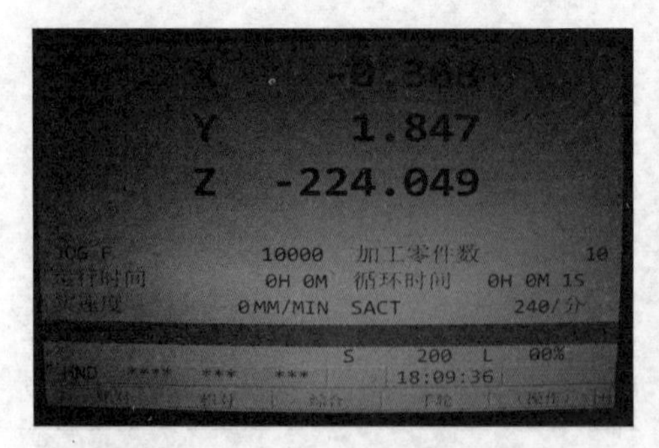

图 9-3-34 记住“Z －224.049”

图 9-3-35 按下“OFS-SE”键

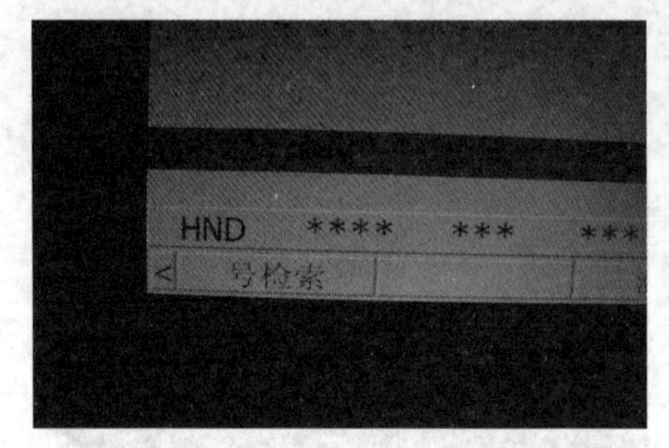

图 9-3-36 打开零点设置界面，输入“A＞Z－224.049_”

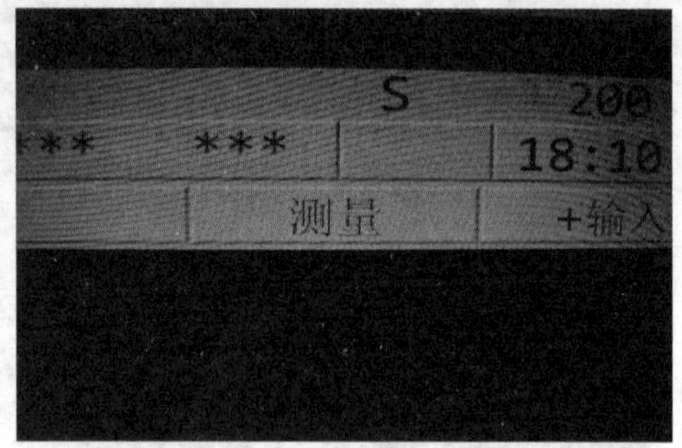

图 9-3-37 选择“测量”

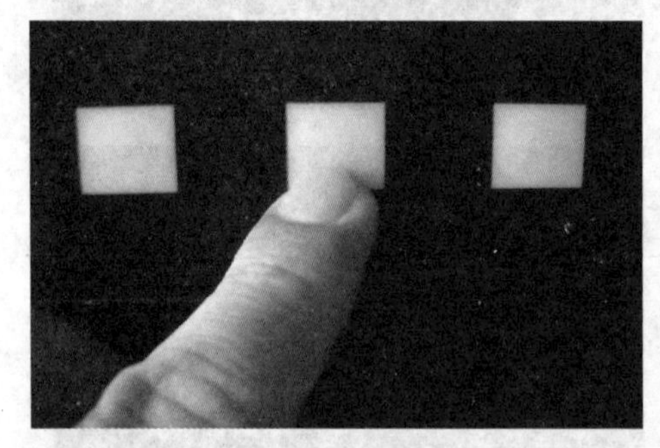

图 9-3-38 按下与“测量”相对应的键

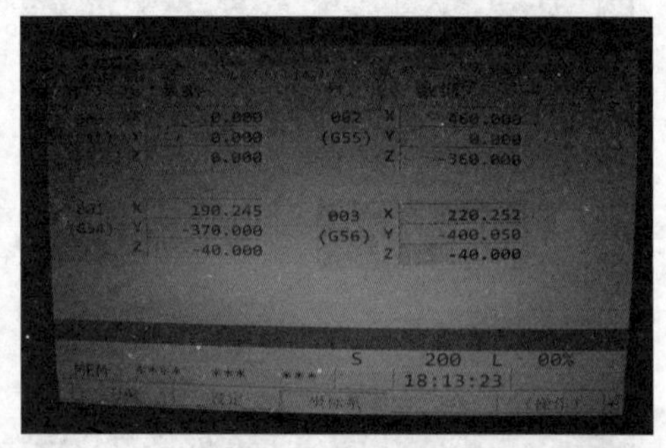

图 9-3-39 系统接受测量值,并显示工件零点在刀具坐标系中的 Z 坐标值“－40.000”

9.3.4 设置刀具补偿参数

设置刀具补偿参数的步骤如图 9-3-40 至图 9-3-48 所示。

图 9-3-40 注意保持铣刀继续压在量块上

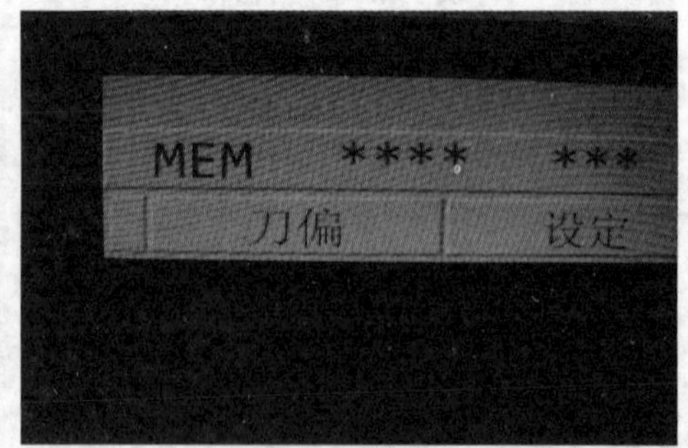

图 9-3-41 选择“刀偏”

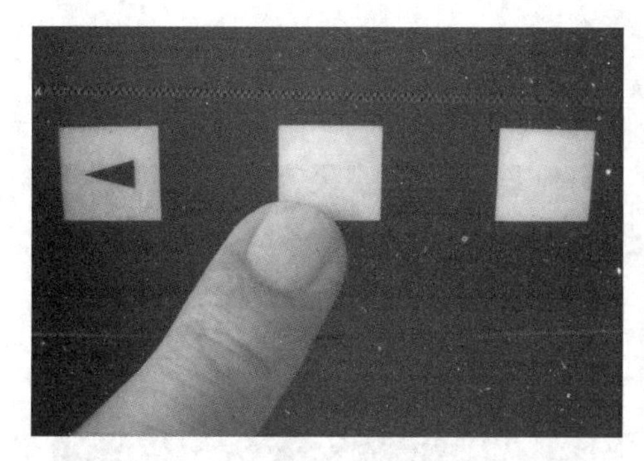

图 9-3-42　按下与“刀偏”相对应的键

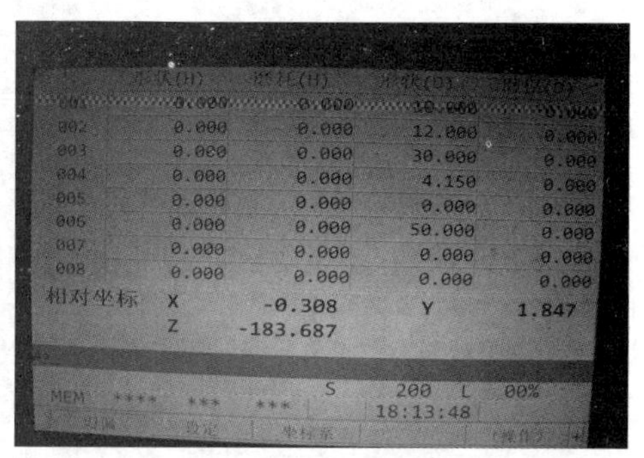

图 9-3-43　打开“刀偏设置”界面

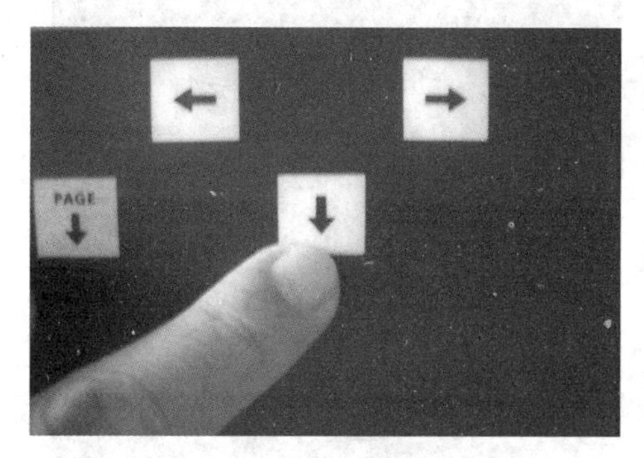

图 9-3-44　按下光标移动向下键“↓”

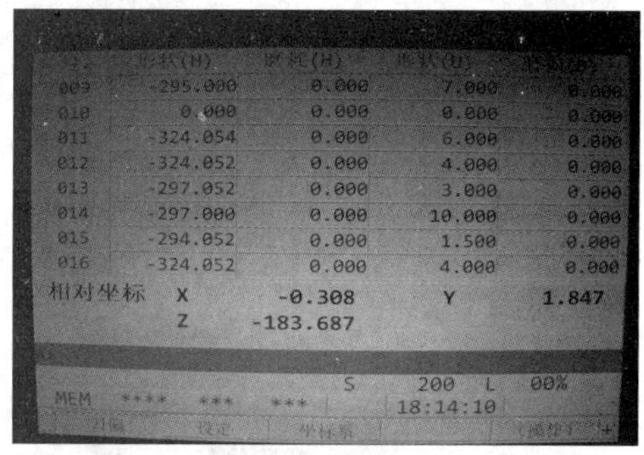

图 9-3-45　光标移到“011”，对应的刀具长度补偿值为“－324.054”

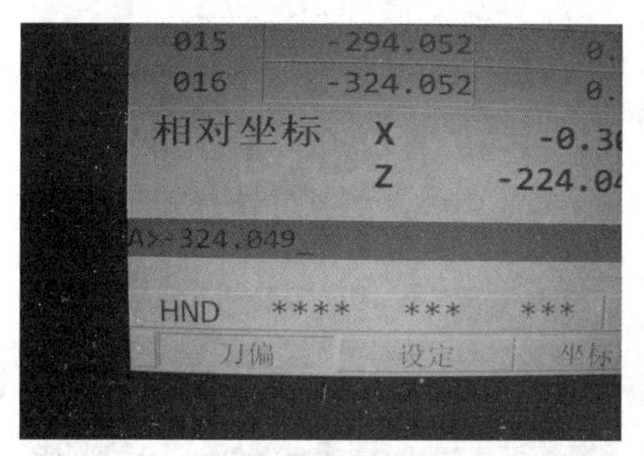

图 9-3-46　输入“－324.049”＝－(224.049＋ 100 量块高度)

图 9-3-47　按下“INPUT”键，录入长度补偿值

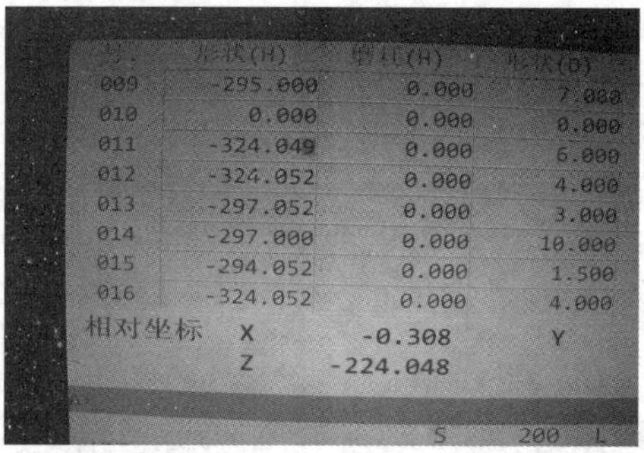

图 9-3-48　刀号“011”，显示为“－324.049”

9.3.5 加工工件

加工工件步骤如图 9-3-49 至图 9-3-56 所示。

图 9-3-49 模式旋到"AUTO"

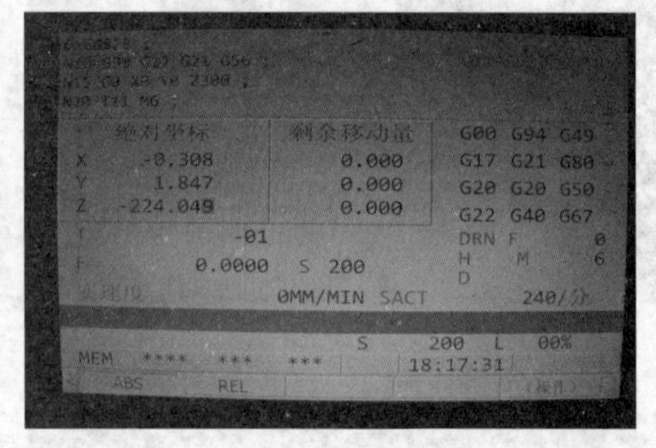

图 9-3-50 程序处于待运行状态

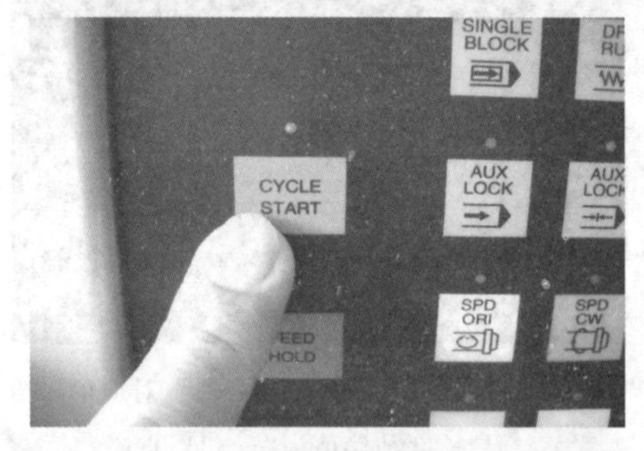

图 9-3-51 按下执行键"CYCLE START"

图 9-3-52 工件铣削

图 9-3-53 换刀

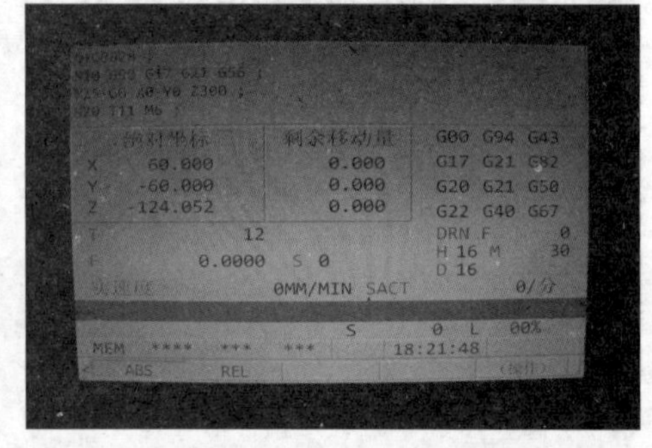

图 9-3-54 程序执行

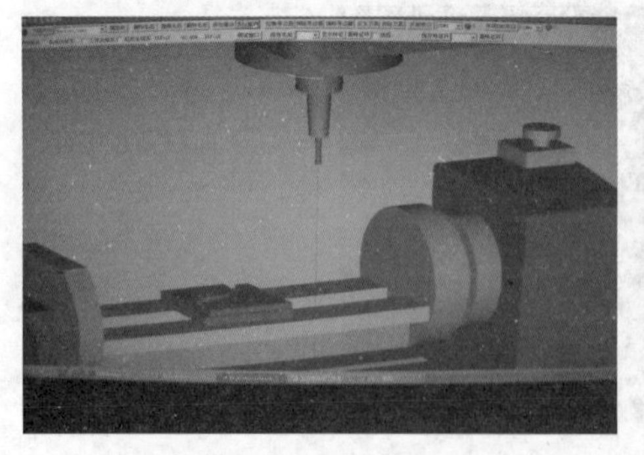

图 9-3-55 铣削结束，
铣刀停在程序指令点

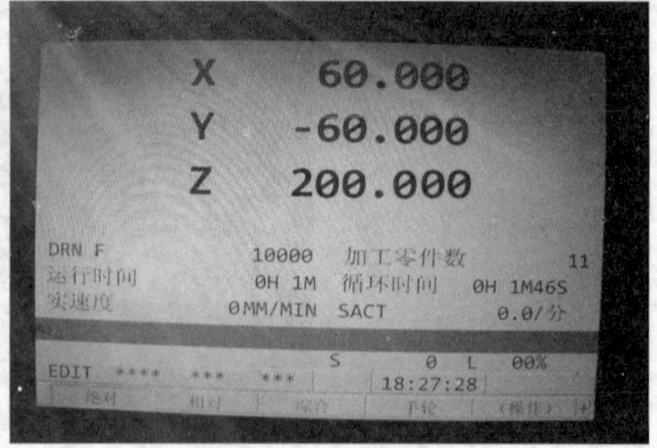

图 9-3-56 工件坐标系中程序执行
结束时刀具的停止位置坐标值

9.4　刀具长度补偿设置

刀具长度补偿设置的步骤如图 9－4－1 至图 9－4－11 所示。

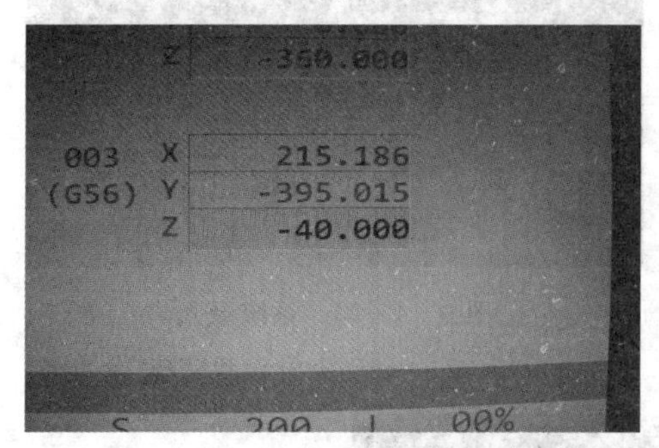

图 9－4－1　*Z* 方向零点设置完毕后

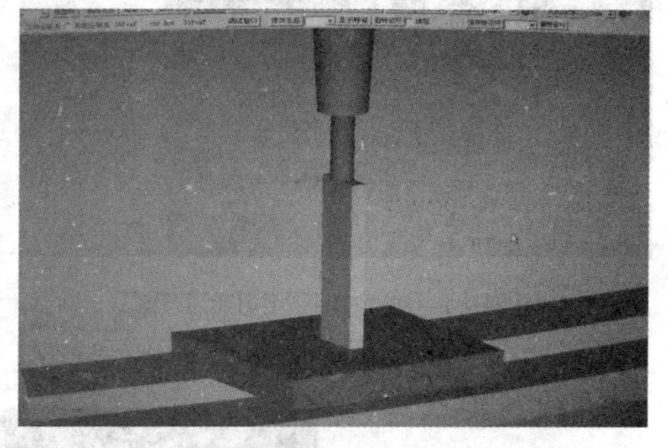

图 9－4－2　保持刀具与量块的接触状态

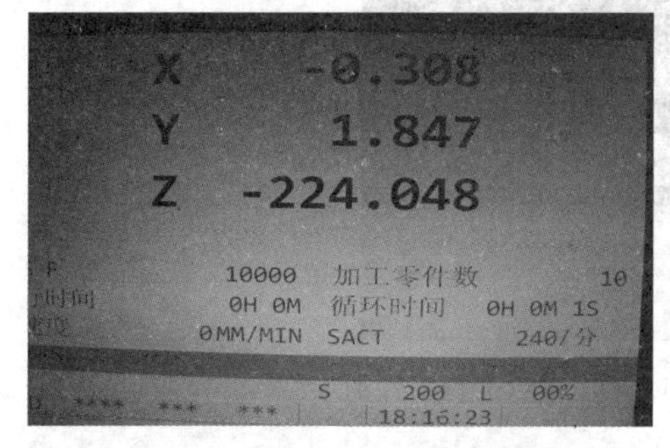

图 9－4－3　记住 *Z* 值为“－224.048”

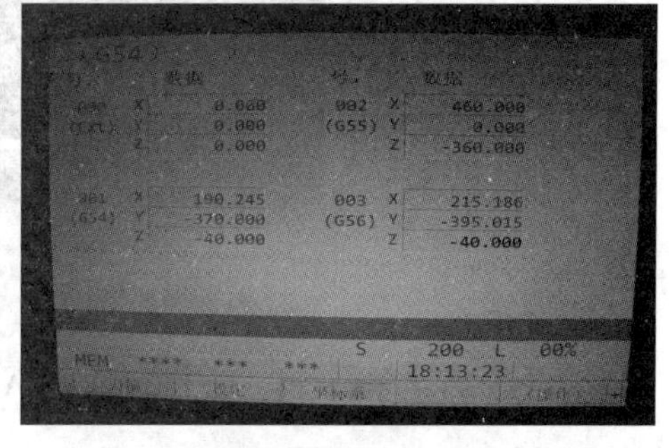

图 9－4－4　注意设置界面左下角“刀偏”

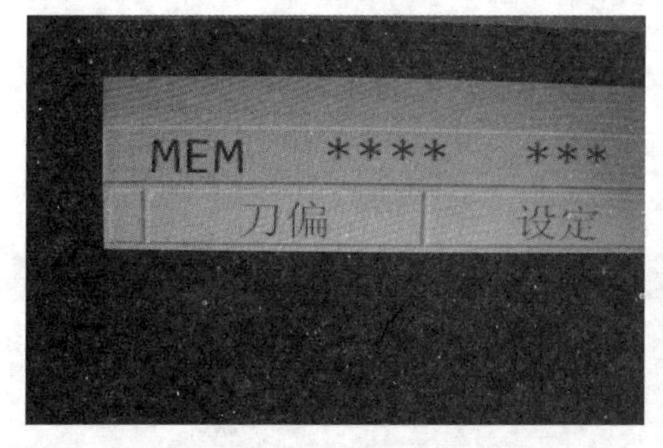

图 9－4－5　选择“偏置”

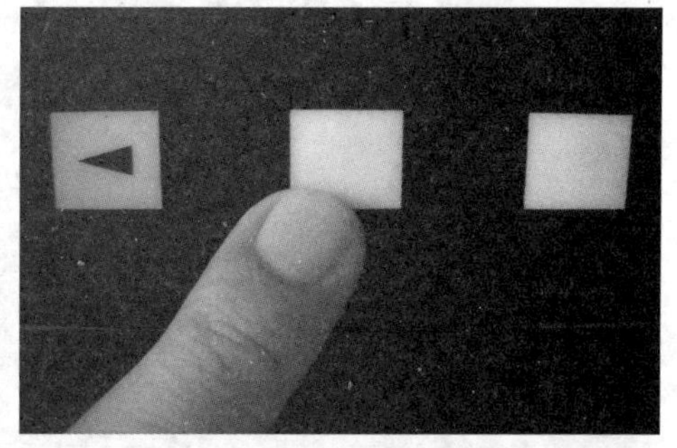

图 9－4－6　按下与“偏置”相对应的键

图 9－4－7　打开刀具补偿设置界面，并将光标移到“0110.000”

图 9－4－8　输入“－324.048”

图 9-4-9 按下“INPUT”键

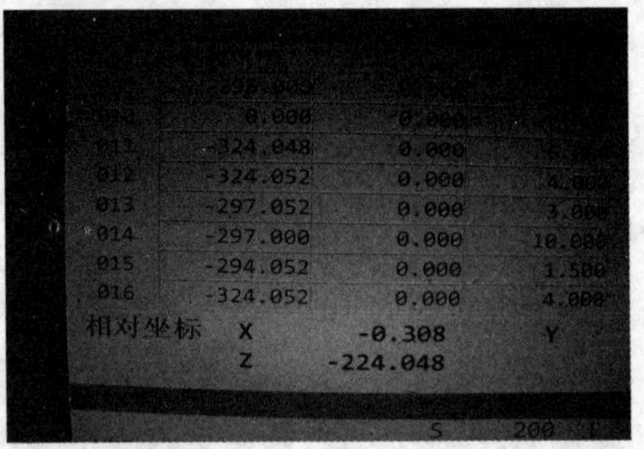

图 9-4-10 系统录入“-324.048”,刀补设置完毕

图 9-4-11 模式旋至“AUTO”,可以进行工件加工

第 10 章　程序传输

操作编程器和铣削仿真器面板的编辑和数据输入调用区、仿真器操作区及显示屏下方的软键区的按键和旋钮，可以把计算机中的数控程序传输到仿真器中，也可以把仿真器中调试好的程序传输到计算机中。

10.1　把计算机中的程序文件传送到仿真器

把计算机中的程序文件传送到仿真器的步骤如图 10-1-1 至图 10-1-32 所示。

图 10-1-1　打开编程软件“CIMCOEdit”

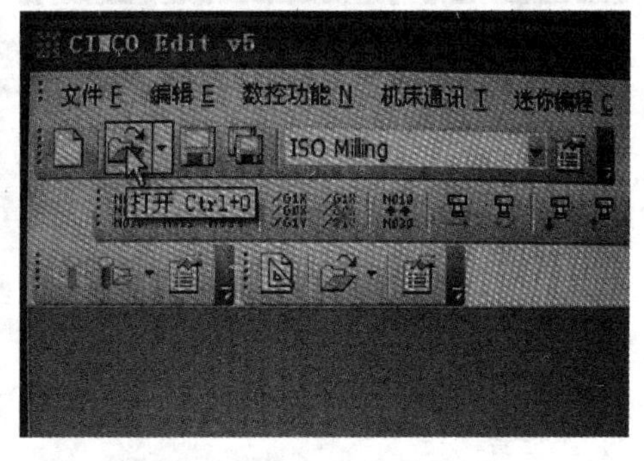

图 10-1-2　点击“打开文件夹”

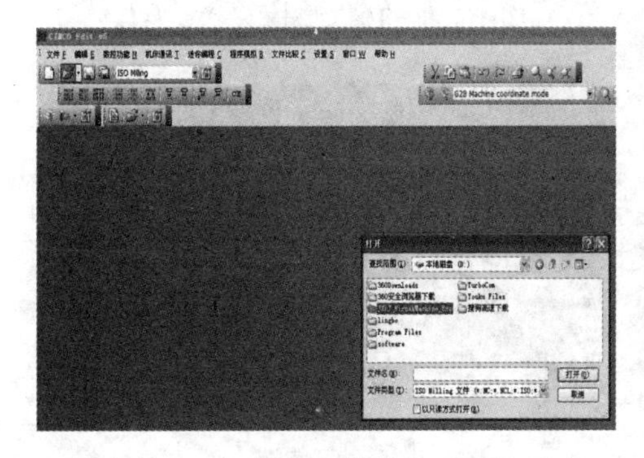

图 10-1-3　打开文件夹“-JXKJ_V.”

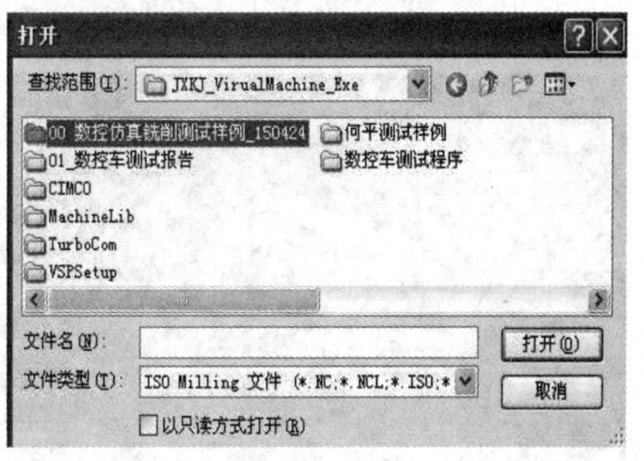

图 10-1-4　打开文件夹“00 数控仿真铣削测试样例_150424”

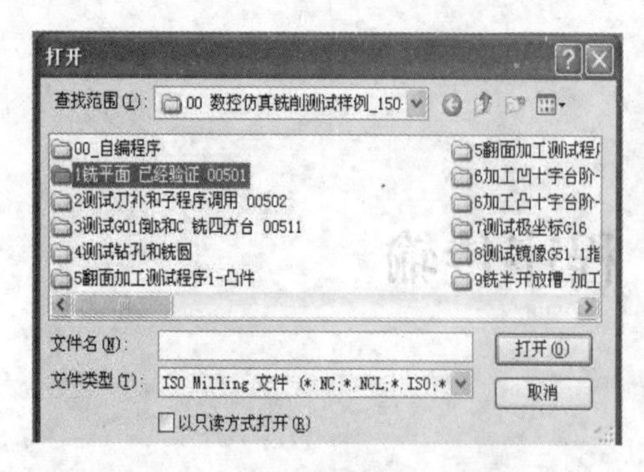

图 10-1-5　打开文件夹“1 铣平面”

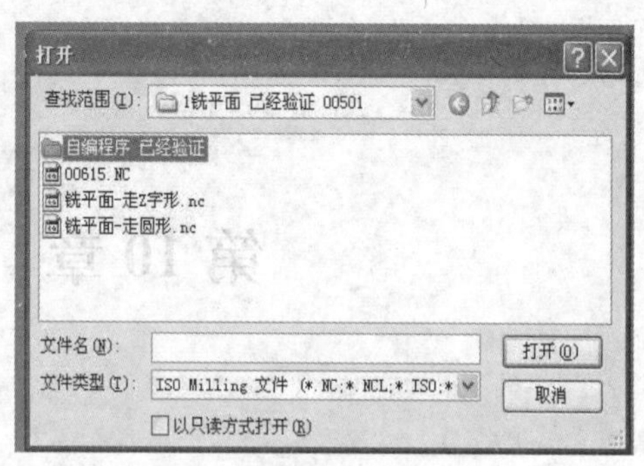

图 10-1-6　打开文件夹“自编文件”

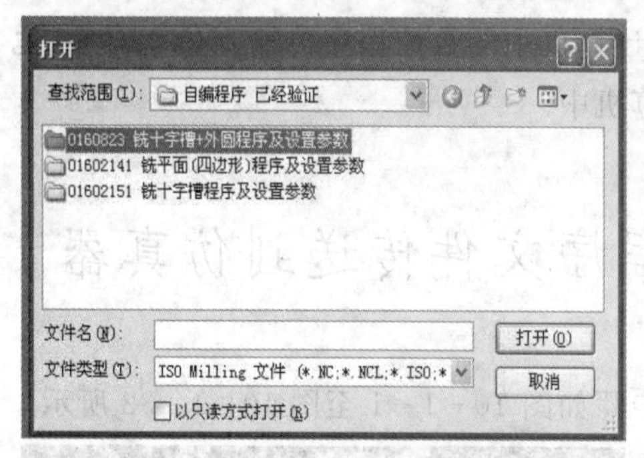

图 10-1-7　打开文件夹“O160823”

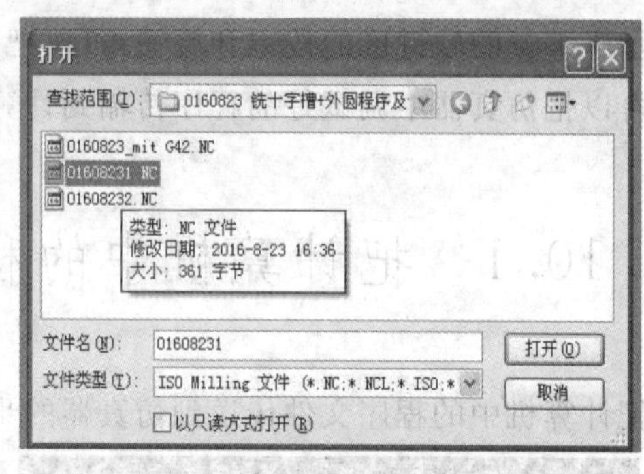

图 10-1-8　打开程序“O1608231NC”

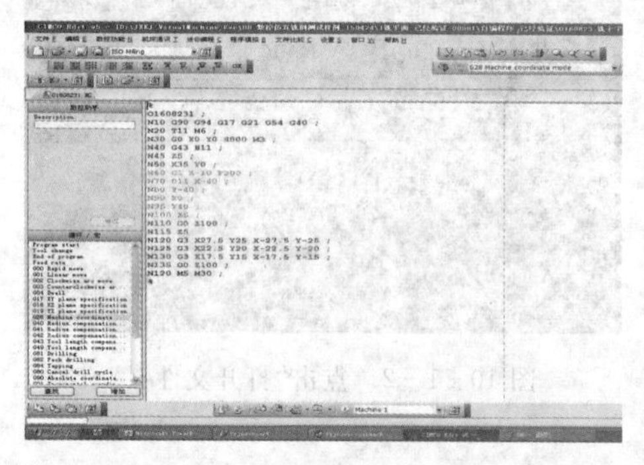

图 10-1-9　显示程序“O1608231”

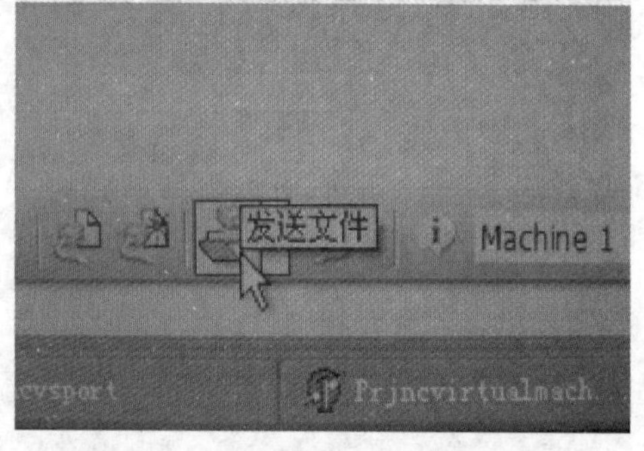

图 10-1-10　点击“发送文件”

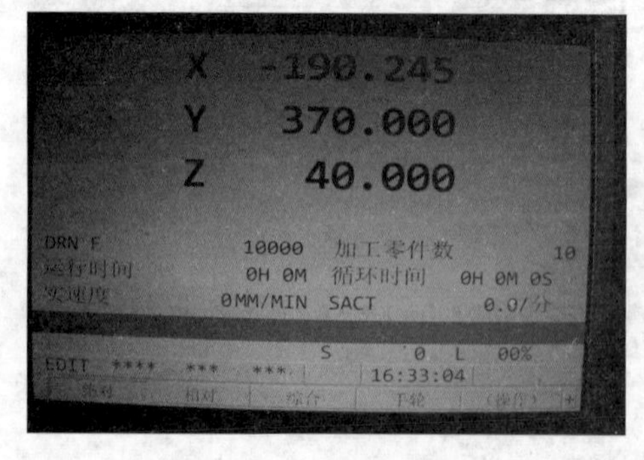

图 10-1-11　操作仿真器

图 10-1-12　模式旋到“EDIT”

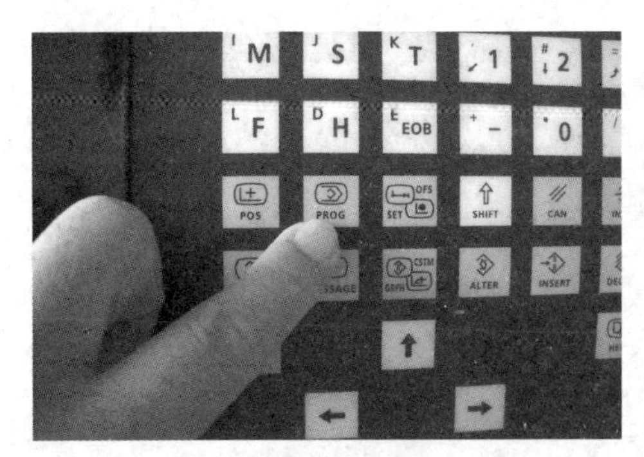

图 10-1-13　按下“PROG”键

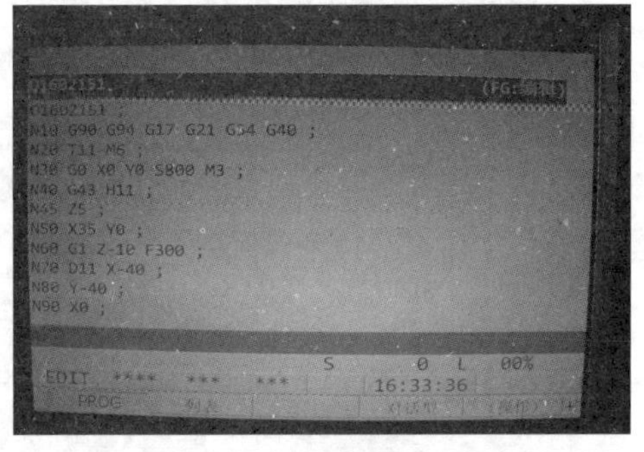

图 10-1-14　打开编辑界面

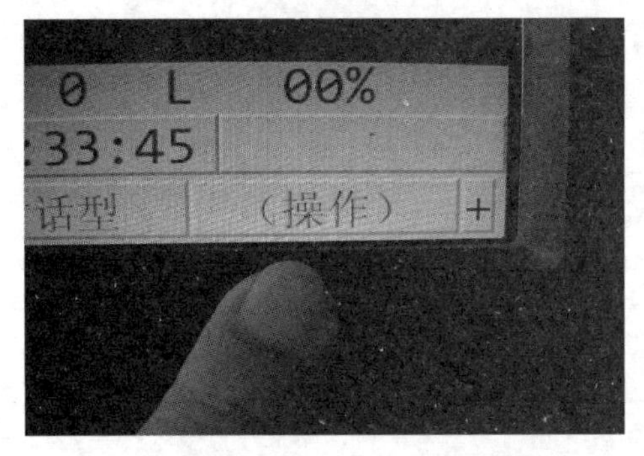

图 10-1-15　找到底部“操作”

图 10-1-16　按下与“操作”相对应的键

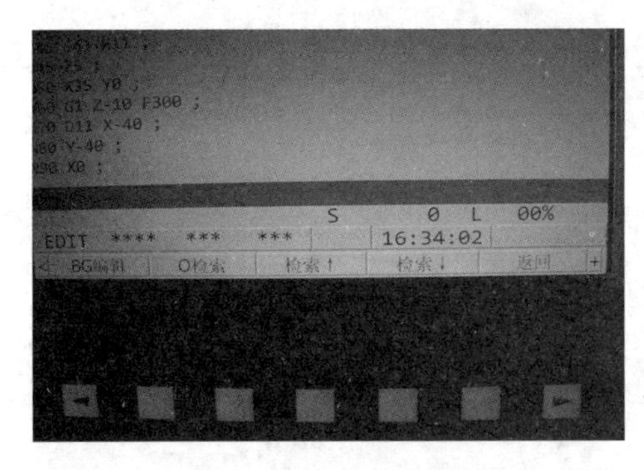

图 10-1-17　显示工具条

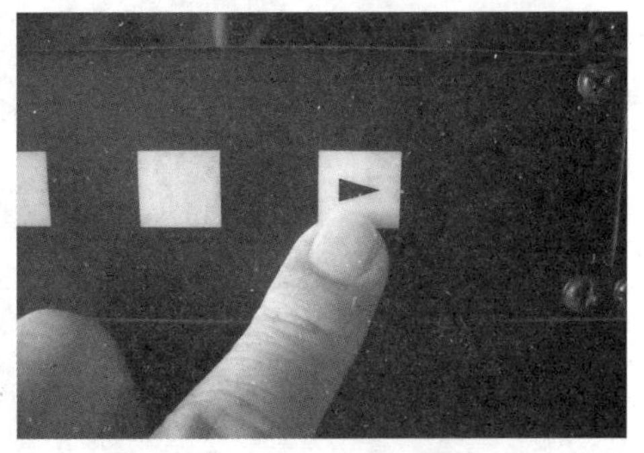

图 10-1-18　按向右翻页键“▶”

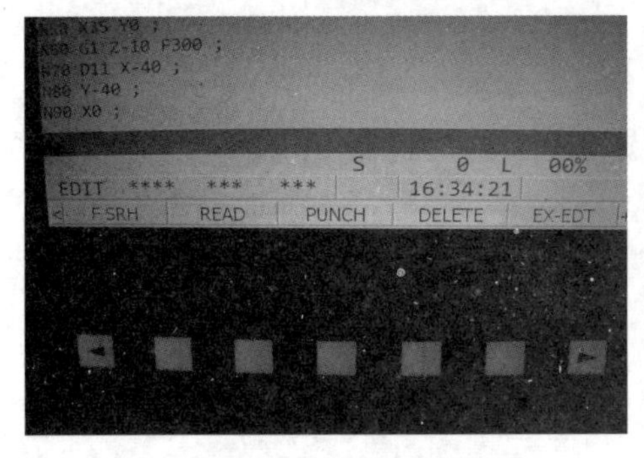

图 10-1-19　再按翻页键，

注意工具条上“READ”

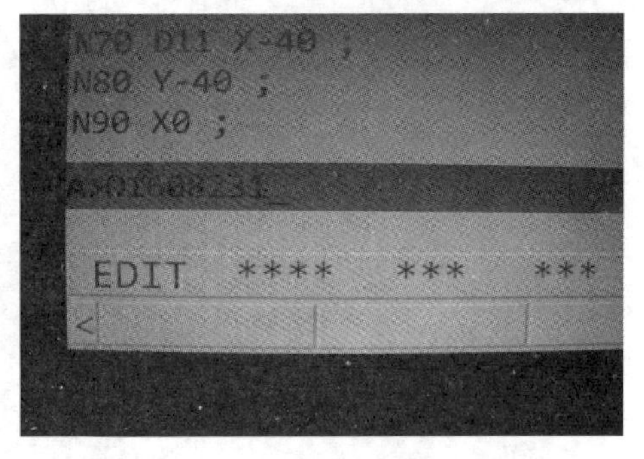

图 10-1-20　输入需要传输的程序号

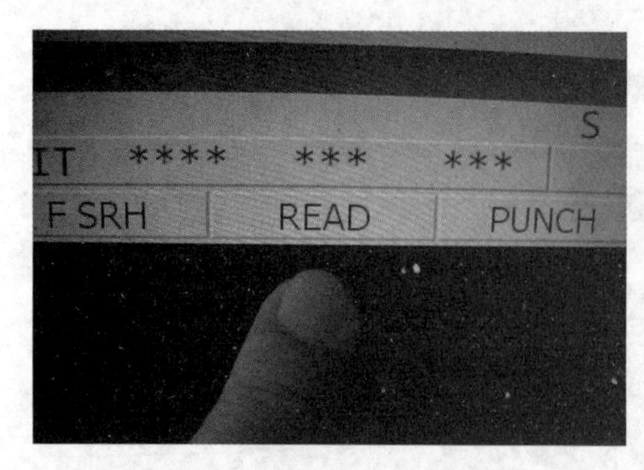

图 10－1－21　选择“READ”

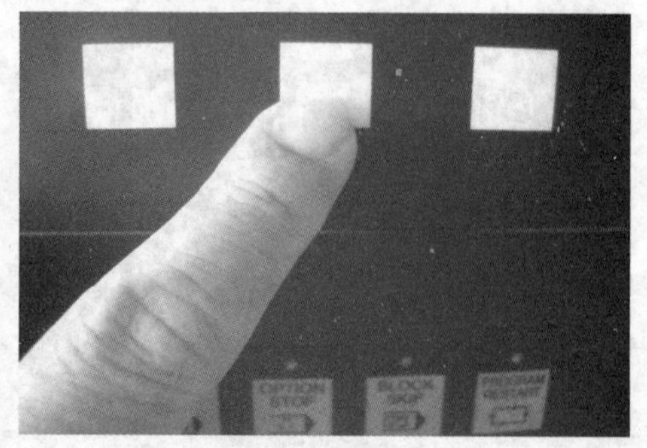

图 10－1－22　按下与“READ”相对应的键

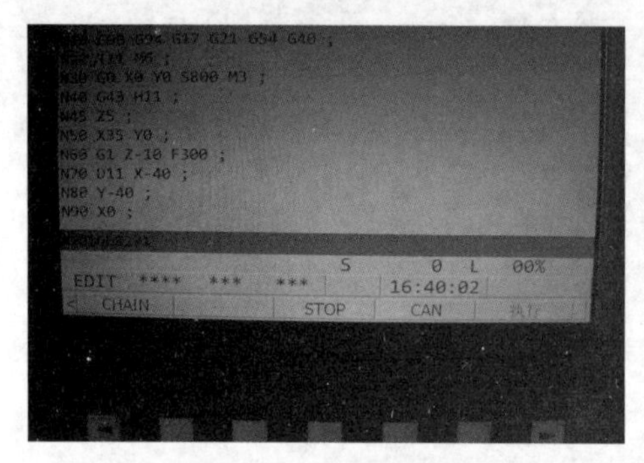

图 10－1－23　系统认可此程序号，出现“执行”

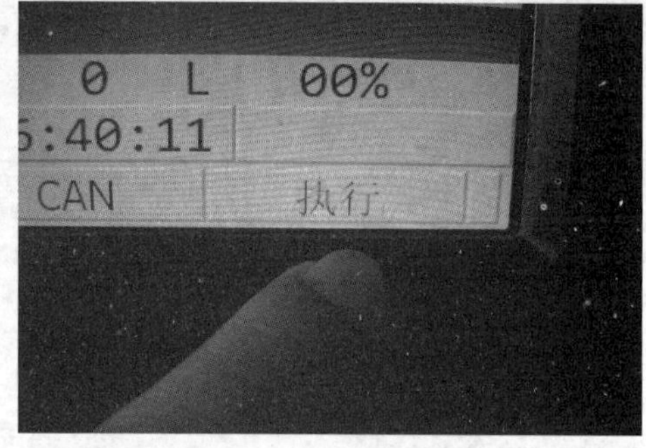

图 10－1－24　找到“执行”

图 10－1－25　按下与“执行”相对应的键

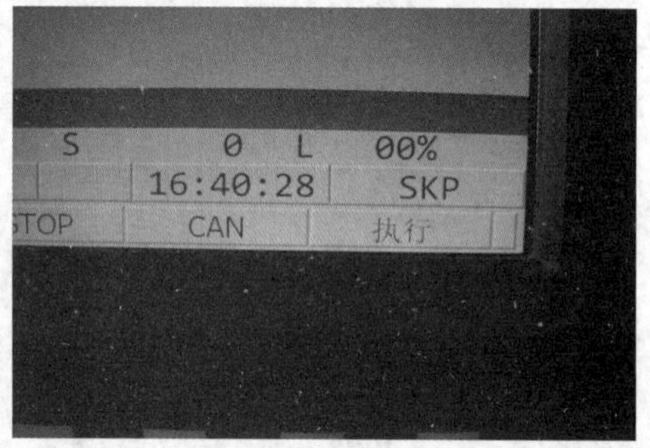

图 10－1－26　传输进行中“SKP”闪烁

图 10－1－27　点击编程器底部“发送文件”按钮

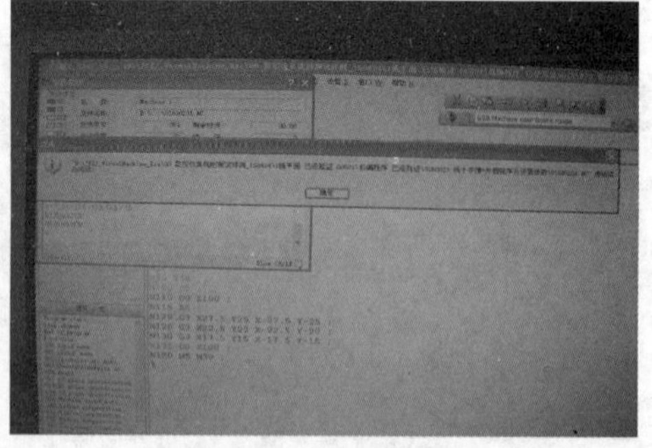

图 10－1－28　显示传输成功

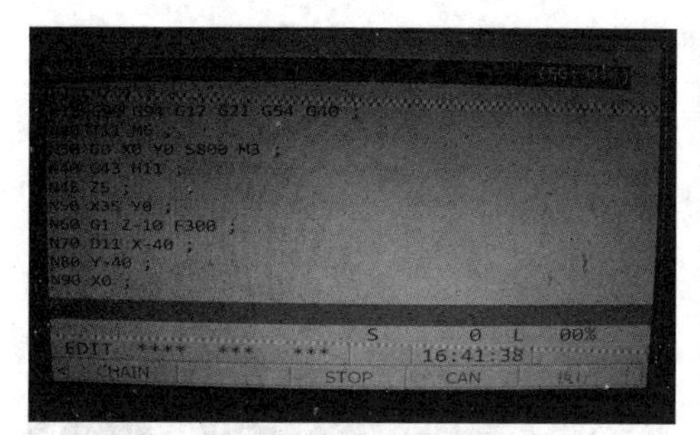

图 10-1-29　仿真器“PROG”界面显示成功接收的程序“O1608231”

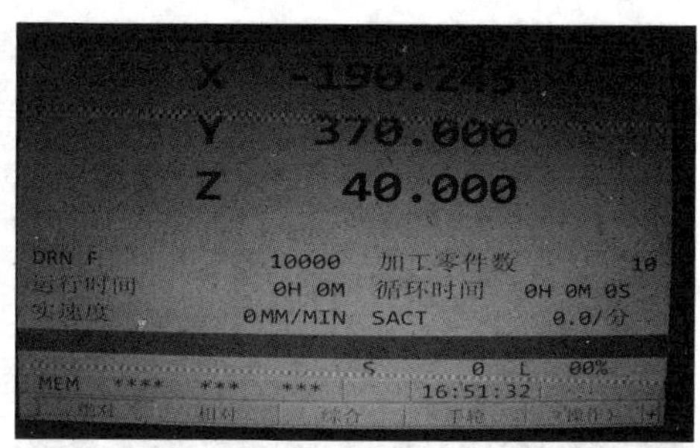

图 10-1-30　确认运行机床参考点后

图 10-1-31　模式旋到“AUTO”

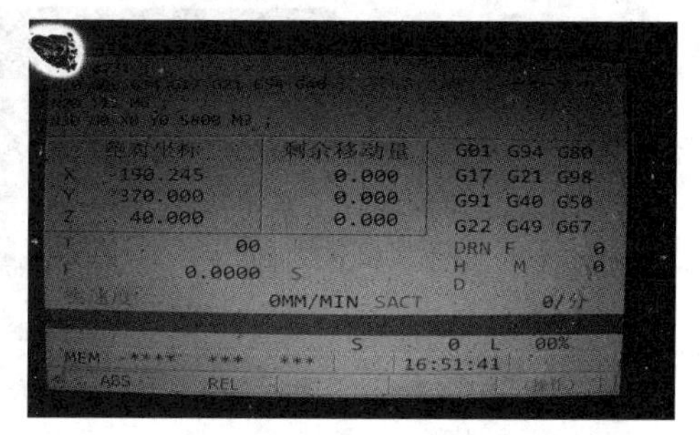

图 10-1-32　程序处于可启动执行状态

10.2　从仿真器把程序文件传送到计算机

10.2.1　在仿真器中找到需要发送的程序

在仿真器中找到需要发送的程序的步骤如图 10-2-1 至图 10-2-7 所示。

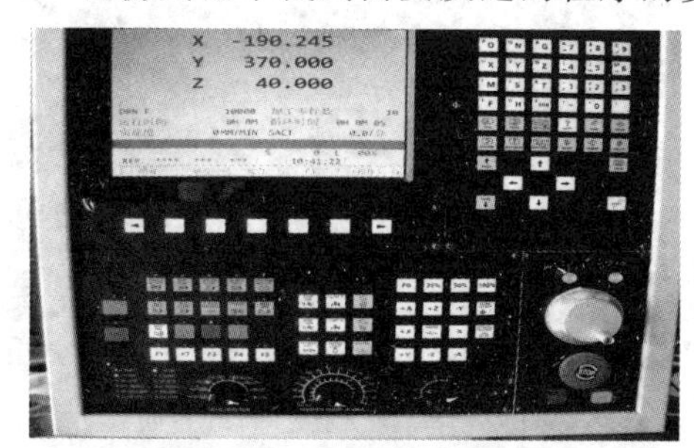

图 10-2-1　参考点运行完毕

图 10-2-2　模式旋到“EDIT”

图 10-2-3　按下“PROG”键

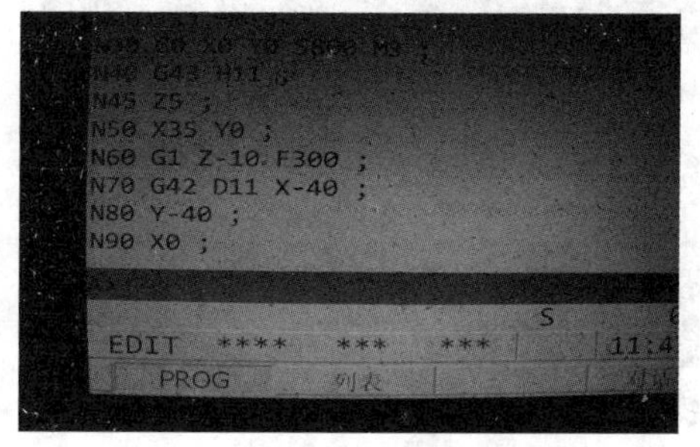

图 10-2-4　显示程序编辑界面

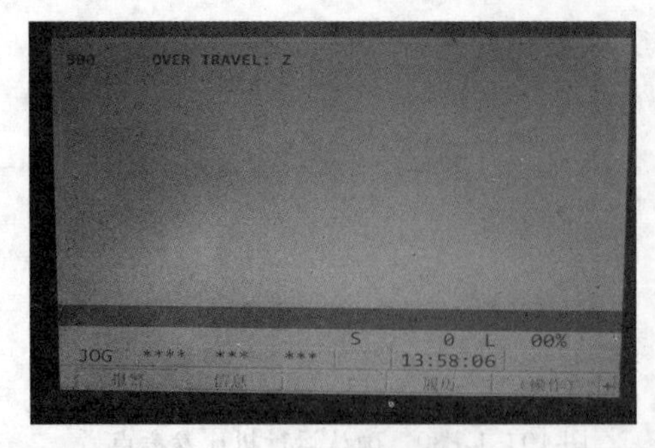

图 10－2－5　按下与“列表”相对应的键

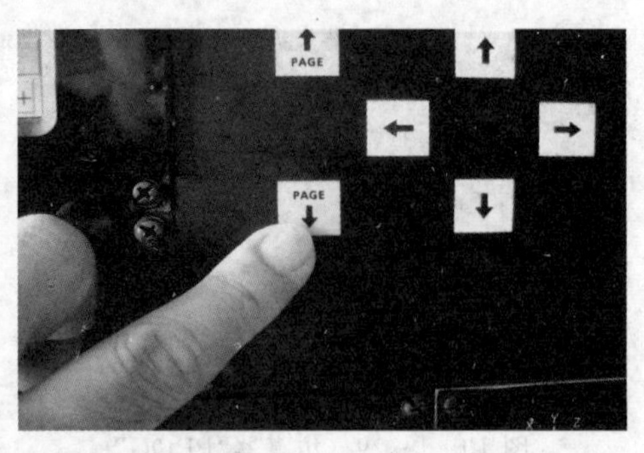

图 10－2－6　按下“↓”键

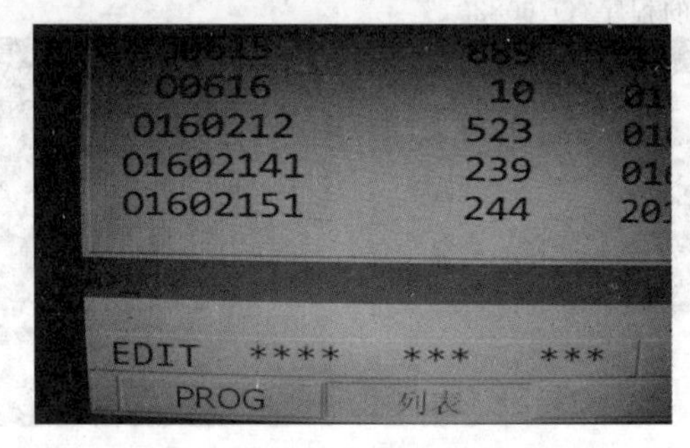

图 10－2－7　找到需要传输的程序号“O1602151”

10.2.2　在计算机的编程软件中设置接收程序编号

在计算机的编程软件中设置接收程序编号的步骤如图 10－2－8 至图 10－2－13 所示。

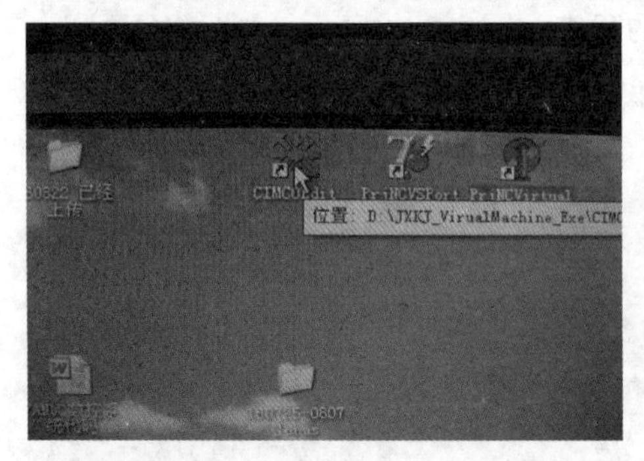

图 10－2－8　打开编程软件“CIMCOEdit”

图 10－2－9　显示编辑界面

图 10－2－10　点击底部“接受文件”

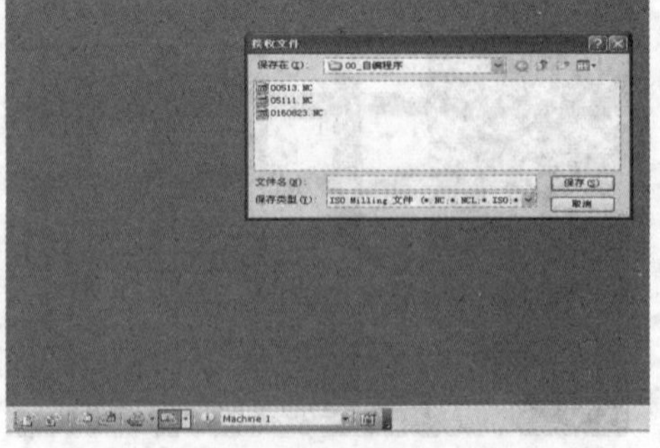

图 10－2－11　显示“接收文件”界面

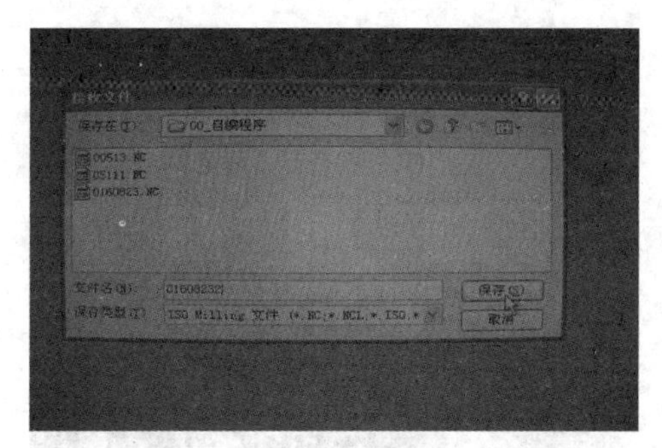

图 10 - 2 - 12　输入文件名 "O1608232"后，点击"保存"

图 10 - 2 - 13　显示接收状态界面为正在接收

10.2.3　综合操作

综合操作步骤如图 10 - 2 - 14 至图 10 - 2 - 33 所示。

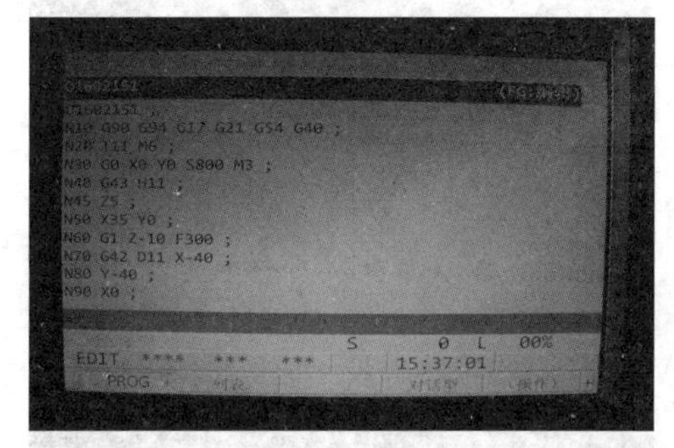

图 10 - 2 - 14　按下"PROG"键，打开程序界面

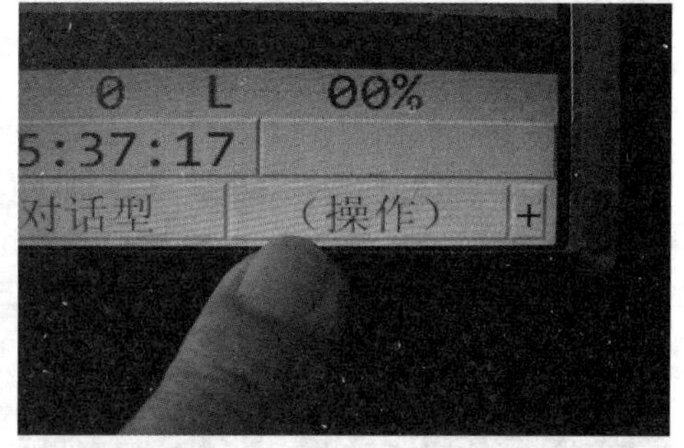

图 10 - 2 - 15　选择"操作"

图 10 - 2 - 16　按下与"操作"相对应的键

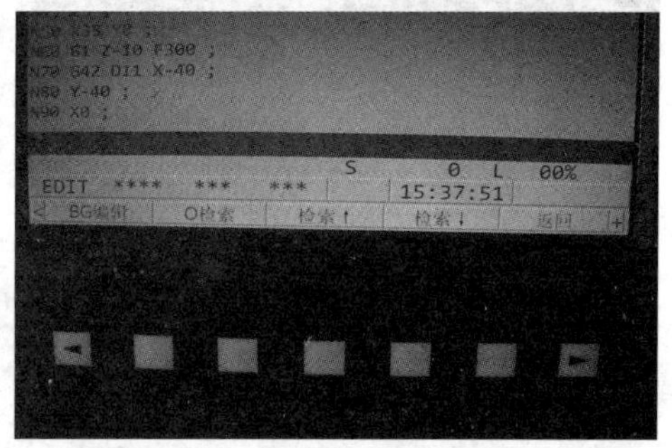

图 10 - 2 - 17　打开了程序操作工具条

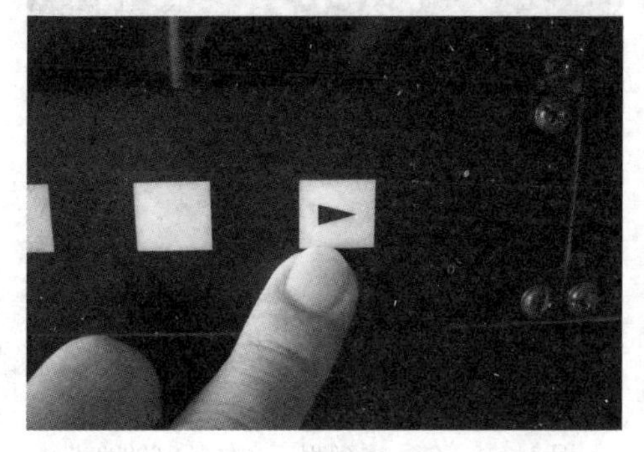

图 10 - 2 - 18　按下向右翻页键"▶"

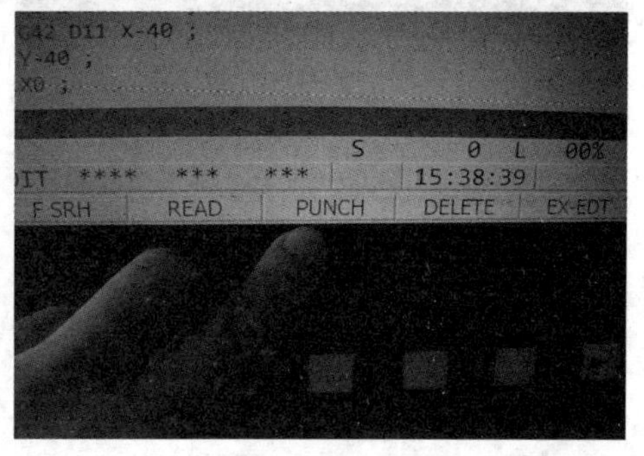

图 10 - 2 - 19　看到工具条上"PUNCH"(推送)

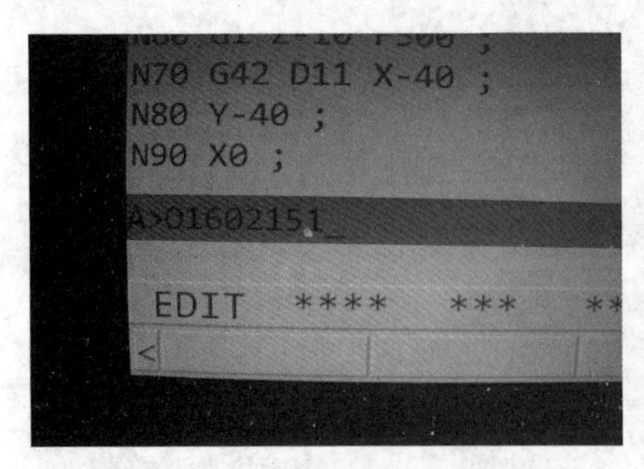

图 10-2-20　输入“O1602151”

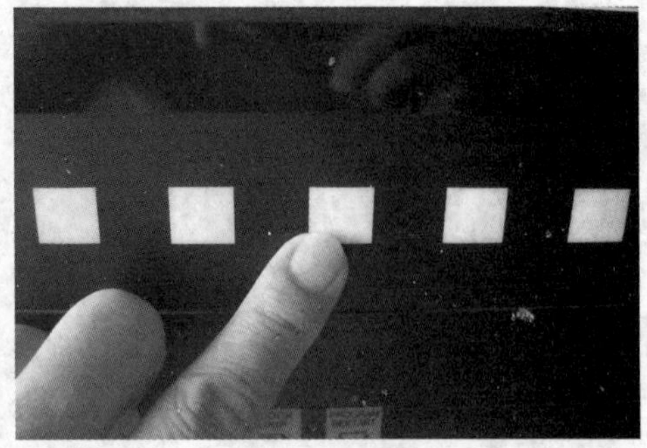

图 10-2-21　按下与“PUNCH”相对应的键

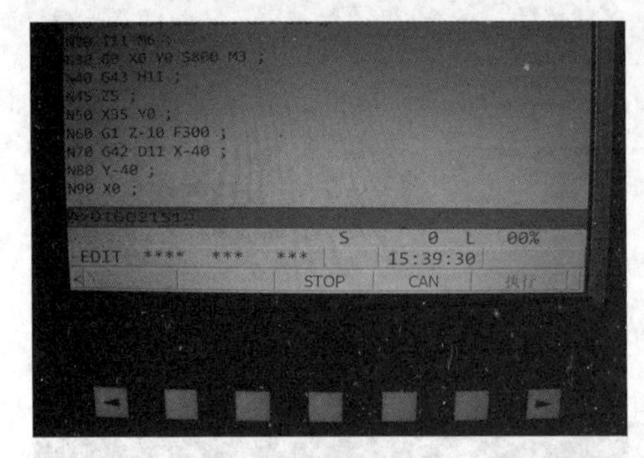

图 10-2-22　工具条上出现“执行”键

图 10-2-23　选择“执行”

图 10-2-24　按下与“执行”相对应的键

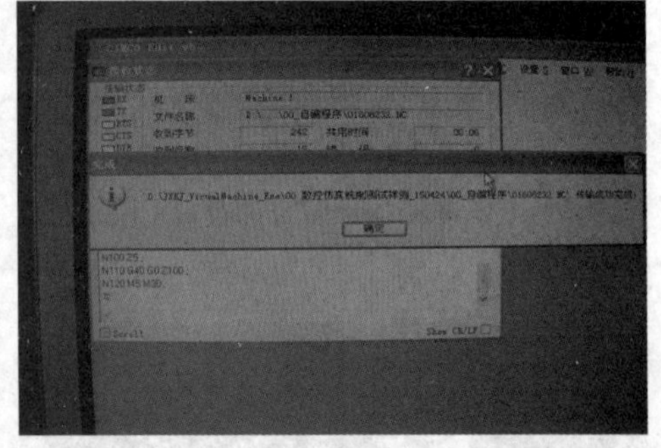

图 10-2-25　观察、等待电脑上编程器接收界面看到显示“O1602151”，传输成功完成

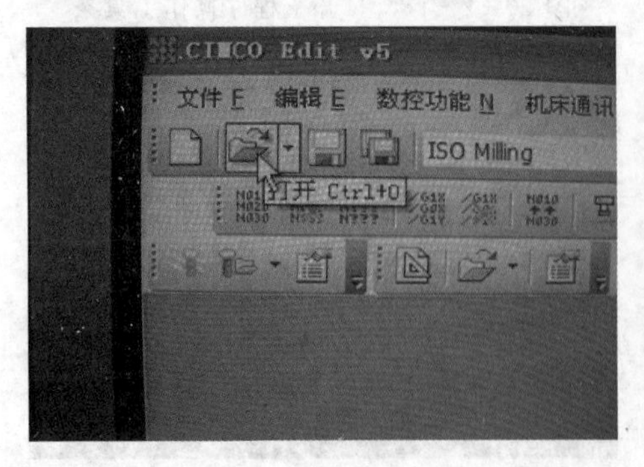

图 10-2-26　点击“打开”文件夹

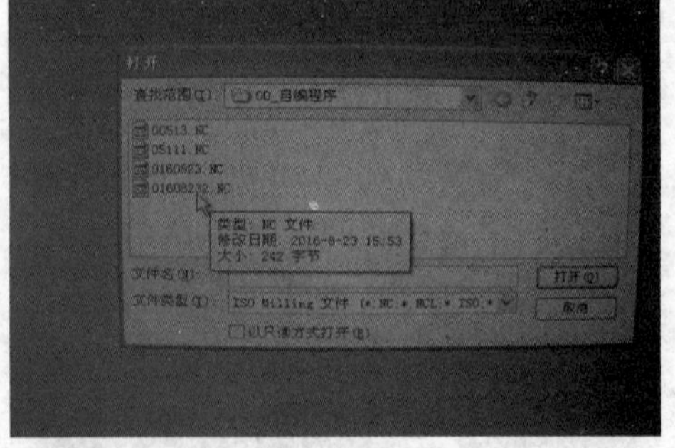

图 10-2-27　看到程序文件“O1608232”

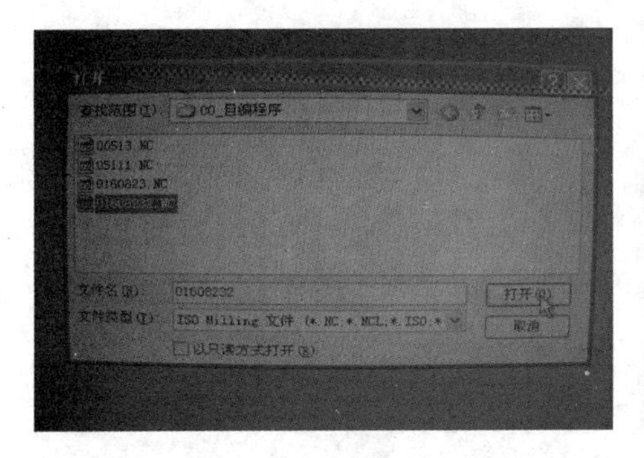

图 10-2-28　选择“O1608232”，点击“打开”

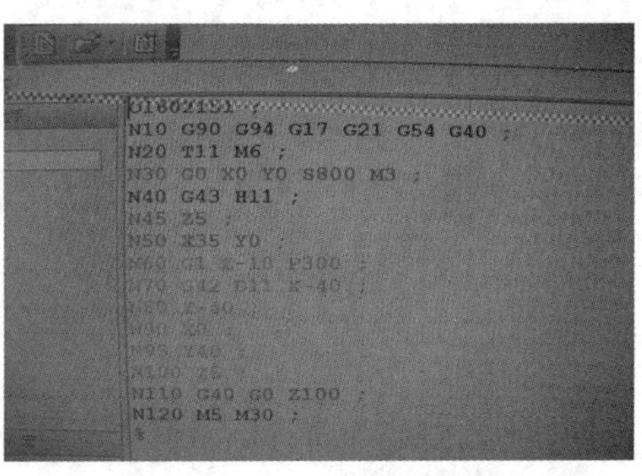

图 10-2-29　看到“O1608232”即“O1602151”

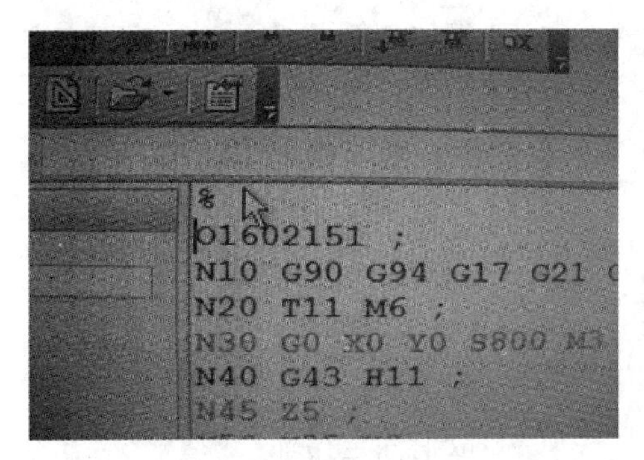

图 10-2-30　在程序号前加上“%”符号，这是系统认可的程序传输识别符号

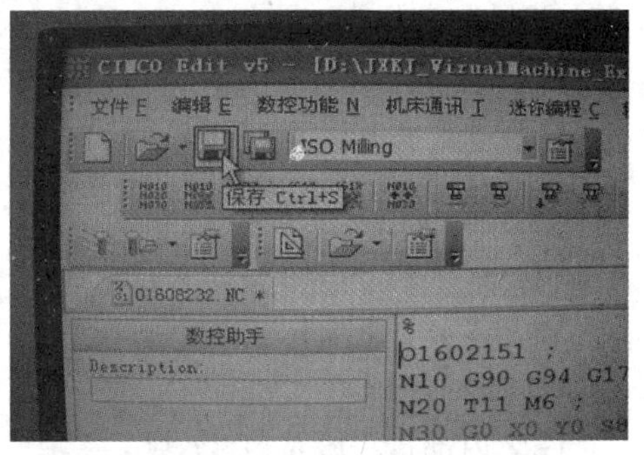

图 10-2-31　点击“保存”，也可将“O1602151”先更名为“O1608232”，然后再保存

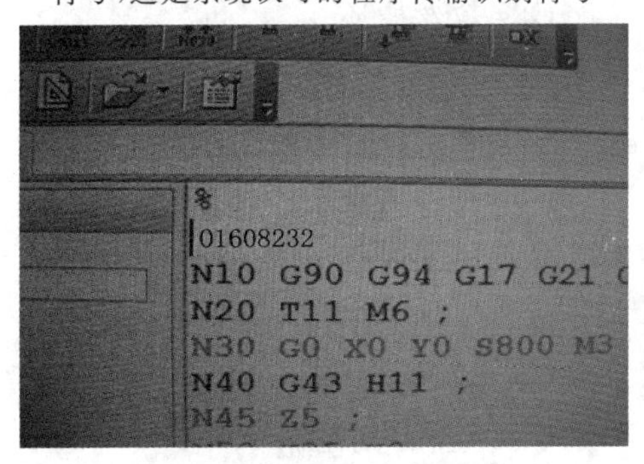

图 10-2-32　“O160215”先更名为“O1608232”

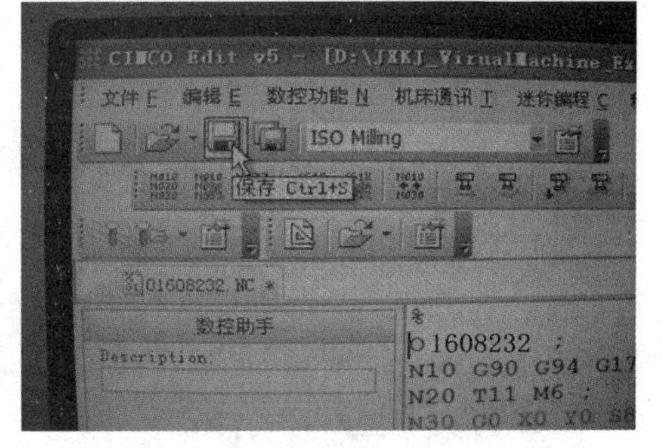

图 10-2-33　点击“保存”，程序名内外一致，均为“O1608232”

附　录

Frunk 数控系统基本指令格式

FANUC 数控车床 G 代码

G01 直线切削
G02 顺时针切圆弧(CW,顺时针)
G03 逆时针切圆弧(CCW,逆时针)
G04 暂停(Dwell)
G09 停于精确的位置
G20 英制输入
G21 公制输入
G22 内部行程限位 有效
G23 内部行程限位 无效
G27 检查参考点返回
G28 参考点返回
G29 从参考点返回
G30 回到第二参考点
G32 切螺纹
G40 取消刀尖半径偏置
G41 刀尖半径偏置(左侧)
G42 刀尖半径偏置(右侧)
G50 修改工件坐标;设置主轴最大的 RPM
G52 设置局部坐标系
G53 选择机床坐标系
G70 精加工循环
G71 内外径粗切循环
G72 台阶粗切循环
G73 成形重复循环
G74Z 向步进钻削
G75X 向切槽
G76 切螺纹循环
G80 取消固定循环
G83 钻孔循环
G84 攻丝循环
G85 正面镗孔循环
G87 侧面钻孔循环
G88 侧面攻丝循环
G89 侧面镗孔循环
G90(内外直径)切削循环
G92 切螺纹循环
G94(台阶)切削循环
G96 恒线速度控制
G97 恒线速度控制取消
G98 每分钟进给率
G99 每转进给率

FANUC 数控铣床代码

G00 顶位(快速移动)定位(快速移动)
G01 直线切削
G02 顺时针切圆弧
G03 逆时针切圆弧
G04 暂停

G15/G16 极坐标指令
G17XY 面赋值
G18XZ 面赋值
G19YZ 面赋值
G28 机床返回原点
G30 机床返回第 2 和第 3 原点
* G40 取消刀具直径偏移
G41 刀具直径左偏移
G42 刀具直径右偏移
* G43 刀具长度 ＋ 方向偏移
* G44 刀具长度－方向偏移
G49 取消刀具长度偏移
* G53 机床坐标系选择
G54 工件坐标系 1 选择
G55 工件坐标系 2 选择
G56 工件坐标系 3 选择
G57 工件坐标系 4 选择
G58 工件坐标系 5 选择
G59 工件坐标系 6 选择
G73 高速深孔钻削循环
G74 左螺旋切削循环
G76 精镗孔循环
* G80 取消固定循环
G81 中心钻循环
G82 反镗孔循环
G83 深孔钻削循环
G84 右螺旋切削循环
G85 镗孔循环
G86 镗孔循环
G87 反向镗孔循环
G88 镗孔循环
G89 镗孔循环
* G90 使用绝对值命令
G91 使用增量值命令
G92 设置工件坐标系
* G98 固定循环返回起始点
* G99 返回固定循环 R 点
G50
G51　比例缩放
G68
G69 坐标系旋转

FANUC M 指令代码

M00 程序停
M01 选择停止
M02 程序结束(复位)
M03 主轴正转(CW)
M04 主轴反转(CCW)
M05 主轴停
M06 换刀
M08 切削液开
M09 切削液关
M30 程序结束(复位)并回到开头
M48 主轴过载取消 不起作用
M49 主轴过载取消 起作用
M94 镜像取消
M95X 坐标镜像
M96Y 坐标镜像
M98 子程序调用
M99 子程序结束